油气长输管道环焊缝焊接材料发展及应用

冯庆善　利成宁　戴联双　邸新杰　等编著

东北大学出版社

·沈　阳·

ⓒ 冯庆善 等 2024

图书在版编目（CIP）数据

油气长输管道环焊缝焊接材料发展及应用 / 冯庆善

等编著. -- 沈阳：东北大学出版社，2024.8. -- ISBN

978-7-5517-3567-4

Ⅰ. TE973

中国国家版本馆 CIP 数据核字第 2024B75M44 号

出 版 者：东北大学出版社
地址：沈阳市和平区文化路三号巷 11 号
邮编：110819
电话：024-83683655（总编室）
024-83687331（营销部）
网址：http://press.neu.edu.cn
印 刷 者：辽宁一诺广告印务有限公司
发 行 者：东北大学出版社
幅面尺寸：170 mm×240 mm
印 张：16
字 数：287 千字
出版时间：2024 年 8 月第 1 版
印刷时间：2024 年 8 月第 1 次印刷
责任编辑：高艳君
责任校对：曲 直
封面设计：潘正一
责任出版：初 茗

ISBN 978-7-5517-3567-4 定 价：59.00 元

前　言

随着我国经济社会的发展和对环境质量要求的提高，对石油和天然气的需求也越来越大，油气管道的高效、安全建设和运行对我国能源安全至关重要。在天然气管网施工过程中，管道的环焊对接是最关键、最重要的环节之一。目前，我国长输管道用钢已经完全实现国产化，但是与管线钢管的快速发展相比，管道焊接材料的发展和应用则相对滞后，高钢级长输管道环焊缝焊材仍依赖进口。X80 高钢级管道环缝焊丝的国产化能力不足，是我国油气管线高质量、高安全发展的瓶颈。本书介绍了油气长输管道环焊缝焊接材料的研发进展和应用现状，可作为我国管道行业、焊材研发和生产等相关行业技术人员的参考书，也可作为高等院校相关专业的教学、辅导参考资料。

全书共分七章。第一章简要介绍了管线钢的发展和油气长输管道环焊技术及焊接材料的发展现状；第二章聚焦于管线钢环焊缝的显微组织和力学性能，重点阐明管线钢环焊缝的强韧化机理；第三章从焊接冶金学的角度介绍管线钢环焊缝断裂韧性与显微组织的一般规律，阐明了环焊缝服役条件下的脆化机理；第四章介绍了管线钢环焊缝焊条、金属粉芯焊丝、药芯焊丝的发展与应用情况；第五章分别阐述 X65/X70 管线钢管道环焊用实心焊丝的化学成分、显微组织、力学性能特征和工艺性能特征，介绍了我国 X65/X70 钢级油气长输管道环焊实心焊丝的研制进展和应用现状；第六章结合高钢级管线钢的发展需求，介绍了 X80，X100 和 X120 高钢级管线钢环焊缝焊材特征和研制进展；第七章从管道输氢的应用需求角度介绍了管线钢氢脆机理，归纳总结了影响环焊缝抗氢脆性能的因素和氢脆防止措施。

在本书编写过程中，博士研究生王策、巴凌志，硕士研究生王敬松、楼嗣耀、韩隽雅、段其跃、杨玉科、裴胜斌参与了基础数据收集和文献资料整理工作。本书参考并引用了大量的国内书刊、文献和网络资料的相关内容，在此对

1

原作者表示衷心的感谢。

由于作者水平所限，加之成书仓促，书中难免存在疏漏和不妥之处，恳请广大读者批评指正。

作 者

2023 年 10 月

目 录

第一章 油气长输管道环焊技术及配套焊接材料的发展概述

在管道工程建设中，管道焊接是一项重要环节，也是管道工程施工过程中的一个难点。每一条管道的现场焊接效率以及安全可靠性都将影响整个工程的安全性能以及使用寿命。近年来，国内外发生的多起油气管道事故表明，环焊缝是长输管道的薄弱点，极易在此处发生失效或断裂，因此对油气管道环焊缝的认知需要进一步加深。此外，在管道建设过程中大多采用国外进口的焊接材料，不仅难以控制价格，而且容易被"卡脖子"。本章对油气长输管道环焊技术及配套焊接材料的发展进行了概述，阐述了国内外管线钢环焊的技术发展。

◆ 第一节 管线钢的发展

一、管线钢的发展历程

全球经济的高速发展促使石油天然气等能源需求增长。作为石油天然气长距离输送最安全、可靠、经济的方式，油气管道的建设和运营快速发展。据统计，截至 2020 年底，全世界油气输送管道的总里程约 201.9×10^4 km，其中，我国在役油气管道总里程约 14.4×10^4 km，居世界第三位，但是与美国、俄罗斯仍存在较大差距[1]。近年来，我国在油气管线建设中投入很大，仅在 2022 年，我国新建成油气管道里程约 4668 km，而油气管道总里程累计达到 15.5×10^4 km。根据国家发展和改革委员会、国家能源局的《中长期油气管网规划》，预计至 2025 年，我国油气管道总里程将达到 24×10^4 km，可见在未来较长一段时间内，油气管道建设仍将保持高速发展。管线钢是指用于制造油气输送管道以及其他流体输送管道的工程结构钢。国内外管线钢的发展与应用如图 1-1、表 1-1 所示。

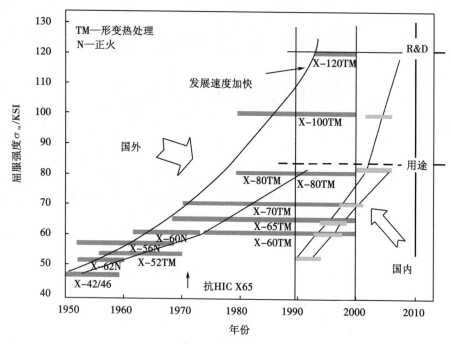

注：1 KSI≈6.895 MPa

图1-1　管线钢钢级的发展变化[2]

表1-1　高钢级管线钢的发展

区域	年份	钢级
国外	1950	X42~X46
	1960	X65
	1970	X70
	1990	X80
	2002	X100(试验段)
	2004	X120(试验段)
国内	1990	X52~X65
	2000	X70
	2004	X80(试验段)
	2007	X80

　　焊接是管线钢应用中的关键环节，主要包括制管焊接和现场管道对接环焊。管线钢的碳含量、碳当量，以及 Cr，Mo，Ni，Cu 等合金元素与 Nb，V，Ti

微合金元素的含量均可对管线钢的焊接冷裂敏感性、热影响区软化和脆化等焊接性能产生影响[3]。通过管线钢冶金成分、轧制工艺、显微组织的优化设计，减小现场环焊接头的热影响区软化和脆化，提升环焊接头的拉伸应变能力是管线钢未来重要的发展方向之一。

1. 应用需求

全球经济的高速发展促使石油天然气等能源需求增长，油气长输管道正朝着大输量、高钢级、大口径、高压力的方向发展。20 世纪 90 年代之前，我国的油气输送管道主要采用低强度碳素钢作为管材，如 A3 钢、16Mn 钢等，管输压力小于 4 MPa；20 世纪 90 年代建设的陕京一线管道采用 X60 管线钢，管道外径为 660 mm，输送压力为 6.4 MPa；21 世纪初建成的西气东输一线工程采用了更高强度的 X70 管线钢，管道外径达到 1016 mm，输送压力提升至 10 MPa；2010 年，西气东输二线管道工程在国际上首次大规模应用 X80 管线钢，管道外径 1219 mm，输送压力达到 12 MPa[4]；2020 年，中俄东线天然气管道工程大规模应用外径为 1422 mm 的高钢级且大壁厚 21.4，25.7，30.8 mm 的 X80 钢管，设计输送压力为 12 MPa，设计年输量达到 $380×10^8$ m^3，这标志着中国 X80 管线钢的生产和应用达到国际先进水平。

油气长输管道不可避免途经地质条件或环境条件恶劣的极地、海洋、地震断裂带、冻土等特殊地段，面临滑坡、泥石流、大落差、移动地层、洋流等地面大位移的影响，管道的失效由传统的应力控制转变为应变控制。因此，基于应变设计的管道对管线钢的性能提出了新的要求，开发具有抗大变形能力的高强度管线钢成为管线钢新的发展趋势[5-7]。抗大变形管线钢具有较低的屈强比和应力比、较高的应变强化指数和均匀延伸率、"圆屋顶"形拉伸应力-应变曲线，以及较高的临界屈服应变能力等特征。目前，我国已成功研制出 X70，X80 抗大变形管线钢，并在中缅天然气管道工程、西气东输二线、西气东输三线东段等管道工程中成功应用。

与此同时，随着陆地的油气资源开发得如火如荼，人们也把目光投向了广袤的海洋。海上油气资源的开发促进了海底管道的发展，海底管道的服役环境比陆上管道更为恶劣，海底管线钢的质量和性能要求更为严格。《海底管道系统》(DNV-OS-F101—2010) 对海底管线钢的横向、纵向强度均进行了规定。此外，随着服役水深的增加，深海管道的抗压溃性、壁厚均匀性、椭圆度等尺寸精度的重要性显著提升[8]。目前，海底管道用管线钢均为 X70 及以下钢级，国外建设的海底管道，服役最大水深达 3500 m、最大外径为 1219 mm、最大壁厚为 44 mm。南海荔湾 3-1 气田海底管道最大服役水深达到 1480 m，管道外径为 559~765.2 mm、壁厚为 28~31.8 mm，管材为 X65/X70 级，是我国目前应用钢级最高、壁厚最大、输送压力最高、服役水深最大的海底管道工程项目[9]。

天然气资源开采和气田集输管道往往服役于富含 H_2S/CO_2 腐蚀介质的环境之中，面临严峻的氢致开裂(hydrogen induced cracking, HIC)和硫化物应力腐蚀开裂(sulfide stress corrosion cracking, SSCC)风险，需重点考虑抗 HIC, SSCC 问题。目前，我国耐酸管线钢实现工程应用的主流钢级为 X52 和 X60，主要适用于 pH 值为 5.2 的弱酸性环境[10]；发达国家采用的主流钢级已为 X65，且可适用于 pH 值为 2.8~3.0 的强酸性环境。在开发 X70, X80 等更高钢级的抗酸管线钢方面，制管焊接及环焊缝焊接是极为关键的问题，焊接接头的强度匹配设计和硬度控制对保证其抗酸性能至关重要。在服役过程中，受管道防腐结构老化、局部损伤或鼓泡影响，钢管外壁可能与土壤和地下水中的 NO^{3-}，OH^-，CO_3^{2-}，HCO^{3-} 等介质接触而受到腐蚀。在冶金层面，抗酸性介质腐蚀和土壤腐蚀的管线钢主要通过极低的 S 和 P 含量、较低的夹杂物含量、良好的夹杂物形态控制、无明显偏析和带状组织等优良特性实现抗酸[11]。

2. 合金成分设计

管线钢的合金成分设计主要经历了 3 个阶段。20 世纪 50 年代，主要采用 C-Mn 钢和 C-Mn-Si 钢等普通碳素钢，钢级为 X52 及以下；20 世纪 60—70 年代，在 C-Mn 钢的基础上添加了微量的 V, Nb 合金元素，采用热轧与轧后热处理等工艺，提高了管线钢的强韧综合性能，开发出 X60, X65 管线钢；20 世纪 80 年代至今，主要采用 Nb, V, Ti, Mo, Cr, Ni, B 等元素微合金和多元合金化的设计思路，通过热机械控制工艺(thermo mechanical control process, TMCP)等新工艺技术，开发出强韧综合性能优良的 X70, X80 管线钢，并已实现批量生产与工程应用[12]。

现代管线钢合金成分设计的基本特征包括低 C 或超低 C/Mn 固溶强化、Nb/V/Ti 微合金化、多元合金化等[13]。低 C 或超低 C 设计显著提高了管线钢的焊接性能，且有利于获得高韧性及良好的成型性，但 C 含量降低会使管线钢的强度下降，需通过合金设计和工艺优化等进行弥补。研究结果表明，C 含量并非越低越好，当 C 含量小于 0.01% 时，间隙 C 原子减少和焊接热循环后 Nb(C, N)沉淀析出将造成晶界弱化，导致焊接热影响区发生局部脆化。因此，为使管线钢获得良好的综合性能，较为合理的 C 含量范围为 0.01%~0.05%。

Mn 在钢中主要起固溶强化作用。在一定的 C 含量下，Mn 含量升高，钢的强度随之增大，韧脆转变温度随之下降。此外，Mn 还将促进晶粒细化，因此其作用十分重要。但 Mn 含量过高，可使钢的韧性降低，可能导致出现严重的带状组织，增加各向异性，使抗 HIC 性能恶化。研究结果表明：当 C 含量为 0.05%~0.15%、Mn 含量高于 1.2% 时，随着 Mn 含量的升高，管线钢的 HIC 敏感性显著增大；当 C 含量低于 0.05% 时，即使 Mn 含量达到 2.0%，其抗 HIC 性能也没有显著恶化。因此，需严格控制管线钢中的 Mn 含量。根据管线钢不同钢级和壁厚，推荐 Mn 含量范围为 1.1%~2.0%。

Nb、V、Ti 作为微合金元素，在改善管线钢组织及力学性能方面具有显著作用：①在控轧控冷过程中，Nb、V、Ti 与 C、N 形成化合物作为质点，可有效钉扎晶界，阻止原始奥氏体晶粒长大，实现晶粒细化；②溶质原子拖曳和应变诱导沉淀析出可抑制形变奥氏体再结晶，使其转变为细小的相变组织；③降低奥氏体至铁素体的相变温度，抑制多边形铁素体转变，促进针状铁素体转变；④在控轧控冷过程中，通过微合金碳、氮化物的沉淀析出过程控制，实现沉淀强化。

Mo 是管线钢多元合金化的重要元素，低碳 Mn-Mo-Nb 系微合金化管线钢是目前较为成熟的针状铁素体管线钢。Mo 可显著降低过冷奥氏体相变温度，从而促进针状铁素体形成。Cu、Ni、Cr 等元素在管线钢合金设计中也较为常见：Cu 可增强管线钢的抗腐蚀性；Ni 在提高低温韧性的同时可实现一定程度的固溶强化，并可避免 Cu 带来的热脆性；Cr 在控轧后的加速冷却控制（accelerated cooling control，ACC）工艺中可促进针状铁素体或板条贝氏体的形成。近年来，X70、X80 高强度管线钢的成分设计出现降 Mo、增 Cr 的趋势。

目前，管线钢的合金成分设计正朝着超低 C、超洁净、微合金化及多元合金化的方向发展，高纯净冶金技术、TMCP、ACC、在线热处理技术（heat-treatment online process，HOP）等工艺技术的进步促进了管线钢合金成分设计的优化与创新。

3. 制造工艺与装备

高钢级管线钢对冶炼工艺的要求较为苛刻，技术难点主要包括：有害和杂质元素含量控制、夹杂物控制、气体含量控制、窄成分范围控制、铸坯冶金质量控制等。管线钢冶炼是高洁净度钢生产技术与高质量铸造技术的集成：①管线钢对硫、磷、氮、氧、氢等杂质元素和气体元素的控制要求较高，需严格控制铁水预处理、转炉冶炼、炉外精炼、连铸等工序，通过系统集成生产出高洁净度的钢坯；②可采用先进的夹杂物变性处理对高钢级管线钢中的夹杂物尺寸、形态及分布进行控制，同时优化控制连铸结晶器的卷渣或二次氧化，降低管线钢中的大型夹杂物数量，降低夹杂物对管线钢性能的危害；③需通过连铸设备和工艺的优化，配合精炼工艺实现无缺陷的管线钢连铸坯生产，提高管线钢的质量稳定性[14]。

轧制和热处理是管线钢生产的关键工艺环节。早期 X60 及以下的低钢级管线钢主要采用热轧-正火工艺。从 1970 年开始，TMCP 技术的应用使高钢级管线钢得到了快速发展。TMCP 是一种可精确定量控制形变温度、形变量、形变道次、形变间歇时间、终轧温度及轧后冷却的先进轧制工艺[15]。1980 年之后，为进一步提升管线钢的强度和韧性，同时减少合金元素含量，实现低成本、减量化的管线钢设计，开发了以加速冷却为基础的新一代 TMCP 工艺。与传统 TMCP 低温区大压下不同，新一代 TMCP 技术在高温区进行大压下后通过超快冷设备进行加速冷却，并控制实现不同的冷却路径，从而实现减量化轧制与综合性能多样化的控制目的[16-17]。1990 年以后，在原有 TMCP 工艺基础上，开发了一种新的"非传统"TMCP 工艺技术，该工艺可使钢在通过相变强化获得高强度的同时细化显微组织，从而获得良好的低温韧性，即在减少合金元素情况下获得高强度、高韧性的综合性能。"非传统"TMCP 工艺制成管线钢的组织主要由粒状贝氏体和细小弥散分布的马氏体-奥氏体组元(martensite-austenite constituent, M-A)构成，M-A 体积分数约为 7%。为了提高冷却速率，该工艺采用了加速冷却装置及 HOP 感应加热设备，可对壁厚为 40 mm 的钢板进行在线加热。采用 HOP 工艺有助于细小的碳化物析出，从而降低自由碳含量的扩散，还可以增加组织中的位错密度，促进 M-A 的细小弥散分布，实现高强度、高韧性、高塑性的综合性能平衡[18]。

在超低碳管线钢(C 含量约为 0.03%)中添加约 0.10% 的 Nb，可显著提高奥氏体再结晶温度，使钢板的热机械轧制在较高的温度区间即可达到预期的效果。高 Nb 管线钢的高温轧制(high temperature processing, HTP)提高了贝氏体的体积分数，NbC 在铁素体中析出，起到了更好的强化效果。相比于常规 TMCP 管线钢，HTP 管线钢中 Mo，V 等昂贵元素的添加量大大减少，终轧温度较高，其对轧机能力的要求显著降低。但随着现代轧机的轧制能力不断提高，在较低温度下进行精轧已较容易实现,减小轧制力已不是添加较高含量 Nb 的主要目的。为了使厚壁管线钢获得较好的强韧性组合,可以在采用高 Nb 设计的同时进行低温轧制,现代低 C 高 Nb 钢生产技术与传统 HTP 具有较大差异,添加较高含量的 Nb 可对变形奥氏体再结晶起到明显的抑制作用,并显著阻止再结晶奥氏体晶粒长大,显著细化晶粒,有利于精轧后变形奥氏体获得更大程度的扁平化,并使针状铁素体组织充分细化,从而获得高强度、高韧性的综合性能[19]。

在 TMCP 冷却工艺的精确化控制方面,国内外还开发出间断直接淬火(interrupt direct quenching,IDQ)、直接淬火+回火(direct quenching-tempering,DQ-T)等新工艺路径。日本新日铁开发的 X120 管线钢采用 IDQ 工艺,获得了以下贝氏体为主的显微组织,具有很高的强度。DQ-T 工艺是指在两阶段控轧后直接淬火,然后进行 450 ℃回火。在直接淬火工艺中,板坯的加热温度、轧制工艺、直接淬火时板形控制、回火温度等均是重要影响因素。在实际应用直接淬火工艺时,须确保钢板的上、下表面具有相同的冷速,以避免钢板发生翘曲变形,因此对轧后冷却设备提出了很高的要求。

4. 显微组织

管线钢的显微组织按发展时期的先后大致可分为铁素体-珠光体(ferrite-pearlitic,F-P)、少珠光体(less pearlitic,LP)、针状铁素体(acicular ferrite,AF)、超低碳贝氏体(ultra low carbon bainitic,ULCB)、贝氏体-马氏体(bainite-martensite,B-M)、铁素体-贝氏体(ferrite-bainite,F-B)或贝氏体-马奥组元(bainite-M-A constituent,B-M-A)双相组织等主要类型。

F-P 组织是 1960 年以前管线钢的基本显微组织特征,早期 X52 及以下钢级的管线钢大多可归类为 F-P 钢,其基本是碳含量为 0.10%~0.20%、锰含量为 1.30%~1.70% 的碳锰钢,采用热轧及正火热处理工艺生产。F-P 管线钢中的多边形铁素体体积分数约为 70%[20]。

LP 管线钢包括 Mn-Nb,Mn-V,Mn-Nb-V 等典型合金体系,碳含量通常小于 0.10%,Nb,V,Ti 的总含量小于 0.10%,代表钢级包括 X56,X60,X65。LP 管线钢改变了 F-P 管线钢热轧及正火的生产工艺,采用微合金化钢的控轧技术,铁素体晶粒尺寸可细化至 5 μm 以下,珠光体的体积分数控制在 10% 以下。晶粒细化在提高屈服强度的同时,可使韧性-脆性转变温度下降,从而获得良好的强韧性组合。此外,LP 管线钢在控轧过程中可实现 Nb,V 氮碳化物的第二相沉淀强化，从而进一步提高强度。

AF 是现代高强度管线钢的典型显微组织。20 世纪 70 年代初，国外学者将在稍高于上贝氏体的温度范围，通过切变相变和扩散相变形成的具有高密度位错的非等轴铁素体定义为 AF。管线钢中的 AF 素体的实质是由粒状贝氏体（granular bainite, GB）与贝氏体铁素体（bainite ferrite, BF）组成的复相组织。研究结果表明，AF 具有不规则的非等轴形貌，在非等轴铁素体间存在 M-A 组元，铁素体晶内具有高密度位错[21]。AF 管线钢通过微合金化和控轧控冷技术，利用固溶强化、细晶强化、析出强化、亚结构强化等多种强化机制综合效应，获得良好的强度和低温韧性。此外，由于 AF 板条内存在高密度位错，且易产生多滑移。AF 管线钢具有连续屈服行为、高塑性及良好的应变强化能力，可减少包申格效应造成的强度损失，确保制管成型后的强度符合规范要求。

据相关研究和应用报道，ULCB 钢是 21 世纪最有发展前景的钢种之一。与低合金高强度钢相比，ULCB 钢的碳含量通常低于 0.05%，在具有超高强度和高韧性的同时，还可满足严苛环境或条件下的现场焊接要求，已广泛应用于天然气管道、大型舰船、大型工程机械、海洋平台等领域[22]。针对海底管道的工程需求，国内外钢铁企业在 AF 钢的成分和工艺基础上，开发出了 ULCB 管线钢。ULCB 管线钢的成分设计考虑了 C, Mn, Nb, Mo, B, Ti 的最佳组合，可在较宽的冷却速度范围内形成完全贝氏体组织。通过合金成分优化和 TMCP 工艺改进，ULCB 管线钢的屈服强度为 700~800 MPa，目前已成功开发出 X100 钢级的超高强度 ULCB 管线钢产品。ULCB 钢的组织特征与传统贝氏体钢差别较大，其显微组织为 GB，板条贝氏体（lath bainite, LB），M-A 组元等多相混合组织[23]。研究结果表明，高强度 ULCB 钢理想的显微组织是无碳化物贝氏体、板条马氏体及下贝氏体。组织强化、细晶强化是其 ULCB 的主要强化机制[24]。

B-M 组织是 X120 超高强度管线钢的典型显微组织之一，主要由下贝氏体和板条马氏体（lath martensite, LM）组成，且均以板条的形态分布，板条内具有高密度位错。在下贝氏体板条内，与贝氏体板条长轴成 55°~65°角平行分布着具有六方点阵的碳化物。马氏体板条内的碳化物呈魏氏组织形态，残余奥氏体分布在马氏体板条间。X120 管线钢在成分设计上选择了 C-Mn-Cu-Ni-Mo-Nb-V-Ti-B 的合理组合，屈服强度大于 827 MPa，-30 ℃ 夏比冲击吸收能量大于 230 J，该合金设计方案利用了 B 对相变动力学的影响，添加微量 B（0.0005%~0.0030%）可显著抑制铁素体在奥氏体晶界上形核，在使铁素体转变曲线右移的同时，将贝氏体转变曲线扁平化，使超低碳微合金管线钢在 TMCP 低温轧制（终冷温度小于 300 ℃）和加速冷却（冷却速率大于 20 ℃/s）工艺条件下，获得理想的 B-M 组织和高强韧性能。

双相组织是大变形管线钢的典型组织特征，软、硬相的合理比例设计及两相间的协调作用为管线钢提供了较高的应变能力[25]。此类管线钢通常采用低 C 或超低 C 的多元微合金化设计，并通过特殊的控制轧制和加速冷却工艺进行加工，在较大的壁厚范围内分别获得 F-B、B-M-A 双相组织。在 F-B 双相组织中，铁素体为软相，贝氏体为硬相；在 B-M-A 双相组织中，贝氏体为软相，马氏体−奥氏体组元为硬相。

二、管线钢的焊接性特征

1. 管线钢的焊接性特点

与同等强度的传统钢相比，管线钢的主要特点是 C 含量和 C 当量低，其强化手段不是增加 C 含量和合金元素含量，而是通过晶粒细化来达到提高强韧性的目的。实际工业生产中所得钢的晶粒尺寸小于 50 μm，最小可达 2 μm，满足了石油和天然气工业的需求，管线钢的高强度高韧性和低 C 当量为其提供了优良的焊接性，降低了冷裂纹和热裂纹的敏感性倾向[26]。但由于钢的组织是超细晶粒，在焊接热作用下，晶粒长大的驱动力很大，热影响区（heat affect zone，HAZ）晶粒必然严重粗化，从而带来 HAZ 脆化和软化的问题，这将影响整个接头性能与母材性能的匹配。管线钢的焊接性特点如下。

（1）管线钢焊接冷裂纹敏感性低。管线钢具有超细晶粒组织，淬硬倾向小，且较低的 C 含量和 C 当量明显改善了其冷裂敏感性，减小了冷裂纹倾向，尤其是减少了焊接热影响区的冷裂纹倾向。

（2）管线钢焊接热裂纹敏感性低。热裂纹通常是由母材稀释引起的，即主要出现在熔合比相对较大的根部焊道上，或出现在由焊速过高引起的过于拉长的收弧弧坑处等。管线钢的合金含量很低，夹杂物（如 S、P）含量低且偏析相对较少，通常不易发生热裂纹。

（3）管线钢焊接热影响区软化和脆化现象。焊接加热过程中要向接头区域输入很多热量，对焊接附近区域形成加热和冷却过程，将导致晶粒长大或析出强化、形变硬化消失，从而引起热影响区硬度、强度降低，韧性恶化。焊接时热影响区的化学成分一般不会发生明显的变化，不能通过改变焊接材料来进行调整。因此，管线钢本身的化学成分和物理性能对热影响区的软化和脆化起决定性作用。

（4）管线钢不适合采用焊后热处理工艺。焊后热处理有可能导致管线钢晶粒长大，从而使管线钢管和焊缝金属的力学性能恶化，因此很少要求对管线钢管及其环焊缝进行焊后热处理。当要求通过焊后热处理来消除管线钢焊接残余应力时，热处理温度必须小于 600 ℃ 或考虑机械消除应力的措施。

（5）管线钢的焊缝金属具有一定的冷裂纹和热裂纹敏感性。当前阶段部分焊材的 C 含量、C 当量及 S，P 等杂质含量高于管线钢，不符合焊接材料应比母材更纯净的焊接理念。焊接材料碳当量高，使氢更容易固溶到焊缝金属中，导致焊缝中出现冷裂纹。另外，部分焊接材料的熔敷金属合金成分设计不当，如 S，P 等杂质元素含量较高，Ni，B 等元素含量过高或合金比例不当等，可引发焊缝金属中的横向或纵向热裂纹。

（6）高钢级管线钢的环焊接头强韧性匹配成为难点。管线钢是通过晶粒细化、相变强化、析出强化等多种强韧化机制获得高强度和高韧性的。而焊接过程受焊接冶金机理的局限，焊缝金属组织是铁素体、珠光体及粒状贝氏体等非平衡态的柱状晶组织，焊缝金属需要在高强度和高韧性之间寻求平衡点。这使管线钢，尤其是高钢级管线钢的环焊缝焊接需要进行焊接材料、焊接方法及焊接工艺的合理选择，以获得与母材性能相当的焊接接头。

（7）管线钢和管件钢的焊接性具有差异性。在油气管道工程中，通常在主线路管道上使用形变热处理态的管线钢，在热煨弯管、三通、汇管、支管台等位置仍使用调质态的传统钢，称为管件钢。由于管线钢和管件钢的交货状态不同，其冶金成分、强化机制均有很大的不同，两者的焊接性存在较大的差异。与管线钢相比，管件钢的 C 含量和 C 当量较高，冷裂纹敏感性较大，需要考虑采取更为严格的焊接工艺措施。

2. 管线钢焊接热影响区的组织和性能

焊接热影响区对于微合金管线钢来说通常分为熔合区、粗晶区、细晶区、不完全重结晶区和时效脆化区[27-29]，如图 1-2 所示。组织的不同必然会造成性能的不同。例如：粗晶区内奥氏体晶粒将粗化，微观组织完全不同于母材，容易造成焊接接头的局部硬化、脆化；细晶区、不完全重结晶区可能发生局部软化等，使得焊接接头与母材性能不匹配；对于有时效敏感性的钢，焊接热影响区还可能存在时效脆化区，但是组织不会有明显变化。焊接热影响区的软化及硬化对于焊接接头的安全性均有较大影响。

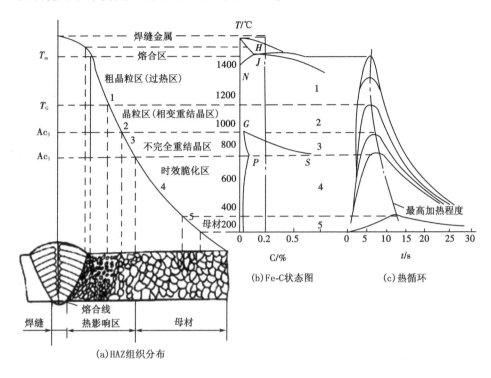

T_m—峰值温度；T_G—晶粒长大温度

图 1-2　管线钢焊接 HAZ 的组织分布特征

　　HAZ 的高硬度对于埋地管线是不利的，将使抗氢致延迟断裂敏感性增大；若过度软化，在承受载荷时塑性变形将集中在软化区域，引起应力断裂集中而发生失效。对于应变设计的输送管道，环焊缝是管线整体的薄弱环节。研究结果显示，受焊接材料及焊接工艺特点的影响，整个环焊缝的强度是不均匀的，如根焊位置强度偏低，有可能局部呈低匹配状态。对于承受大位移的管线，应变将在软化区及低匹配择缝区产生强烈集中；如果热影响区的强度比母材低10%且环向应力达到屈服应力的 0.7 倍，应变 2% 以上后热影响区应变集中系数可以高达 9 倍[30-32]。

　　由于焊接热影响区的不可避免，因此必然给钢铁工作者提出一个需要长期面对的课题：如何控制焊接热影响区的性能，或者说，如何针对所焊接钢种指定最适合的焊接工艺。在 C 含量或者 C 当量较高的合金体系中，母材的淬透性较强，热影响区粗晶区容易产生马氏体，从而导致韧性下降，因此粗晶区成为单道次焊接热影响区的最薄弱环节[33-36]。而在低碳低合金体系中，除极大热输入以外（大热输入下低碳低合金钢粗晶区中冷速极低，导致大量多边形铁素体生成，性能严重降低，因此适用于低碳低合金钢焊接[37]），在大部分热输入量下粗晶区组织主要为 AF，GB 及 LB 或以上几种组织的复合[38-40]，因而韧性较高。在低碳低合金钢中，临界粗晶区（intercritically reheated coarse-grained HAZ，ICCGHAZ）是广为接受的热影响区中最薄弱区域[41-48]，由粗大的原奥氏体晶粒和沿晶界连续分布的 M-A 组元（链状 M-A）组成。ICCGHAZ 在单道次焊接中不会产生，而是由粗晶区二次加热到两相区所得。在多层多道次焊接中，道次之间交叉的热影响会导致热影响区的组织更加复杂。如图 1-3 所示是由于多道次焊接的交叉热影响形成的不同组织示意图，其中 B 便是 ICCGHAZ 的形成所经历的热循环过程示意图。

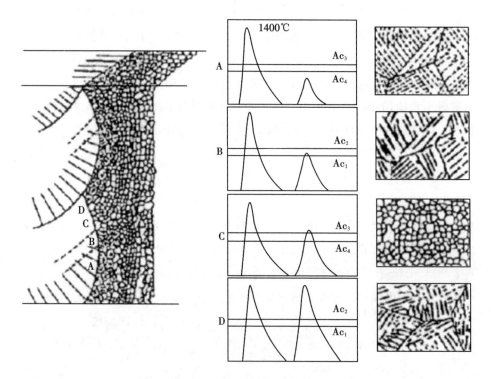

图 1-3　多道次焊接后热影响的组织示意图

目前，管线钢的焊接方面存在的主要问题有：① 焊接热影响区的韧性不达标或者个别低值不达标[49-51]，这主要是由焊接 HAZ 中存在局部脆性区造成的。由于目前的管线钢采用低碳微合金化设计，碳当量较低，粗晶区会出现马氏体，因此粗晶区不会成为局部脆性区。临界粗晶区中由于存在连续分布的 M-A 组元，成为焊接 HAZ 中韧性最低的部分。因此，控制好 HAZ 中的 M-A 组元成为改善热影响区韧性的重要方法。② HAZ 的软化导致在拉伸过程中，软化区内形成应变集中，从而导致断裂首先在热影响区发生。软化问题在大变形管线钢以及更高级别的 X90，X100 中将会更加严重[52]。③ 焊缝金属的屈服强度匹配及多道次焊接过程中焊缝金属冲击韧性降低或者波动过大[53]，导致实际管道铺设过程中事故频发等。这些问题都直接影响着实际施工过程中的焊接质量、合格率等，从而大大影响施工进度，这些问题的解决会极大提高施工质量和速度。

◈ 第二节　管线钢环焊技术的发展

管道输送是石油天然气长距离输送最为经济的方式[54]，而环焊焊接是油气长输管道唯一的连接方式。但近年来国内外长输管道失效事故几乎全部为环焊缝断裂。因此，强度匹配、韧性和变形能力是管道环焊缝质量控制的关键[55]，对管道本质安全具有决定性的作用，尤其是地质灾害易发区和水网地区对环焊缝的性能和质量要求更为严苛。很长一段时间，我国长输管道环焊缝焊接以自保护药芯焊丝半自动焊为主，但对于 X70 及以上高钢级管道环焊焊接，受自保护药芯焊丝半自动焊的工艺特点所限，环焊接头容易出现低强匹配、焊缝和 HAZ 韧性较低且离散性大等问题[56-58]。2001 年，西气东输管道工程建设期间我国开始推广应用管道自动焊技术，经过近 20 年的不断发展，开发了自动焊接设备和相应的工艺[59-60]，根焊、热焊和填充盖面焊接全部采用全自动熔化极气体保护焊（gas metal arc welding，GMAW），环焊缝的质量和性能得到了很大的提升，已在中俄原油管道二线工程和中俄东线天然气管道工程中得到大规模的应用[61]。然而，全自动焊工艺要求较高的组对质量，设备庞大、移动灵活性较差，因此，在特殊施工地段或连头口焊接采用了组合自动焊，即采用氩弧焊（gas tungsten arc welding，GTAW）打底+药芯焊丝气体保护焊（flux-cored arc welding-gas-shielded，FCAW-G）填充、盖面的环焊工艺。

目前，针对大应变管道环焊的常见根焊焊接方法主要有 STT（表面张力过渡）半自动根焊、RMD（短弧控制技术）半自动根焊、手工 GTAW 根焊和全自动 GMAW 根焊等。其中，STT 半自动根焊焊缝成型较好，熔敷率高，但是对管道组对的质量要求较高，适应能力较差；RMD 半自动根焊焊缝成型好，操作简单，焊接时对焊接环境要求较高；手工 GTAW 焊缝清洁度较高，但是焊接效率相对较低，目前手工焊由于焊接效率低，人为因素影响较大已逐渐被淘汰；全自动 GMAW 根焊焊接效率高，适应能力强，焊缝成型较好，成本低，被广泛应用于管道焊接。填充盖面焊的焊接方法主要有半自动自保护药芯焊丝（flux-cored arc welding-self-shielded，FCAW-S）焊接、半自动 FCAW-G 焊接和全自动 GMAW 焊接等。

一、管道环焊焊条电弧焊

焊条电弧焊（shielded metal arc welding，SMAW）具有灵活简便、适应性强等特点，同时由于焊条工艺性能的不断改进，其熔敷效率、力学性能仍能满足当今管道建设的需要，在很多场合下（如焊接连头、返修等工作中）是自动焊方法所不能代替的。焊条电弧焊采用纤维素型焊条根焊，抗风性能好，适应性强，能保证良好的根部焊透，焊速快、凝固快、脱渣性好，可与自保护药芯焊丝半自动焊焊接工艺相匹配，也可用于自动焊工艺的根部焊接。早在 1985 年，X80 钢管在德国 Megal Ⅱ 管道试验段上使用时，欧洲的焊条开发商就开始了适用焊条的开发工作[62]。在焊条电弧焊的焊接材料以及最优的焊接工艺发展方面，美国几家公司做了大量研究并取得了重大发展[63]。目前，有多个焊材厂正专门生产用于 X80 钢管道的焊条。作为世界上生产管道焊条的知名厂家，奥地利伯乐公司多年来致力于开发和改善专门用于管道焊接的焊条。对于 X80 钢这样高强度材料的管道建设，由于材料强度很高，若用纤维素药皮焊条焊接，既达到相应的强度，又具有较好的韧性和较好的抗冷开裂能力已不可能，因此开发了混合电极手工焊接方法。焊接时根部焊道和热焊道采用较低钢级的纤维素药皮焊条，而填充焊道和盖面焊道采用高强度的碱性焊条。这样在保证焊缝强度的同时还可获得较好的韧性，采用混合电极焊接可使焊缝韧性成倍提高。德国 270 km 长 Ruhrgas 管道工程就采用了混合电极手工焊接方法，其焊接工艺参数见表 1-2[62]。如表所示，用纤维素焊条 E7010-A1 进行根焊和热焊，用氧化钙型的碱性焊条 E10018-G 进行填充焊和最后一道盖面焊。该种焊接方法可使焊缝修补率低于 3%，比采用单一纤维素药皮焊条焊接效果要好。

表 1-2　德国 Ruhrgas 工程 X80 钢管道焊条电弧焊工艺参数

焊道	焊条	焊接电流/A	焊接电压/V	焊接速度/ （cm·min⁻¹）
根焊	Φ4.0 mm 的 E7010-A1	140~180	24	25~30
热焊	Φ4.0 mm 的 E7010-A1	140~160	24	25~30
填充焊	Φ4.0 mm 的 E10018-G	190~220	20	18~22
盖面焊	Φ4.0 mm 的 E10018-G	180~200	20	17~20

陈英等[64]焊接 X65 管道时，实验钢为 TPCO 研制的 Nb 微合金化 X65 深海厚无缝管，焊接材料规格为 Φ406.4 mm×17.28 mm。焊接过程采用多道焊技术，焊接环境温度为 21 ℃，打底焊选用焊材型号为 E6010，焊接方向为上坡焊。填充焊选用焊材型号为 E8018-G，盖面焊选用焊材型号为 E8018-G，焊接方向均为下坡焊。

二、管道环焊药芯焊丝半自动焊

药芯焊丝与实心焊丝相比具有熔敷速度快、焊接质量好（特别是冲击韧性好）、经济性好以及对各种管材的适应性强（其药粉成分可以方便地加以调整）等优点。因此，药芯焊丝半自动焊作为一种重要的管道焊接方法，近年来在 X80 钢管道环焊缝的现场焊接中也得到了应用。

美国 Cheyenne Plains 管道工程首次采用了药芯焊丝半自动焊，经过测试、评定，认为采用药芯焊丝向上焊比采用低氢焊条向上焊速度要快很多。采用直径为 1.143 mm 的 E101K2 药芯焊丝平均速度为 101.6~152.4 mm/min，但需要注意防风，以防止产生气孔。该管道的填充焊和盖面焊采用直径为 1.143 mm 的 E101K2 药芯焊丝，保护气体为 75% Ar+25% CO_2 的混合气体，焊接电流为 165~175 A，送丝速度为 6985~7366 mm/min，电压为 23~24 V。在该工程中还第一次使用了直径为 1.143 mm 的 Lincoln Pipeliner G80M 焊丝。这种焊丝除能满足力学性能要求外，和其他药芯焊丝相比还具有电弧平稳、飞溅少以及焊枪喷嘴堵塞次数少的优点。

陈延清等[65]在焊接 X80 管道时，采用了自保护药芯焊丝半自动焊，焊接设备为美国米勒公司生产的 PIPEPRO 400XC 焊接系统，根焊材料为某厂家生产的直径为 1.2 mm 的金属粉芯焊丝，填充盖面材料为某厂家生产的直径为 2.0 mm

规格 X80 管线钢专用自保护药芯焊丝。试板尺寸为 600 mm×200 mm，焊前将试板预热到 100~150 ℃，焊接过程中层间温度控制在 100~130 ℃。

杨叠等[66]在焊接 X80 管道时，试验用 Φ1219 mm、壁厚 18.4 mm 的 X80 钢管。所选用的 X80 钢管为我国 2 组钢厂/管厂生产，分别标记为 A 和 B。钢管 A 和 B 中均低 C 高 Mn，钢管 A 主要为 Cr-Cu-Nb 成分，钢管 B 主要为 Cr-Mo-Nb-V 成分。环焊缝填充、盖面层采用 AWS A5.29 E81T8-NiJ 型 X80 级自保护药芯焊丝，这种焊丝具有高 Al 高 Ni 的特征。

姚登樽等[67]在焊接 X70 管道时，采用的 X70 管线钢管外径为 1016 mm，壁厚为 17.5 mm。环焊接头焊接工艺为低氢焊条 SMAW+半自动 FCAW-S 焊。焊接接头坡口为 V 形坡口，坡口角度为 22.5°±0.5°，钝边为 1.5~1.8 mm，对口间隙为 2.5~4.0 mm。焊接前进行预热处理，预热温度为 100 ℃，层间温度控制在 60~100 ℃。

孙永辉等[68]对 X70 钢进行焊接[69-70]，设计输送压力为 10 MPa，外径为 1016 mm，壁厚为 17.5 mm，对接环焊缝的焊接方式为 SMAW 打底，药芯焊丝焊填充，每层焊缝金属高度约为 3 mm。

Dittrich[62]在焊接 X80 管道时，试验采用 X80 钢级 Φ1016 mm×15.3 mm 管线钢管，环焊接头采用直径为 3.2 mm 碱性低氢焊材 E7016 进行根焊，填充和盖面采用直径为 2.0 mm 自保护药芯焊丝 E81T8-Ni2 焊接。此外，他们还采用自动焊 FCAW-G 对 X70 管道进行焊接试验，试验用两种合金成分钢管均为同一钢厂和管厂生产，分别为 X70 钢级 Φ914 mm×19.1 mm 直缝埋弧焊管(含 Nb，Ni，Mo)和 X70 钢级 Φ914 mm×18.9 mm 直缝埋弧焊管(含 Nb，无 Mo，Ni)。

三、管道环焊熔化极气体保护焊

美国天然气协会曾对管线钢进行过焊缝金属与母材强度匹配对断裂行为影响的研究，结果表明焊缝金属和母材屈服强度的差别是防止焊缝金属严重塑性变形的重要因素。若焊缝金属强度高于母材屈服强度则可能发生在管道上，若焊缝金属强度低于母材屈服强度则不会发生在管道上，这就要求焊缝具有更高的韧性，以防止裂纹在缺陷处产生。通常认为焊缝金属强度应高于母材，管线钢强度越高，焊缝金属与母材的匹配就越困难。在焊接方法和设备研究方面，SMAW 和 GMAW 是最常用也是最成熟的两种焊接方法。SMAW 是以手工操作的焊条和被焊接的工件作为两个电极，利用焊条与焊件之间的电弧热量熔化金属进行焊接的方法。这种焊接方法适用于各种材料,包括碳钢、不锈钢和铸铁。然而,与其他焊接方法相比,它的工作效率低下。同时,由于焊接人员操作水平差距较大,焊接质量存在较大波动。GMAW 在焊缝金属和母材强度匹配方面比焊条电弧焊更具优势,且效率高,易与自动超声波监测系统配合[71]。GMAW系统有两种类型,其区别在于根焊的焊接:一种用内焊机在管道内部根焊;另一种在外部完成所有焊缝的焊接[72]。自 1985 年以来,加拿大 NOVA 输气管道公司就一直致力于将脉冲 GMAW 工艺应用在管道建设中。1989 年,NOVA 输气管道公司将其脉冲/弧长控制理论与 CRC-Evans 控制熔滴过渡(CDT)脉冲电源相结合,建立了脉冲 GMAW 工艺。脉冲 GMAW 采用 CDT 协调器控制脉冲参数,如脉冲峰值电流、脉冲频率、基值电流和平均电压等。CDT 协调器能存储12 种不同焊接程序,每一种焊接程序都对应特定的焊丝类型、直径和保护气体。CDT 采用硒控整流二次开关电路,优化脉冲形状,减小能量损耗[73]。

JFE 钢铁公司钢铁研究所采用模拟气体保护焊对 X80 级管线钢进行了环焊试验,试验采用了直径为 1.2 mm 的 KOBELCO 的焊丝,保护气体成分为60%Ar+40%CO_2,环焊试验工艺参数见表 1-3[74],焊后接头性能见表 1-4[74]。由此可见,焊接接头强度和韧性都符合标准要求,尤其是裂纹尖端张开位移(crock tip opening displacement,CTOD)在 0.2 mm 以上,其有优良的断裂韧性。

表 1-3 模拟气体保护环焊工艺参数

焊道	焊接电流/A	焊接电压/V	焊接速度 /(cm · min⁻¹)	焊接热输入 /(kJ · cm⁻¹)
第一道打底	220	21	60	4.6
第一道热焊	220	21	60	4.6
填充焊	220	25	33	10.0
盖面焊	220	25	33	10.0

表 1-4 模拟气体保护焊后接头性能测定结果

抗拉强度 /MPa	焊缝-20 ℃ 夏比冲击 功/J	热影响区 -20 ℃ 夏比 冲击功/J	焊缝 CTOD/mm	熔合线 CTOD/mm	焊缝最高 硬度/ HV_{10}	热影响区 最高硬度/ HV_{10}
764	164	145	0.3	0.22	265	246

采用脉冲 GMAW 工艺除能获得较高的焊缝强度之外,还能减小飞溅和变形。因此,在目前建成的 X80 钢管道工程中几乎都采用脉冲 GMAW 进行环焊。

加拿大 NOVA Express East 工程的现场环焊缝焊接采用短弧 GMAW 进行根焊，再采用脉冲 GMAW 进行热焊、填充焊和盖面焊。壁厚为 10.6 mm 的 X80 钢管道焊接工艺参数见表 1-5[65]。当管道的壁厚为 16.9 mm 时，盖面焊保护气体未使用 He，而是采用 87.5%Ar+12.5%CO_2 混合气体。两道填充焊的电流均增大为 190~220 A，电压为 22~25 V，而送丝速度则增大为 10920 mm/min。

表 1-5　加拿大 NOVA Express East 管道工程 X80 钢现场环焊缝焊接工艺参数

焊道名称	焊丝类型	直径/mm	保护气体	电流/A	电压/V	焊接速度/(mm·min^{-1})	送丝速度/(mm·min^{-1})
根焊（内部短弧）	Thyssen K-nova	0.9	75%Ar+25%CO_2	190~210	19~20	720~800	9650
热焊（脉冲）	Thyssen K-nova	1.0	82.5%Ar+12.5%CO_2+5%He	220~260	22~25	970~1070	11430
第1道填充焊（脉冲）	Thyssen K-nova	1.0	82.5%Ar+12.5%CO_2+5%He	150~180	21~24	360~460	7880
第1道填充焊（脉冲）	Thyssen K-nova	1.0	82.5%Ar+12.5%CO_2+5%He	150~180	21~24	300~460	7880
盖面焊（脉冲）	Thyssen K-nova	1.0	82.5%Ar+12.5%CO_2+5%He	140~180	23~26	300~460	7880

1992 年德国的 Ruhrgas 管道工程和 1994 年加拿大的 Albert 管道工程均采用了美国 CRC 公司的 GMAW 自动焊系统。在焊接材料的选用上，Ruhrgas 管道工程采用直径为 0.9 mm 的 Thyssen K-nova E70S-6 焊丝，根焊采用 Ni-Mo80 焊丝进行填充和盖面焊。Albert 管道工程整个焊缝都采用 E70S-6 焊丝，在两种情况下都获得了高强匹配。两项工程根焊和盖面焊的保护气体采用 75%Ar+25%CO_2 混合气体，填充焊保护气体为 100%CO_2。美国 Cheyenne Plains 管道工程中根焊(内焊)和热焊的 GMAW 工艺中均采用直径为 0.89 mm 的 ER70S-G 焊丝，保护气体为 75%Ar+25%CO_2，填充和盖面中的脉冲 GMAW 工艺中采用直径为 1.016 mm 的 ER70S-6 焊丝，保护气体为 85%Ar+15%CO_2。

汪宏辉[75]等进行 X70 管线钢焊接试验时，试验材料采用壁厚为 15.8 mm、管径为 1016 mm 的 X70 钢管道，管道焊接采用直径为 1.0 mm 的 ER70S-6 焊丝，采用全自动 GMAW 电弧多层焊接。设备选用 SERIMAX05 系管道全自动焊接系统，分别采用铜衬垫或陶瓷衬垫强制成型进行根焊。闫臣等[76]采用脉冲 GMAW 焊接系统进行焊接，由于一般使用的管道半自动焊、焊条电弧焊方法已不能满足直径为 1422 mm 的 X80 钢管现场焊接需求，故高效优质 GMAW-P 管道自动焊方法是建设直径为 1422 mm 管道的必然选择。焊接设备采用由中国石油天然气管道科学研究院自主研发的 CPP 900 系列管道自动焊系统。为满足焊接接头强度及低温韧性匹配的要求，根焊选用 BOEHLER SG3-P（ER70S-G）的直径为 0.9 mm 实心焊丝。热焊、填充、盖面焊接选用 BOEHLER SG8-P（ER80S-G）的直径为 1.0 mm 实心焊丝。根焊采用 75%Ar+25%CO_2 作为保护气体，热焊、填充、盖面焊接采用 80%Ar+20%CO_2 作为保护气体。葛加林[77]在焊接 X70 大应变海洋管环焊时，根焊和填充盖面选取的焊接方法均采取全自动 GMAW，保护气体由 50%的 Ar 和 50%的 CO_2 组成，气体流量保持在 20~30 L/min。试验选取的焊接设备是由美国林肯公司提供的型号为 POWER WAVE S500 多功能焊机。Han 等人[78]在焊接 X80 管线钢时，试验材料选用 Φ1422mm×21.4/25.7 mm 的 X80 钢管。根焊、热焊、填充、盖面焊等选用 AWS A5.28 ER80S 的直径为 1.0 mm 的实心焊丝，采用 20%~25%CO_2+75%~80%Ar 作为保护气体。

◆◆ 第三节　管线钢的环焊缝焊接材料的发展

一、管线钢焊接材料选用原则

合理选用焊接材料，既要考虑结构的工况条件，又要考虑母材的焊接性和匹配方式等因素。X80 管接头需承受 10 MPa 以上的压力、温度变化，各种自然与人为因素的影响，使该钢焊接材料的选用原则有些与众不同。具有高强匹配的焊接材料已经在工程上普遍应用，这些高强匹配焊接材料熔敷金属的合金系及成分与母材的基本一致，焊缝的组织也与母材组织接近。这种匹配属于"组织类型"匹配，从力学效果看可能就是高强匹配，而这一点恰恰被忽略。

为了获得与母材相当的强度和韧性，填充材料的合金化程度不可能比母材低[79-80]，匹配类型也排除了低强匹配方式。X80 钢焊接材料的选择倾向于基本遵循"组织类型匹配"原则，即令微量元素含量得以科学合理控制，尽可能使焊缝的组织接近母材的组织，保证接头获得最佳的力学性能和焊接性。X80 钢母材组织以 AF 为主，焊缝组织也应以 AF 为主要显微组织。同时，考虑焊缝与母材的强韧性匹配(含防腐蚀性能)，可以采用不同的合金系统，如 Mn-Ni-Mo-Ti-B 系、Mn-Mo-Ti-B 系或 Mn-Nb-B-Ti 系等[81]。受焊接冶金特点的控制(焊缝金属结晶不可能经受 TMCP 过程)，实际获得焊缝组织应是以 AF 为主的混合组织。AF 含量及铁素体的形态极易受到焊接条件及工艺参数的影响而变化，焊缝的韧性也会随之变化。因此，焊缝金属的力学性能还是要从焊缝的化学成分入手。

二、管线钢焊接材料的种类及特征

　　X80 管道建设现场施工用的几种焊接工艺方法及工艺性评价如表 1-6 和表 1-7 所示。5 种组合焊接工艺方法涉及两大类焊接材料(2 种电焊条、3 种焊丝)，是产品材质、化学成分及焊接工艺共同决定的。X80 钢管规格有多种，对于大口径、厚壁管接头常采用单面双 V 形复合坡口形式，如图 1-4 所示。该坡口张开角度较小，母材熔合比小、填充量少，焊接变形小，有效地降低了劳动强度。使用自动焊机焊接的坡口更小一些，如图 1-5 所示。管线钢现场施工均为水平固定位(5G)，要求单面焊双面成型，而且要保证反面焊缝不被氧化。为获得满意的焊接接头，以往的管线施工过程中多采用纤维素型电焊条(或低氢焊条)SMAV 打底焊+半自动 FCAW-S 填充、盖面组合工艺。除采用正确的坡口形状和尺寸、选用合理的焊接材料之外，其余的焊接工艺要点为：①选用正确的焊接规范，包括焊接电流、电弧电压、电源极性、焊缝层数、道数等；②选用正确的工件预热温度、焊缝层间温度；③坚持精准的接头装配定位和熟练、高超的焊工操作技术以及严格的焊后检验制度等。上述焊接工艺的应用取得了较为满意的效果，典型焊接材料的力学性能见表 1-8。但是尚存在不足之处：一是纤维素焊条打底焊焊缝中氢的问题；二是自保护药芯焊丝填充、盖面后焊缝低温韧性数据离散性问题[82]。采用熔滴精准控制技术的 STT 和 RMD 跟焊工艺，具有高效、低氢、低热输入、飞溅小、反面成型好等一系列优点，是获得优质根部焊道的先进技术。这两种工艺的特点如表 1-9 所示。比较而言，RMD工艺对于油气管线野外焊接施工适应性更好一些[83]。虽然采用低氢焊条、金属粉芯焊丝，以及 STT，RMD 打底技术可以控制焊缝扩散氢，但是自保护药芯焊丝填充、盖面后焊缝低温韧性离散性问题一直是尚待解决的问题。国产自保护药芯焊丝与国外名牌也存在差距,尽快突破关键技术是焊材行业努力的方向。

表 1-6 X80 管道施工用焊接工艺方法类型及填充材料

序号	焊接工艺方法类型	根部焊道材料/直径	热焊道材料/直径	填充焊道材料/直径	盖面焊道材料/直径
1	纤维素型电焊条打底焊+低氢电焊条填充、盖面组合工艺	E7010-P1/4 mm	E9010-P1 或 E8010-P1/4 mm	E9018-G/4 mm	E9018-G/4 mm
2	内或外焊机打底焊+GMAW 自动焊填充、盖面组合工艺	ER70S-6;ER70S-G/0.9 mm	ER70S-6;ER70S-G/0.9 mm	ER70S-6;ER70S-G/0.9 mm	ER70S-6;ER70S-G/0.9 mm
3	纤维素型电焊条(或低氢焊条)打底焊+FCAW-S 半自动填充、盖面组合工艺	E6010 或 E7016/4 mm	E81FNi2/2 mm	E81FNi2/2 mm	E81FNi2/2 mm
4	STT、RMD 打底焊+FCAW-S 半自动填充、盖面组合工艺	ER70S-G/1.2 mm	E81T-Ni2/2 mm	E81T-Ni2/2 mm	E81T-Ni2/2 mm
5	金属粉芯药芯焊丝半自动打底焊+FCAW-S 半自动填充、盖面组合工艺	METALLOY 80Ni/1.2 mm	E81T8-Ni2J/2 mm	E81T8-Ni2J/2 mm	E81T8-Ni2J/2 mm

表 1-7　X80 管道施工用焊接工艺适应性评价

序号	工艺适应性评价
1	灵活简便、适应性强；管道预热 100~150 ℃，劳动条件差；焊缝扩散氢影响接头性能；纤维素焊条需被低氢焊材取代
2	效率高、质量好，劳动条件提升；配套装备成本高、占地面积大；管口质量要求高，抗风能力差，工艺适应性较差
3	熔敷效率高，适应性强；焊缝韧性离散性较大，纤维素焊条打底时焊缝扩散氢影响接头性能，应用受限制
4	根部焊道质量好，熔敷效率高，适应性强；焊缝韧性离散性较大，应用受限制
5	根部焊道质量好，熔敷效率高，适应性强；打底焊抗风能力差；焊缝韧性离散性较大，应用受限制

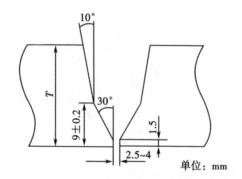

图 1-4　单面双 V 形合坡口示意图

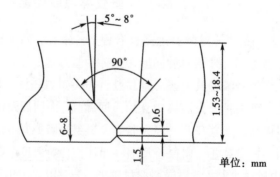

图 1-5　管道自动焊坡口示意图

表 1-8　国外 X80 管线钢典型焊接材料的力学性能

焊接方法	焊接材料	技术标准（ASW）	保护气体	屈服强度/MPa	抗拉强度/MPa	伸长率	冲击吸收能量/J
SMAW	BOHLER FOX CEL 75	E7010-P1	—	480	550	23%	65（-20 ℃）
	LB 52U	E7016	—	470	560	30%	80（-30 ℃）
	BOHLER FOX CEL 90	E9010-P1	—	580	650	21%	75（-20 ℃）
	BOHLER FOX CEL 85	E8010-P1	—	490	570	23%	100（-20 ℃）
	BOHLER FOX BVD 90	E9018-G	—	600	650	27%	130（-20 ℃）
GMAW	BOHLER SG 3P	ER70S-G	M21	670	720	29%	75（-40 ℃）
			C1	630	690	30%	50（-40 ℃）
	HB-28	ER70S-6	C1	480	590	29%	60（-29 ℃）
FCAW-S	Fabshield X80	E81T8-Ni2J	—	580	650	25%	138（-20 ℃）
STT	BOHLER SG 3P	ER70S-G	M21	670	720	29%	75（-40 ℃）
STT	BOHLER SG 3P	ER70S-G	C1	630	690	30%	50（-40 ℃）
RMD	Metalloy 80Ni	E80C-Ni1	M21	510	590	25%	76（-46 ℃）
FCAW-G	METALLOY	E80C-Ni1	M21	510	590	25%	76（-46 ℃）

表 1-9　STT 和 RMD 跟焊工艺对比

序号	项目	STT	RMD
1	坡口形式	双 V 复合形、V 形	双 V 复合形、V 形
2	保护气体	100%CO_2	80%Ar+20%CO_2
3	适用焊丝直径/mm	1.2	1.2
4	适用焊丝类型	现场以实心焊丝为主，亦可金属粉芯	现场以金属粉芯为主，亦可实心焊丝
5	参数设置	各参数单独设置	焊接专家系统控制
6	焊丝干伸长 L/mm	6~10	6~15
7	受反馈信号影响	较大	较大
8	电源极性	直流反接	直流反接

表1-9(续)

序号	项目	STT	RMD
9	熔滴过渡形态	短路过渡	短路过渡
10	反面焊缝成型	良好	良好
11	焊接飞溅	小	小
12	焊缝氢含量	低	低
13	焊接热输入	低	低
14	对错边敏感性	对较大错边敏感	适应性更强
15	焊接缺陷	发现焊趾冷搭接缺陷	未发现焊趾冷搭接缺陷
16	适用场合	固定地点,薄板	野外各种壁厚管线焊接

三、管线钢环焊焊接材料的应用

中国石油天然气管道第二、第五工程公司针对西气东输二线工程现场使用的 X80 钢管进行了焊接工艺研究[83-84]。采用 STT 半自动根焊+GMAW 自动焊填充、盖面焊接方法,在执行表 1-10 中实例 1 所示的焊接工艺要点的同时,强调了 STT 根部关键焊接技术和 GMAW 全位置自动焊操作要点,以及焊前坡口准备、保护气体纯度、严格的预热、层间温度控制、低的焊接热输入等工艺条件。现场施工实践证明,所焊接接头的各项性能指标均符合 Q/SY GJX 0110-2007 标准。该工艺应用于西气东输二线工程,管道铺设效果良好,焊口一次合格率为97%,完全满足高质量施工要求。

在西气东输冀宁支线工程的"X80 管线钢应用工程"项目中,中国石油天然气管道工程公司与中国管道机械制造公司对 X80 钢自动焊焊接工艺展开了研究[6]。采用 GMAW 全位置自动焊方法,在执行表 1-10 中实例 2 所示的焊接工艺要点的同时,分析 X80 钢的焊接性,介绍工艺参数及工艺评定试验。结果表明,不仅工艺评定结果均为合格,而且经西气东输冀宁管道工程现场 7.7 km 的 X80 管线焊接检验,超声检测一次合格率为 97.75%,确认工艺切实可行,完全满足施工要求。

表1-10 X80钢管对接接头焊接工艺要点

实例号/文献号	焊接方法	坡口形状，壁厚	焊接材料牌号（AWS）/直径			焊接电流 I/A		电弧电压 U/V	
			打底	热焊	填充、盖面				
1/[9]	STT打底+GMAW填充、盖面	单面双V形复合坡口，18.4~33 mm	JM58（ER70S-G）/1.22 mm	DW-60（E61TI-Ni1）/1.22 mm	DW-60（E61TI-Ni1）/1.22 mm	打底峰值	380~420	打底	14~18
						热焊填充	220~260	热焊填充	22~28
						盖面	200~230	盖面	22~28
2/[10]	GMAW全位置自动焊	单面双V形复合坡口，18.4mm	REDAELLI RMS 18（ER70S-6）/0.9 mm	REDAELLI RMS 18（ER70S-6）/0.9 mm	BOHLER SG 3P（ER70S-6）/0.9 mm	打底	190~230	打底	17~23
						热焊	207~253	热焊	17~23
						填充	189~231	填充	14.5~19.6
						盖面	171~209	盖面	14~19

实例号/文献号	焊接方法	电源极性	干伸长 L/mm	保护气体		气体流量 Q/(L·min⁻¹)		焊缝层数/道数	预热温度 T/℃	层间温度 T/℃
1/[9]	STT打底+GMAW填充盖面	打底 DCEP	10~15	打底	C1	打底	20~25	7/1	100~200	50~150
		填充盖面 DCEN		热焊填充盖面	M21	热焊填充盖面	20~35			
2/[10]	GMAW全位置自动焊	DCEP	打底 8~10	打底	M21	打底	24~36	多层	100~150	80~150
			热焊 7~12	热焊	C1	热焊	24~36	多道		
			填充 10~12	填充	M21	填充	16~24			
			盖面 8~10	盖面	M21	盖面	16~24			

虽然 X80 管线钢铺设可用的焊接施工方法有多种，可供选用的焊接材料牌号也不少，但从施工实际出发，优质、高效、自动化是施工方追求的主要目标和方向，优质应当是第一条，焊缝质量必须保证。从 X80 管线钢焊接性看，该钢的碳当量为 0.42%~0.44%，存在一定淬硬倾向。对于厚壁管，接头拘束度增大，经历多层焊热应力作用的根部焊道焊接残余应力数值较高，是焊接裂纹易发部位。有的焊接方法（见表 1-6）的打底焊道采用了低强匹配的低碳钢实心焊丝（ER70S-G）或电焊条（E7016），正是为了改善 X80 钢的焊接性，防止根部裂纹的发生。表 1-11 所列的两个工程应用实例的焊缝强度匹配不同。第 1 例所用大直径 X80 管壁厚 18.4~33.0 mm，变化较大；第 2 例钢管壁厚只有 18.4 mm。前者考虑厚壁焊缝拘束度较大，根部裂纹倾向大，为改善焊接性采用了低强匹配方式。后者壁厚较薄一点，焊缝拘束度较小，在一定的预热温度、层间温度下，采用高强匹配亦可获得无裂纹的满意焊接接头。

表 1-11　X80 管线钢焊缝强度匹配方式

实例号/ 文献号	焊接方法	母材抗拉 强度/MPa	焊材抗拉 强度 /MPa	接头抗 拉强度 /MPa	焊材与母材 抗拉强度比	匹配 方式
1/[83]	STT 打底 +GMAW 填 充、盖面	670~710	620	685~700	620/690 = 0.90	低强 匹配
2/[84]	GMAW 全 位置自动焊	683	690~720	680~700(断 口母材侧)	705/683 = 1.03	高强 匹配

目前，油气管线的环焊及焊接材料主要存在以下几方面问题。

（1）X80 管线钢焊接性的主要问题是裂纹敏感性，以及一定的 HAZ 区域组织粗化、软化。同时，也不可忽视 HAZ 局部脆化。选用合适的焊接材料和合理的焊接工艺是控制和改善该钢焊接性的重要技术手段。

（2）X80 管线钢焊接材料的选择倾向于遵循"组织类型匹配"原则，即着力使微量元素含量得到科学合理的控制，尽可能使焊缝的组织接近母材的组织，保证接头获得最佳力学性能和焊接性。

（3）受管道材质、焊缝结构特点及焊接方法影响，X80 钢焊接材料的种类有两大类（电焊条和焊丝），5 种组合焊接工艺各具特色。STT 和 RMD 工艺是先进的低氢根部焊接技术。自保护药芯焊丝焊缝的低温韧性稳定性尚需严格控制。

(4)不同管径和壁厚的 X80 钢管分别采用相适应匹配的焊接材料和合理的工艺,均在不同的工程中获得成功应用。优质、高效、自动化是工程施工追求的主要目标和方向。

◆ 参考文献

[1] 李秋扬,赵明华,张斌,等.2020 年全球油气管道建设现状及发展趋势[J].油气储运,2021,40(12):1330-1337.

[2] 王晓香.我国天然气工业和管线钢管发展展望[J].焊管,2010,33(3):5-9.

[3] 张彩军,蔡开科,袁伟霞,等.管线钢的性能要求与炼钢生产特点[J].炼钢,2002,18(5):40-46.

[4] 李鹤林,吉玲康,田伟.高钢级钢管和高压输送:我国油气输送管道的重大技术进步[J].中国工程科学,2010,12(5):84-90.

[5] 高惠临.管道工程面临的挑战与管线钢的发展趋势[J].焊管,2010,33(10):5-18.

[6] 付俊岩,尚成嘉,刘清友.中国高等级管线用钢的研究及其工业化实践:第七届(2009)中国钢铁年会论文集[C].2009:250-272.

[7] 王仪康,潘家华,杨柯,等.高性能输送管线钢[J].焊管,2007,30(1):11-16.

[8] 郑磊,傅俊岩.高等级管线钢的发展现状[J].钢铁,2006,41(10):1-10.

[9] 牛爱军,毕宗岳,张高兰.海底管线用管线钢及钢管的研发与应用[J].焊管,2019,42(6):1-6.

[10] 徐锋,李利巍,徐进桥,等.高级别耐酸管线钢的开发现状及发展趋势[J].钢铁研究,2014,42(4):58-61.

[11] 姜敏,支玉明,刘卫东,等.我国管线钢的研发现状和发展趋势[J].上海金属,2009,31(6):42-46.

[12] 王春明,鲁强,吴杏芳.管线钢的合金设计[J].鞍钢技术,2004(6):22-28.

[13] 高惠临.管线钢合金设计及其研究进展[J].焊管,2009,32(11):5-12.

[14] 刘建华,崔衡,包燕平.高级别管线钢冶炼关键技术分析[J].北京科技大学学报,2009,31(增刊1):1-6.

[15] 王海涛,吉玲康,黄呈帅,等.高钢级管线钢组织转变控制工艺的发展现状[J].焊管,2013,36(7):38-41.

[16] 张晓刚.近年来低合金高强度钢的进展[J].钢铁,2011,46(11):1-9.

[17] 张圣柱,程玉峰,冯晓东,等.X80管线钢性能特征及技术挑战[J].油气储运,2019,38(5):481-495.

[18] 孙宏.高强度管线钢力学性能和冶金特性的最新进展[J].焊管,2017,40(9):62-68.

[19] 刘清友.高钢级厚规格管线钢生产的理论与技术:2012年全国轧钢生产技术会论文集[C].2012:38-45.

[20] 高惠临,张骁勇,冯耀荣,等.管线钢的研究进展[J].机械工程材料,2009,33(10):1-4.

[21] 彭涛,高惠临.管线钢显微组织的基本特征[J].焊管,2010,33(7):5-11.

[22] 李纪委,刘庆锁.超低碳贝氏体钢的研究现状[J].天津理工大学学报,2008,24(1):56-59.

[23] 王建泽,康永林,杨善武.超低碳贝氏体钢的显微组织分析[J].机械工程材料,2007,31(3):12-16.

[24] 徐荣杰,杨静,严平沅,等.高强度超低碳贝氏体钢显微组织电镜研究[J].物理测试,2007,25(1):10-14.

[25] 高惠临,张骁勇.大变形管线钢的研究和开发[J].焊管,2014,37(4):14-21.

[26] 屈朝霞,田志凌,何长红,等.超细晶粒钢及其焊接性[J].钢铁,2000,35(2):70.

[27] MATSUDA F FUKADA Y,OKADA H,et al.Review of mechanical and metallurgical investigations of martensite-austenite constituent in welded joints in Japan[J].Welding in the world,1996,37:134-154.

[28] 张文钺.焊接传热学[M].北京:机械工业出版社,1989.

[29] 张文钺.焊接冶金学[M].北京:机械工业出版社,2004.

[30] LEE S,KIM B C,KWON D.Correlation of microstructure and fracture properties in weld heat affected zones of thermo-mechanic-alloy controlled processed steels[J].Metallurgy transaction,1992,23:2803-2816.

[31] 何小东,高雄雄,HAN D,等.不同强度匹配的X80钢环焊接头力学性能及变形能力[J].油气储运,2022,41(1):63-69.

[32] AIHARA S,OKAMOTO K.Influence of local brittle zone on HAZ toughness of

TMCP steels:International Conference on the Metallurgy,Welding,and Quali-fication of Microalloyed(HSLA)Steel Weldments[C].1990:402

[33]　OHYA K,KIM J,YOKOYAMA K,et al.Microstructures relevant to brittle fracture initiation at the heat-affected zone of weldment of a low carbon steel [J].Metallurgical andmaterials transactions A,1996,27(9):2574-2582.

[34]　LIESSEM A,ERDELEN-PEPPLER M.A critical view on the significance of HAZ toughness testing:2004 International Pipeline Conference[C].2004.

[35]　MOEINIFAR S,KOKABI A H,MADAAH H R.Role of tandem submerged arc welding thermal cycles on properties of the heat affected zone in X80 micro alloyed pipe line steel[J].Journal of materials processing technology,2011, 211:368-375.

[36]　YU S F,QIAN B N,GUO X M.Effect of accelerating cooling on microstructure and toughness of HAZ of X70 pipline steel[J].Acta metallurgica sinica, 2005,41(4):402-406.

[37]　YOU Y,SHANG C J,NIE W J,et al.Investigation on the microstructure and toughness of coarse grained heat affected zone in X−100 multi-phase pipeline steel with high Nb content[J].Materscience and engineering A,2012,558: 692-701.

[38]　GUO A M,LI S R,GUO J,et al.Effect of zirconium addition on the impact toughness of the heat affected zone in a high strength low alloy pipeline steel [J].Materials characterization,2008,59(2):134-139.

[39]　BHADESHIA H K D H.Reliability of weld microstructure and properties cal-culations[J].Welding journal,2004,83(9):237-243.

[40]　吕德林,李砚珠.焊接金相分析[M].北京:机械工业出版社,1987.

[41]　NAKAO Y,OSHIGE H,NOI S,et al.Distribution of toughness in HAZ of multi-pass welded high strength steel[J].Quarterly journal of the Japan weld-ing,1985,3:773-781.

[42]　YOU Y,SHANG C J,CHEN L,et al.Investigation on the crystallography of the transformation products of reverted austenite in intercritically reheated coarsegrained heat affected zone[J].Materials & design,2013,43:485-491.

[43]　LAMBERT-PERLADE A,GOURGUES A F,BESSON J,et al.Mechanisms

and modeling of cleavage fracture in simulated heat-affected zone microstructures of a high-strength low alloy steel[J].Metallurgical and materials transactions A,2004,35:1039-1053.

[44] LI Y,BAKER T N.Effect of morphology of martensite-austenite phase on fracture of weld heat affected zone in vanadium and niobium microalloyed steels [J].Materials science and technology,2010,26(9):1029-1040.

[45] DAVIS C L,KING J E.Cleavage initiation in the intercritically reheated coarse-grained heat-affected zone:part I.fractographic evidence[J].Metallurgical and materials transactions A.1994,25(3):563-573.

[46] MOHSENI P,SOLBERG J K,KARLSEN M,et al.Cleavage fracture initiationat M-A constituents in intercritically coarse-grained heat-affected zone[J]. Metallurgical and materials transactions,2014,45:384-394.

[47] 李学达.第三代管线钢的焊接性能研究[D].北京:北京科技大学,2015.

[48] DAVIS C L,KING J E.Effect of cooling rate on intercritically reheated microstructure and toughness in high strength low alloy steel[J].Materials science and technology,1993,9(1):8-15.

[49] 稲垣道夫.熔接加工:机械工作法[M].东京:诚文堂新光社,1971.

[50] 辛希贤,智彦利,徐学利.管线钢焊接粗晶区的韧化方向[J].焊管,2003, 26(5):10-13.

[51] 王学敏,杨善武,贺信莱,等.超低碳贝氏体钢焊接热影响区冲击韧性的研究[J].钢铁研究学报,2000(1):47-53.

[52] 王仪康,杨柯,单以银,等.我国高压输送管线钢的发展:2003 国际管线钢学术报告会论文汇编[C].2003:43.

[53] 高惠临,侯蕊涵,徐学利,等.输油(气)管线钢及其环焊接头韧性的研究[J].石油工程建设,1990(1):35-41.

[54] 罗海文,董瀚.高级别管线钢 X80～X120 的研发与应用[J].中国冶金, 2006,16(4):9-15.

[55] 何小东,高琦,李为卫,等.高钢级油气管道环焊缝接头性能及质量控制[J].石油管材与仪器,2020,6(2):15-20.

[56] 胡平,郭纯,孔红雨,等.X80 管线钢自保护药芯焊丝冲击离散性分析及改进[J].金属加工(热加工),2016(2):68-69.

[57] 汪凤,范玉然,张希悉,等.自保护药芯焊丝中 Cr 含量对钢管焊缝冲击性能及组织的影响[J].焊管,2014,37(5):58-61.

[58] 何小东,薛如,李为卫,等.X70 管道自保护药芯焊丝环焊接头力学性能及影响因素[J].焊接,2020(3):50-53,67-68.

[59] 许强,张亮,吴迪.中俄天然气东线管道全自动焊接工艺分析[J].天然气技术与经济,2017,11(4):37-39,82-83.

[60] 隋永莉.新一代大输量管道建设环焊缝自动焊工艺研究与技术进展[J].焊管,2019,42(7):83-89.

[61] 何小东,马本特,孙頔,等.X80 厚壁管道自动环焊接头性能研究[J].热加工工艺,2023,52(23):40-44.

[62] DITTRICH S.Newest experiences on shielded metal arc welding of grade X-80 pipes:Proceedings of Offshore Technology Conference[C].1991.

[63] CHAUDHARI V,RITZMANN H P,WELLNITZ G,et al.German gas pipeline first to use new generation line pipe[J].Oil and gas journal,1995,93(1):40-47.

[64] 陈英,张传友,范磊,等.Nb 微合金化 X65 深海厚壁无缝管线管的环焊性能:海洋工程装备与船舶用钢论坛:海洋平台用钢国际研讨会文集[C].2013:180-187.

[65] 陈延清,张建强,牟淑坤,等.焊接工艺对 22mm 壁厚 X80 管道环焊缝冲击韧性的影响[J].焊管,2016,39(2):44-50.

[66] 杨叠,杨柳青,白世武,等.X80 钢管自保护药芯焊丝环焊缝成分及组织研究[J].焊接技术,2016,45(12):28-31.

[67] 姚登樽,隋永莉,孙哲,等.X70 管线钢管环焊缝宽板拉伸试验[J].焊管,2014,37(6):26-30.

[68] 孙永辉,尤景泽,商学欣,等.X70 管道环焊缝强度的小试样测试技术[J].理化检验:物理分册,2022,58(5):1-3.

[69] 孙德新.X70 螺旋焊管焊接的工程应用研究[D].天津:天津大学,2007.

[70] 任伟.管道环焊缝可靠性分析[D].北京:中国石油大学(北京),2017.

[71] 佐藤邦彦,向井喜彦,豊田政男.焊接接头的强度与设计[M].张伟昌,严鸢飞,徐晓,译.北京:机械工业出版社,1983.

[72] PRICE J C.Welding needs specified for X-80 offshore line pipe[J].Oil and

gas journal(United States),1993,91:95.

[73] 石川信行,冈津光浩,近藤丈.X80 级管线钢的生产和应用[J].焊管, 2005,28(2):43-49.

[74] DORLING D V,LOYER A,RUSSELL A N,et al.Gas metal arc welding used on mainline 80 ksi pipeline in Canada[J].Welding journal,1992,71(5):55- 61.

[75] 汪宏辉,雷正龙,杨雨禾,等.X70 钢管道采用铜衬垫根焊的焊接接头疲劳 性能[J].焊接学报,2015,36(10):100-104.

[76] 闫臣,白大勇,单慕晓.D1422 mm 厚壁 X80 钢管 GMAW-P 环焊工艺[J]. 电焊机,2016,46(7):55-58.

[77] 葛加林.X70 大应变海洋管道环焊工艺及试验研究[D].西安:西安石油大 学,2020.

[78] HAN D,齐丽华,霍春勇,等.几种典型 X80 管线钢管及其环焊缝性能研究 [J].石油管材与仪器,2021,7(2):55-61.

[79] 马秋荣,霍春勇,冯耀荣.国外 X80 管道钢管的研究与应用现状[J].油气 储运,2000,19(11):9-13.

[80] 侯阳.X80 管线钢焊接接头形貌与组织性能研究[D].乌鲁木齐:新疆大 学,2022.

[81] 孙咸.X80 管线钢焊接材料的选择[J].电焊机,2019,49(1):1-9.

[82] 朱洪亮.STT 与 RMD 根焊焊接技术[J].钻采工艺,2010,33(增刊 1):123- 125.

[83] 胡建春,陈龙,廖井洲,等.西气东输二线工程 X80 钢自动焊焊接工艺[J]. 压力容器,2012,29(4):76-80.

[84] 孙宏全,徐舟.X80 管线钢现场自动焊焊接工艺[J].焊接,2007(8):47-49.

第二章 管线钢环焊缝的强韧化机理

环焊缝焊接是油气长输管道唯一的连接方式，但近年来国内外长输管道失效事故几乎都为环焊缝断裂。焊接是一个快速加热、快速冷却的热循环过程，管线焊接过程固有的特点使管线钢管焊接接头的力学性能比管线钢更难控制，焊接接头成为输送管线的薄弱环节，最大限度地控制和提高接头的力学性能是迫切需要解决的难题之一。在管线钢环焊缝金属非平衡凝固过程中，其组织受焊接设备、焊接工艺、化学成分等多种因素影响，从而产生不同的显微组织，造成环焊缝的力学性能存在差异。因此，本章聚焦于环焊缝金属的显微组织和力学性能，重点明晰环焊缝金属的强韧化机理。

◆ 第一节 管线钢环焊缝成分、组织及力学性能

一、管线钢环焊缝化学元素及其作用

焊缝金属设计时常遇到的问题是在获得好的冲击性能的同时保证必需的强度，但是在通常情况下焊缝强度高于母材。为获得高的冲击韧性，需要控制合金元素，提高焊缝中针状铁素体组织的比例；减少焊缝含氧量，减少夹杂物含量；减少杂质元素来减少焊缝中的脆性组织。

（1）C。C是微合金焊缝金属中最重要的合金元素，是扩大γ相区的元素，G.M.Evans[1]认为C可促使形成针状铁素体，减少晶界多边形铁素体，并且细化再热区晶粒。为了使熔敷金属获得最佳力学性能，C含量应保持在0.07%~0.09%，Mn含量为1.4%。随着碳含量的增加，原奥氏体晶粒的平均尺寸减小，同时先共析铁素体减少，针状铁素体增加，并且其比例发生改变。焊态条件下焊缝金属的硬度、屈服点、拉伸强度均随C含量的增加（0.05%~0.12%）而提

高,但经过去应力处理后其值均有所下降。E.Surian 等[2]在相同的 C 含量范围内得出与 G.M.Evans 几乎相同的结果,但是指出夏比冲击能随着焊缝金属中 C 含量的增加而下降,为了获得最好的冲击性能,C 含量应为 0.05% ~ 0.10%。Tong-bang An 等[3]研究了 C 含量(0.078% ~ 0.100%)对 1000 MPa 级气体金属电弧焊沉积金属组织和性能的影响,也提出了较高的 C 含量有利于提高强度,但是对韧性有害,如果需要在低温时具有很高的韧性,此时碳含量应为 0.05% ~ 0.08%。

(2)Mn。Mn 作为微合金钢焊缝金属中的主要合金元素,显著影响奥氏体扩散,Mn 是奥氏体稳定元素,使奥氏体相变移向较低的温度。Mn 一方面可作为脱氧剂,另一方面具有细化晶粒和固溶强化的作用。G.M.Evans[4]认为 Mn 含量(0.6% ~ 4.8%)增加会增加针状铁素体的含量,减少先共析铁素体的含量,并且细化焊态针状铁素体组织以及焊缝热影响区粗晶区的组织。Mn 含量的增加,减少了焊接热影响区等轴细晶的晶粒尺寸[5]。Mn 含量每增加 0.1%,焊态焊缝金属屈服强度和拉伸强度大约增加 10 MPa,Mn 含量的增加一方面增加了屈服强度;另一方面增加了针状铁素体的体积分数,细化了再热区的晶粒尺寸。这两种因素的影响使 Mn 含量需要保持在一定的范围内,试验所得最佳 Mn 含量为 1.5%,过量的 Mn 易产生 Mn 和 P 的化合物偏析,降低韧性,并且对于抗 H_2S 腐蚀极为不利。

(3)Si。Si 是缩小 γ 相区的元素,能显著提高珠光体相变温度且在较高的温度下形成较为粗大的碳化物,G.M.Evans[4]认为,焊缝中 Si 含量在 0.2% ~ 0.4%时,Si 含量的增加会促使针状铁素体形成,特别是当焊缝中 Mn 含量小于 1.0%时,随着 Mn 含量的增加,Si 的影响明显减弱。同时,Si 是作为重要脱氧元素加入的,对焊缝组织和性能的影响主要通过与氧的作用体现出来,特别是当 Mn,Si 同时存在时[6]。对于焊缝中 O 与 Mn+Si 含量的量化关系,G.M.Evans 进行了大量的实验,通过回归分析得出如下关系式[4]:

$$[X_0] \times 10^{-6} = 541 - 165\left(X_{Si} + \frac{X_{Mn}}{3.8}\right) \qquad (2-1)$$

即随着 Mn-Si 含量增加,焊缝中氧含量减少。Mn-Si 含量对焊缝力学性能有重大的影响,随着 Si 含量增加,焊缝的强度呈非线性增加,但是 Si 的加入会降低焊缝韧性。Si 含量的增加使焊缝硬度增加,但是其有害作用的范围是小于 0.5%,并且将 Mn 含量维持在 1.5%左右比较好。有关强度与 Mn-Si 含量存在如下数学关系[1, 4]:

$$\sigma_s = a + b(X_{Mn}) + c(X_{Si}) - d(X_{Si}) \tag{2-2}$$

式（2-2）中，a，b，c，d 均为回归常数。从焊缝金属力学性能角度考虑，为获得最佳韧性，在 Si 含量为 0.1%～0.25% 和 Mn 含量为 0.8%～1.0% 范围内获得大量晶内细小的针状铁素体和少量中等粒度的先共析铁素体[7]。

（4）Ni。Ni 无限固溶于 γ-Fe，是扩大 γ 相区的元素，还可使过冷奥氏体连续冷却转变（continuous cooling transformation，CCT）曲线右移，因而可促使针状铁素体形成，使焊缝韧性提高。Ni 的固溶强化作用非常小。有研究结果表明[8]，在焊缝金属的整个冷却过程中，Ni 都可以使相变温度降低，而且使侧板条铁素体开始转变温度的降低程度明显大于使针状铁素体开始转变温度的降低程度。若焊缝金属中含有 Mn，则 Ni 的这种效果有利于针状铁素体的形成，并使硬度升高[9-10]。另外，在 C 存在的情况下，Ni 和 Mn 会使焊缝组织中残余奥氏体数量和稳定性都增加。一般管线钢焊缝中的 Ni 含量一般取 0.1%～1.0%。

（5）Mo。Mo 是缩小 γ 相区的元素，是中强碳化物形成元素，其主要作用是推迟先共析铁素体的转变而有利于形成贝氏体结构，并强烈抑制珠光体转变。研究结果表明[11]，Mo 在 0.2%～1.1% 变化时，焊缝组织主要为先共析铁素体和针状铁素体，同时增加韧性、强度和硬度，但也促进了 M-A 组元和贝氏体的形成，同时降低屈强比和延伸率。Mo 含量一般不宜超过 0.5%。

（6）Cu。Cu 能降低 $\gamma \rightarrow \alpha$ 转变温度，并且具有抗大气和 H_2S 腐蚀的性能。Cu 能细化原奥氏体晶粒尺寸，增加硬度和拉伸强度，并增加第二相的体积分数。对于 Mn 含量为 1.5% 的焊缝，加入 0.66%Cu 可获得强度、硬度和抗蚀性而不损害韧性。但当 Cu 含量超过 0.19% 时，显微硬度增加，当 Cu 含量为 1.4% 时硬度最高，当 Cu 含量为 0.19% 时获得最佳的韧性。所以对 Cu 的加入量取 0.15%～0.20%。但是 Cu 含量为 0.2%～0.3% 能改善管线钢在饱和 H_2S 人造海水中的抗氢性能[12]。

（7）Ti，B。添加 Ti，B 提高韧性的原因：在凝固过程中，B 与 N 反应形成 BN，而 Ti 的作用是使 B 不被氧化。在奥氏体冷却的过程中，Ti 保护剩余的 B 不被氮化而形成 TiN。自由 B 向奥氏体边界偏析，通过上述反应形成的 TiN 减少了氮的溶入量。在进一步冷却过程中，奥氏体向铁素体转变，活性的 B 出现在奥氏体边界，减少了晶界能并且延迟了先共析铁素体的形核。有研究认为，在 Ti 的保护下，残余 B 元素在奥氏体边界上偏析，在晶界上析出大量含 B 的碳化物 $Fe_{23}(BC)_6$，它先于铁素体生成，可阻碍先共析铁素体形成。包含 Ti 的氧化夹杂物促使奥氏体晶内形成针状铁素体。当 Ti 含量不足时，B 促使焊缝形成针状铁素体的作用就会很弱；反之，Ti 的作用也会很小。

(8) Nb，V。Nb，V 往往通过基体金属稀释进入熔敷金属中。Nb 一般使金属韧脆转变温度升高，这是因为 Nb 在焊接冷却过程中的析出强化作用。有的研究指出，少量 Nb 也许有益，但 Nb 超过 0.04%，将使韧性降低，尤其在大的热输入情况下。V 是一种固溶强化元素，即使是微量的 V，也可使强度提高，韧性降低。

(9) Zr。Zr 在焊缝金属中的主要存在形式是 ZrO_2，可保护 B 不被氧化。Zr 还可与 N 化合生成 ZrN，降低焊缝中的游离氮，进而提高焊缝的韧性。

(10) O，N，S，P。焊缝金属冲击性能与含氧量有关，氧过低对冲击性能有害，过高对韧性有害。前者是由于形成大量的贝氏体和侧板条铁素体。焊缝金属中的氮大部分以固溶态或游离态存在，由于其在 γ-Fe 中的扩散系数大于其在 α-Fe 中的扩散系数，因此在针状铁素体相变过程中，N 向残余奥氏体中扩散，焊缝中没有强固氮元素存在时，则对韧性有害，当焊缝金属中 N 含量超过 0.11% 以后，焊缝的韧性急剧下降。S，P 几乎一致被认为对钢的应力腐蚀开裂的稳定性有害，主要与它们的含量有关。S 的影响是因为硫化物夹杂既可以成为氢诱发开裂的出发点，也容易沿硫化物夹杂边界造成应力腐蚀开裂。但是，现在有许多研究者在不同领域得出 P 并不总是对材料的性能产生恶劣的影响。在 S，P 的含量低于 0.005% 时，再降低 S，P 的含量，收效不大，反而会提高成本。

二、管线钢环焊缝的显微组织

1. 管线钢焊接接头区域划分

在油气钢管焊接过程中，由于不同的焊接方法工艺，其热输入、预热温度、焊后处理、焊接辅材的合金元素等也各不相同，导致焊接接头形成了各类复杂的微观组织结构。在焊接过程中，热源的高温集中熔化焊缝区域的金属，并向母材金属传导热量。接头各部位与焊缝中心的距离不同，受到的加热温度有差异，使间接接受的热处理工艺不一样。因此，焊接接头的各区域会发生不同的焊接转变和性能变化。图 2-1 为焊接接头各区域温度与组织变化示意图。

(1) 焊缝区。焊缝区即焊接接头中的焊缝金属区域，是由熔化的液态填充金属和母材混合形成的。在温度超过 1500 ℃时，金属将完全处于液体状态，由

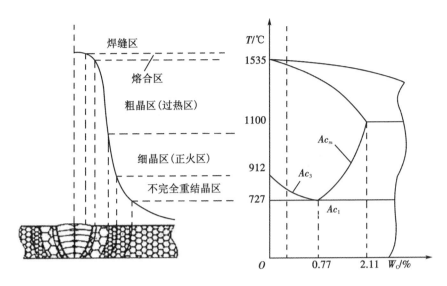

Ac_1—在加热过程中，奥氏体开始形成的温度；Ac_3—在加热过程中，奥氏体完全形成的温度；

Ac_m—在加热过程中，碳在奥氏体完全溶解的温度

图 2-1　焊接接头各区域温度与组织变化示意图

于冷却速度快，半熔化晶粒必然会由熔合处向散热最快的方向长大。即会向中心生长，形成柱状晶晶粒并一直延伸到焊缝中心，呈柱状晶组织。中心处的孪生晶粒化学成分和杂质易在焊缝中心区产生偏析（化学成分不均匀），引起焊缝金属力学性能下降。

（2）熔合区。熔合区是焊缝金属向热影响区方向过渡的部位。作为一种半熔化状态的结构又被称为半熔化区。这个区域非常窄，加热温度处于液-固相线之间，在冷却至室温时具有粗大的过热组织和一些铸态组织，在化学成分和组织性能上有较大的不均匀性。因此力学性能较差，塑性差、强度低、脆性差，易产生裂纹造成脆性断裂。

（3）热影响区。在金属非平衡加热时，其内部温度的分布很不均衡，金属组织变化与平衡加热时的组织转变情况不同，其组织转变是与温度相关的动态过程。在焊接热循环的作用下，在焊缝的两边区域虽然没有熔化，但是其金相组织和力学性能发生了变化。该区域则为焊接热影响区。根据热影响区内各点受热温度的情况不同，其组织特征也不相同。低合金钢焊接接头热影响区划分为粗晶区（过热区）、细晶区（正火区）、不完全重结晶区和回火区。

根据焊接热影响区组织特征的不同，低合金钢焊接热影响区各特征区的温度范围和组织性能特点见表 2-1。

表 2-1　低合金钢焊接热影响区各特征区的温度范围和组织性能特点

组织区域划分	温度范围	组织性能特点
焊缝	大于 1500 ℃	焊缝熔化凝固部分,呈柱状晶组织
液固相区	大于 1450 ℃	液-固相状态,未与熔化的填充金属相混合。可发生合金元素的重新分布
熔合区	约 1450 ℃	熔化的焊缝金属与固态母材交界,部分熔化结晶,韧性低
粗晶区(过热区)	1100~1450 ℃	过热区,晶粒发生剧烈长大区域
细晶区(正火区)	Ac_3~1100	重结晶区域的晶粒明显细化
不完全重结晶区	Ac_1~Ac_3	部分组织发生重结晶
回火区	Ac_1 以下	加热高于母材回火温度,成回火组织

2. 管线钢焊接接头典型组织

对管线钢及其焊缝金属最基本的要求是在实际施工中同时达到高的强度和良好的韧性。双相组织即软相和硬相的设计可以同时满足以上要求,其中硬相用来提供必要的强度和承受应力集中,软相用来确保有足够的塑性,且选用的软相和硬相的强度差别越大,最终管体材料形变硬化程度越高。前人根据实际经验总结出以下四类组织类型,分别是 JFE 的 NK-HIPPER 的 PF-B、JFE 的 HOP-HIPPER 的 B-MA、新日铁的 TOUGH-ACE 的 PF-B 和 AF-PF-MA,通常选作抗大变形管线钢的显微组织。

影响组织的因素是复杂的,钢的成分、轧制工艺、冷却速度的变化都在显微组织中有所反映。对于高强度微合金管线钢,其焊接接头的显微组织主要是铁素体、贝氏体、珠光体以及 M-A 组元等。

(1)铁素体。在管线钢焊缝接头中形成的铁素体主要有三种:多边形铁素体(PF)、侧板条铁素体(FSP)以及针状铁素体(AF)。

在细晶粒的控轧微合金钢板材中,很少发现魏氏组织,一般以先共析铁素体为主。先共析铁素体是沿原奥氏体晶界析出的,有的呈多边形沿晶界分布,而有的沿晶界呈长条状扩展。一般由于晶界能量较高而易于在晶界形成新相核心。其位错密度较低。多边形铁素体和侧板条铁素体都属于先共析铁素体的范畴。

多边形铁素体以及准多边形(块状)铁素体都是先共析析出相,其晶粒在生长过程中都可以越过奥氏体的晶界,而原始的晶界轮廓将被掩盖。准多边形铁素体是在低温度下,经块状转变而得到的。最终的晶粒尺寸往往较大,形状不同于多边形铁素体,形状不规则,边界粗糙,凹凸不平,呈碎片状。其基体上偶尔也可见 M-A 岛状物。由于内部位错密度较高,显微组织具有很好的强度水平和塑性。

侧板条铁素体是向晶内扩展的铁素体,属于先共析铁素体,一般为板条状或锯齿状。其晶内的位错密度大致与先共析铁素体相当。

针状铁素体[13](图2-2)是出现在原奥氏体晶内的有方向性的细小铁素体,呈放射状生长。针状铁素体可以在原奥氏体的晶内随意形核并互相碰撞,导致不能任意生长,一般呈细小的针状分布。由于晶内位错之间互相缠结,其位错密度更高。其组织上的连锁结构能够较好地组织裂纹扩展,因此针状铁素体具有很好的力学性能,尤其是韧性。

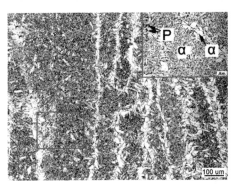

图2-2 焊缝金属中的铁素体形态

(2)贝氏体。低合金钢焊缝中的贝氏体主要为上贝氏体、下贝氏体和粒状贝氏体。

上贝氏体组织的特征是碳化物在铁素体板条之间析出[14],主要由成束平行排列的铁素体和条间的渗碳体组成,呈细长、羽毛状特征。

下贝氏体组织的特征是碳化物在铁素体板条内部析出,主要由板条状的贝氏体铁素体和沉淀在贝氏体铁素体内的碳化物组成,呈现平行的板条状。

粒状贝氏体是介于 PF 与 LB 范围内的中温转变产物组织。在 FP 基础上分布着富碳奥氏体和岛状物。这些岛状物分布在块状铁素体基体的晶界上与晶粒内,形状很不规则(图2-3)。因其中分布的岛状物呈颗粒状或等轴形状而得名。

在几种贝氏体中,上贝氏体的力学性能(特别是韧性)较差。其碳化物粗大,且沿平行的铁素体条分布,容易引导微裂纹沿此方向扩展。下贝氏体的力

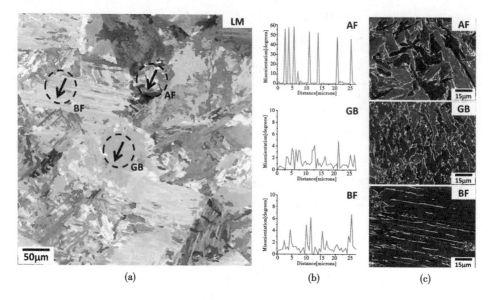

图 2-3　焊缝金属中的贝氏体组织形态

学性能较好，因为下贝氏体的转变温度较低。其碳化物细小并且分布在铁素体内部，易得到强度和韧性都不错的组织。粒状贝氏体的强度和韧性取决于铁素体上分布的岛状物的组成、形态和颗粒大小[15]。

（3）珠光体组织。珠光体是一种铁素体和渗碳体组成的共析组织。碳含量在 0.02%~2% 的钢都会出现珠光体组织。由于转变过程中冷却速度不同，生成的珠光体形态也不同，有粗片状、细片状、粒状和羽毛状等。

（4）M-A 组元。低碳微合金钢连续冷却转变为贝氏体时，碳在剩余奥氏体内逐渐富集。由于转变不完全，以岛状形式存在的残留奥氏体分布于晶界间。这些小岛成分主要是富碳奥氏体，对于管线钢成分而言，富碳奥氏体难以保留至室温，大部分冷却后转变为马氏体，形成富碳的马氏体和残余奥氏体，即 M-A 组元，又称岛状马氏体或岛状组织。巴凌志[16]对不同 Mn 含量的焊缝金属中的 M-A 组元进行观察统计，如图 2-4 所示。大部分 M-A 均在晶界铁素体（grain boundary ferrite，GBF）的边界析出，也有少部分在铁素体内部析出。当 Mn 含量为 1.6% 时，M-A 的形态为粗大浮岛状和沿着晶界的细条状，如网状包住 GBF；而当 Mn 含量为 1.2% 时，不论是块状的还是长条状的，M-A 尺寸均细小得多。M-A 组元在扫描电子显微镜（SEM）下观察呈均匀白色块/点状，经过 Lepera 试剂染色呈现亮白色。此外，粗大的 M-A 组元组织结构具有一定脆性，对材料的韧性不利。

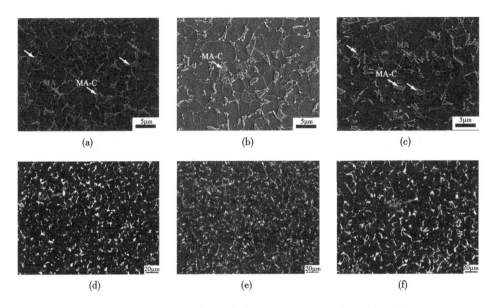

图 2-4　不同 Mn 含量 M-A 组元 SEM 和 Lepera 染色腐蚀图像

三、管线钢环焊缝的力学性能

1. 应力-应变曲线

通常要求在抗大变形管线钢受到外力作用，发生变形时，应力-应变曲线形状应为圆屋顶状（Round-house）。管线钢纵向拉伸实验中会出现两种典型的 Stress-strain 曲线类型：Luders elongation 型和 Round-house 型，如图 2-5 所示。Luders elongation 型的特征是会出现屈服平台，而 Round-house 型是连续屈服，没有出现屈服平台，呈圆屋顶状。有学者指出，若材料应变曲线形状为 Luders elongation，则其变形能力逊于形状为 Round-house 的，而屈曲应变也比 Round-house 的低。研究结果还表明，管材变形能力在过了屈服平台后会发生变化，一般表现为对管道内部压力以及存在的缺陷十分敏锐。加载一定应力后，应变会突然加速，材料会迅速发生压缩应变。压缩应变依据不同内压条件会跟随屈服平台升高发生不同变化，相对低压条件，屈服平台不断升高。相反的，压缩应变容限不断降低。但是当管道内部压力升高时，压缩应变容限也会随之升高。决定材料连续屈服的是自由位错的数量，而不是总位错的数量。当可动性较高的位错达到足够数量时，其所需的开动和滑移的临界切应力较小，表现出的宏观屈服应力较低，变形初期，间隙原子对自由位错钉扎能力较弱，但是有越来越多自由位错不断开动滑移，位错彼此之间作用力不断加强，滑移所受到的阻

41

力也随之不断增大，位错强化作用不断增强，宏观表现为变形抗力不断均匀增加，从而形成了连续屈服，表现出高初始加工硬化率、可动位错量不足或非自由位错出现屈服平台。

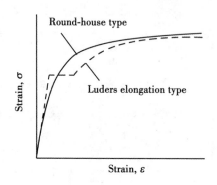

图 2-5　两种类型的应力-应变曲线

2. 屈强比

屈强比在数值上就是材料的屈服强度与抗拉强度之比（Rp0.2/Rm 或 Rt0.5/Rm），反映钢材在受力时强度和变形能力，对管线钢来说不仅是力学性能的关键参数，而且是判别实地使用钢管是否安全的一个必不可少的参数。由金属学原理可知，当屈强比较小时，体现出抗拉强度和屈服强度在数值上差值较大，这说明当施加的外力达到管材抗拉强度前，材料会先产生一定程度的塑性变形。塑性变形的结果不仅可以使材料裂纹尖端的应力水平降低，也就是应力松弛，还可以起到强化材料的作用。若钢材屈强比较高，表明其变形能力较差，在一些应力高度聚集的地方发生足够塑性变形时容易断裂，不利于应力的重新分布。近年来，有研究指出钢铁材料塑性与屈强比并非简单地呈线性关系变化，而屈强比小也只能说明材料受外力时可以较大程度地发生均匀延伸，难以产生塑性失稳。通常材料的塑性变形由均匀延伸和颈缩后的局部集中延伸组成，抗大变形管线钢材料中由于"硬相"组织存在，会大大促进管体材料均匀延伸，但存在的问题是颈缩后的局部集中延伸会大大减小。主要原因可能是在产生颈缩时，孔洞会挑选材料最为薄弱的部位生成，与此同时，外加应力开始不断地加大，孔洞逐渐聚合成裂纹。由于硬组织塑性变形能力差，所以在裂纹尖端塞积着大量位错，应力得不到松弛，此时材料更易于产生解理断裂，造成塑性大幅度减小。在通常情况下，硬组织越硬，材料就越容易发生脆性断裂，如图 2-6 所示。因此，并不是屈强比越低越好，而应选择适当的值。

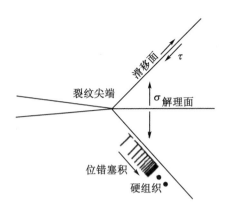

图 2-6　硬组织对裂纹扩展的影响

3. 硬化指数和延伸率

评价板材成型性能的重要指标之一是硬化指数 n，对于管线钢来说，为了满足基于应变设计，通常要求其硬化指数 n 值不得小于 0.1。该物理量通常在塑性变形过程中用来衡量钢铁材料的变形强化能力，数值大小可以反映出材料真实的应变均化能力。板材成型极限曲线与硬化指数 n 值有密不可分的关系，n 值增大，材料的成型极限曲线也随之升高，即成正比例相关。

管线钢焊缝的延伸率(δ)越高，其变形能力越好。现代管道工程要求尽量提高管体材料的均匀塑性变形 δ 值，这是因为相比之下在总 δ 值中，均匀塑性 δ 值的大小对材料的变形能力产生的影响更多。要想使材料具有良好的变形能力，需要其有更高的 δ 值：均匀塑性变形延伸率在 10% 以上。

◆ 第二节　管线钢环焊缝强韧化机理

对于高强度管线钢 X80 而言，强度并不是主要问题，粗晶区的脆化才是人们关注的焦点。同时，由于焊接粗晶区处在焊缝和母材的过渡地带，它不仅具有明显的物理和化学不均匀性，还经常因焊趾和焊根处出现咬边和裂纹等几何不均匀性而形成应力集中，因而焊接粗晶区是整个焊接接头中的一个薄弱环节。近几十年来，有关焊接粗晶区的研究已成为现代焊接物理冶金的一个重要分支。随着焊接热模拟技术和现代测试技术的发展，粗晶区物理冶金和力学冶金方面已取得了许多重要的研究成果。

近年来，许多人对低合金高强钢的焊接接头性能进行了大量的研究。人们在研究中发现，对于经历了焊接过程的焊接热影响区来说，有两个局部脆化区域(local brittle zone, LBZ)，即单道焊的粗晶区和多道焊的临界粗晶区。一般认为，相对于母材而言，粗晶区的韧性损失为20%~30%，临界粗晶区的韧性损失甚至可达60%。由于焊接过程是一个特殊的局部加热与冷却过程，它的加热速度快、加热温度高、高温停留时间短、冷却速度范围较广，相变过程是在局部、有应力约束条件下进行的，这一切都使焊接粗晶HAZ的显微组织和力学性能具有特殊性。

一、粗晶脆化

钢的奥氏体晶粒长大受到多种因素的影响。对确定化学成分和组织状态的钢而言，奥氏体晶粒长大主要受加热温度和保温时间的影响，其中加热温度是影响奥氏体晶粒长大的最重要因素。

在焊接过程中，HAZ的温度非常高，其中粗晶区的温度接近钢材的固相线温度，因而尽管高温停留时间短暂，奥氏体晶粒仍急剧长大。控制粗晶HAZ奥氏体晶粒长大可以通过钢中微合金元素的引入来实现。金属学原理指出，奥氏体晶粒长大是晶界迁移、晶粒相互吞并的过程。由于在焊接峰值温度下稳定的碳化物、氮化物仍表现出很高的稳定性，如果钢中含有形成稳定碳化物、氮化物的合金元素(如Ti, Nb, V)，其能有效地抑制在高温下奥氏体晶界的迁移和晶粒的相互吞并的长大过程，提高焊接热影响区的性能。含Al钢和含Nb钢也具有程度不同的抵抗晶粒粗化的作用。而含V钢和C-M钢在焊接峰值温度下，奥氏体晶粒急剧粗化。不同合金元素对奥氏体晶粒长大的不同作用，主要与这些合金元素的碳、氮化合物的稳定性有关。TiN表现了最高的稳定性，因而在管线钢中经常采用Ti微合金化，AlN也具有较高的稳定性。但是，一些碳、氮化物质点(如碳氢化铌、碳氢化钒等)在较低的温度下即固溶于奥氏体，起不到高温下抑制奥氏体晶粒长大的作用。

控制粗晶HAZ奥氏体晶粒长大还可通过使用适当的热输入来达到。焊接热输入是焊接工艺参数，包括焊接电流、焊接电压和焊接速度的综合参数。它不仅影响粗晶HAZ的峰值温度，还影响粗晶HAZ的加热速度、高温停留时间和高温段的冷却速度，这一切都影响奥氏体晶粒长大区间的时间，因而随着焊接热输入的增大，奥氏体晶粒尺寸增大。

二、组织脆化

管线钢焊接粗晶 HAZ 除粗晶致脆外，组织结构是粗晶 HAZ 脆化的另一重要原因。管线钢焊接粗晶 HAZ 的显微组织特征首先表现在其组织的多样化。管线钢母材按其组织分类有铁素体-珠光体（或少珠光体）、针状铁素体（或超低碳贝氏体）以及低碳索氏体三类。然而，当管线钢经受如手工电弧焊、埋弧焊、气保护焊等不同焊接方法和焊接工艺时，将使用到不同的热输入。在这种不同焊接热过程参数下，粗晶 HAZ 的显微组织将呈现出丰富多彩的组态。其中，常见的脆化组织有上贝氏体、粗大的粒状贝氏体、魏氏组织和网状先共析铁素体等。近十多年来，在粗晶 HAZ 研究中讨论最多的组织是粒状贝氏体。目前仍然有许多不同的研究结果。一些研究者确认粒状贝氏体会使 HAZ 韧性降低，其中，M-A 岛状组织易成为裂纹源和裂纹扩展的通道。另一些研究者的实验结果表明，粒状贝氏体有高的韧性和疲劳性能，其中的 M-A 岛状组织可以防止裂纹扩展。分析这两种观点，发现这两种观点实际上并不相互抵触，因为两者的研究对象各异。前一种观点主要来自焊接界，其结论来自对焊接组织的研究；后一种观点来自材料界，其结论主要建立在材料正常晶粒组织的基础上。由此可见，粒状贝氏体 M-A 组织的大小对其性能有重要的影响。在国外，Luo[17]和 Kim[18]等在研究低合金高强度钢的微观组织和局部脆化现象时发现，M-A 组元和有效晶粒尺寸是影响 HAZ 韧性的主要因素。随着 M-A 组元含量的增加，韧性单调下降。在焊接粗晶区中，由于奥氏体过热，因而 M-A 岛状组织粗大，使粗晶 HAZ 韧性恶化。目前，焊接界更倾向于把粗晶 HAZ 的这种组织直称为 M-A 组元，焊接粗晶 HAZ 中 M-A 组元是在中等线能量下形成的。当用较大的热输入时，可发现管线钢粗晶 HAZ 中粗大的魏氏组织。由于组织转变温度较高，魏氏组织较粗，并伴有较多珠光体和先共析铁素体。因为粗晶 HAZ 的魏氏组织与粗大的奥氏体晶粒和珠光体联系在一起，因而魏氏组织一般被认为是粗晶 HAZ 中的脆化组织。当继续提高热输入时，粗晶 HAZ 的先共析铁素体呈明显的网状分布，晶内形成粗大块状铁素体和珠光体组织，从而导致粗晶 HAZ 韧性严重恶化。当冷却速度较快时，可形成上贝氏体组织，可形成上贝氏体组织。上贝氏体经常在晶界形核，向晶内呈羽毛状成长。当热输入较小时，由于形成温度较低，贝氏体铁素体薄而细密；当热输入较大时，由于形成温度较高，贝氏体铁素体粗大。通过透射电子显微镜在更高放大倍数下观察，可以发现相邻贝氏体铁素体板条间存在不连续的短杆状的渗碳体。由于在上贝氏体中，贝氏体铁素体具有明显的方向性，其间呈定向分布的碳化物容易诱发裂纹和成为裂纹扩展的通道，因而引起粗晶 HAZ 韧性降低。

◆ 第三节　管线钢环焊缝强韧化增强措施

一、合金元素对强韧性的影响

　　焊缝的形成是局部冶金化过程，它的化学成分不仅与焊接材料有关，还在很大程度上受到母材稀释和焊接工艺等多方面因素的影响。合金元素以多种方式影响着焊缝的强度和韧性，促进针状铁素体形成的合金元素使焊缝金属韧化，引起固溶强化和沉淀强化的合金元素可能使焊缝金属的韧性降低。同一种合金元素对焊缝金属韧性的影响，可能通过某一种韧化方式，也可能通过多种韧化方式。实际上，焊缝金属是多元素的组合，必须考虑不同合金元素间的相互作用，多元微合金化使这种交互作用更加复杂，其交互机制目前尚不清楚。对夹杂物形成元素 O，N 的控制适当时，细小夹杂物可以促进焊缝中针状铁素体的形成。从而有利于韧性，所以应控制在某一范围内。夹杂物含量过高时，夹杂物以副作用为主；夹杂物含量过低时不利于针状铁素体的形成。这两种情况均不利于焊缝韧性。

　　由于管线系野外铺设，现场条件恶劣，良好的野外焊接性能是焊接材料进行野外焊接时必不可少的。管线钢用焊接材料要求具有低的碳当量，以便在恶劣环境下无预热焊接，不进行焊后热处理，保证焊接接头的低硬度，以避免硫化物应力腐蚀开裂等。降低碳当量（CE），可提高野外焊接性能。国外管线钢的碳当量一般规定在 0.40%~0.48%，高寒地带管线钢在 0.43% 以下。而随着碳含量的降低，对 CE 值的要求可以放宽。如图 2-7 所示，当碳含量降至 0.10% 以下时，进入焊接裂纹敏感性小的区域（Zone I），CE 值可以相应提高。

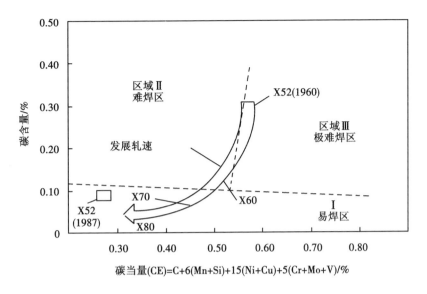

图 2-7　预测裂纹敏感性的 Graville 图

二、管线钢环焊缝的焊接工艺措施

在目前的管道施工中，根焊主要有以下几种焊接方法。

① 手工 GTAW。手工 GTAW 因为具有焊缝成型美观、焊缝质量高等优点，在过去很长一段时间内一直被广泛应用，在前期高酸性管道焊接工艺技术的研究中采用钨极氩弧焊作为根焊的焊接方法，但其焊接效率较低、氩气资源稀缺等缺点已逐渐成为制约生产发展的不利因素。

② 手工纤维素焊条上向焊。纤维素焊条打底+自保护药芯焊丝半自动焊的焊接工艺在长输管道建设中实现了从传统手工焊到半机械化的突破，该工艺具有较大的熔透能力和优异的填充间隙功能。但焊条电弧焊无法实现连续施焊，焊后需对焊道进行清渣，焊接效率相对较低，且根焊容易产生缺陷。纤维素焊条熔敷金属扩散氢含量较高，冷裂纹倾向大，不适于 X80 以上高钢级材料使用。

③ STT 半自动根焊。STT 半自动根焊的优点是焊接过程中飞溅较小，焊接质量高、焊缝成型好，焊后不需要清渣。但缺点是对接头的组对间隙以及错边量要求严格，否则会发生侧壁未融合的现象，当间隙超过 1 mm 时就会导致断弧现象。

④ RMD 半自动根焊。RMD 根焊技术是在西气东输二线工程建设中首次用

于管道施工的根焊技术，其根焊速度最快，采用 RMD 技术的根焊焊缝熔合好，对细化晶粒有明显的提高作用，组对间隙不影响熔敷金属的填充。不同焊接方式的焊道宏观成型如图 2-8 所示。此外，RMD 技术在控制飞溅、焊接接头热影响区的优化方面都要优于传统的手工焊条焊根焊。与 STT 相比，RMD 焊接技术对接头的组对要求较低，对组对的错边量和间隙不均不敏感，特别适合管道根焊。

我国管道焊接施工广泛采用的焊接工艺主要有：内焊机根焊和气保护自动焊填充盖面的组合工艺；外焊机单面焊双面成型根焊和气保护自动焊填充盖面的组合工艺；纤维素焊条根焊和自保护药芯焊丝半自动焊填充盖面的组合工艺；纤维素焊条根焊和低氢焊条填充盖面的组合工艺；等等。各种焊接方法及工艺在操作、适应性和焊接效率上均有其独特的优点，需根据管线钢的使用性能和现场施工要求来选择合理的焊接方法和工艺。

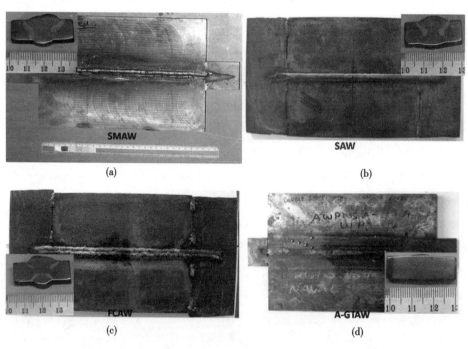

图 2-8　不同焊接方式的焊道宏观成型

李继红等[19]对 15 mm 厚的 X100 管线钢进行了双面埋弧焊，研究结果表明，热影响区的宽度为 5.3 mm，软化区的宽度为 2.5 mm，由于焊材和母材匹配不理想，拉伸断裂于焊缝金属处。焊缝区最高硬度为 316 HV，在临界热影响区（ICHAZ）和亚临界温度热影响区（SCHAZ）之间存在软化现象。胡美娟等[20]

认为，当 X100 管线钢进行双面埋弧焊焊接时，粗晶区晶粒的粗化和二次加热导致富碳的 M-A 组元的进一步粗化是恶化韧性的主因。常智渊等[21] 在利用 CO_2 气体保护焊对 X100 管线钢进行焊接时发现，随着热输入的增加，软化区逐渐远离熔合线，且软化趋势更加明显，热影响区的宽度逐渐增加且硬度值降低。黄少波等[22] 利用 TIG 自保护药芯焊丝进行打底、填充和盖面，对 X90 管线钢进行焊接时发现，随着热输入的增加，强韧性逐渐降低，但焊缝强韧性不足，即使热输入最小，焊缝的冲击韧性也仅能达到母材的 78%。毕宗岳等[23] 对 X100 高钢级的断裂韧性进行研究发现，在同一温度下，母材的韧性最优，热影响区韧性次之，焊缝韧性最差，大尺寸尖角状的 M-A 组元是焊缝和热影响区韧性差的原因。李为卫等[24] 对 X80 管线钢进行手工电弧焊并进行了焊前 100 ℃ 预热，单道次热输入小于 15 kJ/cm，结果焊缝仍出现软化。李学达等[25] 对壁厚 14.7 mm 的 X70 管线钢进行了 3 道次焊接发现，临界粗晶区的链状 M-A 组元导致应力集中，致使焊接接头的冲击韧性不足。

焊接热输入既可改变焊缝金属一次结晶组织，又可改变焊缝金属的二次组织，同时通过改变熔合比来影响焊缝的化学成分。焊接热输入的增加将使电弧和空气间接触面积增大，从而形成含有更多 N_2 和 O_2 的等离子体，使进入焊缝的 N，O 量增加。上述因素使焊缝韧性下降。一般认为，当焊接热输入大时，熔池金属易过热，易于形成粗大的柱状晶。焊接热输入增大使焊缝金属在 500~800 ℃ 区间冷却速度降低，促进粗大先共析铁素体和魏氏组织的形成，增加了针状铁素体的宽度。

在影响焊缝金属 γ→α 相转变的诸多因素中，500~800 ℃ 的冷却速度起重要作用。在低合金钢焊缝冷却过程中，随着温度的降低，奥氏体向铁素体的转变，将出现不同的组织形态。铁素体形核伴随着碳的扩散过程，需要一定的孕育期。当冷却速度足够快，大于过冷奥氏体的临界冷却速度时，将会抑制晶内铁素体形成，奥氏体直接转变成贝氏体或马氏体。只有当冷却速度在某一适当范围内时，晶界先共析铁素体和侧板条铁素体的数量才减少，而形成大量晶内铁素体。适当增加冷却速度，降低了 γ→α 的转变温度，而奥氏体过冷度的增加，加大了 γ→α 转变的热力学驱动力，提高了铁素体在晶内夹杂物的形核能力。冷却速度的降低将降低焊缝金属的低温韧性，这主要出于缓慢冷却会使焊缝组织粗化，对提高韧性有害。

Harrsion 利用连续冷却膨胀仪测量法系统地研究了冷却速度对低合金钢焊

缝金属组织的影响，得出如下结论。

① 总体上，提高焊缝的冷却速度，可降低相变温度。

② 冷却速度很低时（$t_{8/5}$<1 ℃/s），焊缝的主要组织是先共析铁素体和珠光体组织。随着冷却速度的提高，先共析铁素体变得很小，并越来越受限于原奥氏体晶界，且易在晶界铁素体内表面产生魏氏体组织和侧板条铁素体。

③ 中等冷却速度时（$t_{8/5}$在 15 ℃/s 左右），焊缝金属组织主要是细小的针状铁素体和粗大针状铁素体。

④ 高冷却速度时（$t_{8/5}$>200 ℃/s），出现侧板条铁素体组织，包括平行的铁素体板条，板条间是残余奥氏体、M-A 组元、碳化物和马氏体。

一般认为，焊缝金属中针状铁素体的形成需要某一合适的冷却速度范围。综上可知，在传统多层多道次焊接过程中，尽管对其工艺严格控制，如焊前预热、层间温度控制在 100 ℃ 左右、单道热输入小于 15 kJ/cm 等来实现焊缝与母材的强度匹配，但是焊缝和热影响区仍然会出现脆化现象，在晶内形成粗大的 M-A 组元，在临界粗晶区原始奥氏体晶界形成链状的 M-A 组元会导致焊接接头强韧性不足。因此，探索高钢级管线钢环焊接头新型焊接技术，是促进其推广应用的首要任务。

激光焊接具有焊接成型性好、焊接速度快、焊接热输入小、焊缝及热影响区窄且易于实现自动化等特点，受到汽车白车身焊接、飞机制造和微电子加工等行业的青睐，但受功率的限制，很难用于厚板的焊接。但随着万瓦级高功率激光器的迅速发展，现在已经出现数千瓦的激光器，最大功率已经可以达到 20 kW。德国 Vietz 公司利用 10 kW 的光纤激光器对厚 20 mm 的管线钢进行焊接，焊接示意图如图 2-9 所示。焊速可达 2.3 m/min，无须填丝、无须开坡口，且施工量和成本仅为常规方法的 1/3[26]。按照附加热源种类的不同，激光-电弧复合焊接分为激光+TIG、激光+MIG/MAG、激光+等离子弧焊三类。其中，激光+MIG/MAG 复合焊由于具有大熔深的特点，是最适合管线钢等中厚板钢的焊接方法。

激光-电弧复合焊兼具激光焊、电弧焊各自的优点，又相互弥补了各自的缺点，该焊接方法被认为是高钢级管线钢环焊缝焊接最具有发展前景的管道焊接方法。Grünenwald 等[27]利用 8 kW 激光-MAG 复合以 1.0~2.0 m/min 焊接速度对厚度为 9.5 mm 的 X65 管线钢单道次熔透，对钝边分别为 8 mm 和 6 mm 的 14 mm 厚的 X70 管线钢进行了双道次焊接发现，使用 8 mm 钝边进行双道次焊接比使用 6 mm 钝边节省了 20% 的填充材料；此外，对 8 mm 钝边的焊接试样开

图 2-9　光纤激光器对厚 20 mm 的管线钢进行焊接示意图

展了性能分析,结果表明:焊接接头硬度均高于母材,强度均能达到母材水平,冲击性能良好,断裂方式均为韧性断裂。Turichin 等[28-29]利用 20 kW 和 15 kW 的激光-MAG 复合分别对厚度为 20 mm 和 15 mm 的 X80 管线钢完成了单道次全熔透焊接,采用 15 kW 的激光-MAG 复合三道次可实现对 24 mm 厚的全熔透焊接。Rethmeier 等[30]利用 20 kW 的激光-GMA 复合实现了对 20 mm 厚的 X65 单道次全熔透焊接,如图 2-10 所示。若采用多层多道次焊接,最大焊接厚度可达 32 mm,并通过硬度和冲击实验证明了激光-电弧复合焊接在管线钢上的适用性。石庭深等[31]对 X80 管线钢的光纤激光-电弧复合焊接工艺进行研究发现,MIG 焊和激光焊复合以后,可使熔滴的过渡频率增大,电流和电压的波动减小,增加了焊接过程的稳定性,且可减少飞溅;此外,在一定电流范围内,复合焊熔深大于激光焊、MIG 焊熔深,其中复合焊熔深最大可为 MIG 焊的 5 倍。雷正龙等[32]对 X80 管线钢进行打底层光纤激光-MAG 复合焊,结果表明,利用激光-电弧复合焊焊接 X80 管线钢,可获得外观和内部成型均良好的焊接接头,焊接接头硬度均高于母材,拉伸断裂位于母材,弯曲性能良好,无裂纹出现,韧性均能达到西气东输二线的技术标准要求。石磊[33]对 X80 管线钢进行激光-MAG 复合焊研究,研究其平焊、45°爬坡焊、立焊、斜仰焊和仰焊五种焊接接头的组织与性能,分别选取 5 个工位的焊接接头,对其中的热影响区组织和焊缝组织进行比较研究,得出结论:工位对组织影响不大。各个工位的热影响区中组织类型基本一致,均主要由各种铁素体构成,焊缝组织主要由针状铁素体构成。对 5 种接头分别进行了拉伸测试、夏比冲击测试和硬度测试,综合各种测试的结果得出平焊工位的综合力学性能最好。周志民等[34]研究了送丝速度对X90管线钢激光-MAG复合焊接头组织性能的影响：随着送丝速度的提高，焊缝区及粗晶区晶粒有长大趋势；随着送丝速度的提高，接头抗拉强度呈现先降低后升高趋势，而冲击韧性降低。

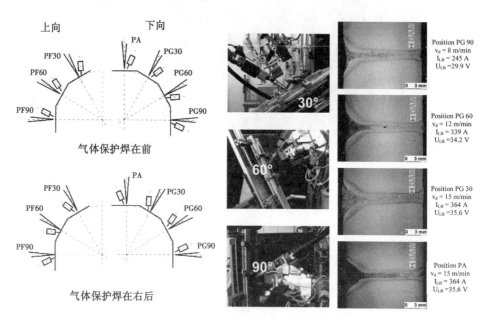

图 2-10　不同激光焊接角度的焊道成型

三、管线钢环焊缝的焊前预处理

冷裂纹是管线钢焊接过程中可能出现的一种严重缺陷，它是焊后冷却至较低温度产生的。对于管线钢这类微合金高强钢来讲，大约在马氏体开始转变温度 Ms 点附近或更低温度区间易产生冷裂纹。大量的生产实践和理论研究结果表明，钢的淬硬倾向、焊接接头中含氢量及其分布，以及焊接接头的应力状态是管线钢焊接时产生冷裂纹的三大主要因素。由于焊接热影响区具有较大的淬硬倾向和缺口效应，因而冷裂纹主要发生在管线钢的热影响区。

预热是管线钢焊接施工中防止冷裂纹的有效方法，它通过延长冷却时间，可以提高焊缝区氢扩散的速度，促进氢的逸出，从而具有去氢作用。同时可以通过降低焊后冷却速度，产生对裂纹敏感性较低的焊缝显微组织。通过预热也可以控制焊接过程中热胀和冷缩产生的内应力所引起的焊接收缩和变形。

在 X80 管线钢首次工业化规模应用之前，材料的冷裂行为就已在实验室及全尺寸试验方面被深入地研究。以碳当量为函数，将由冲击试验测定的管线钢冷裂纹特性绘制成曲线，如图 2-11 所示。

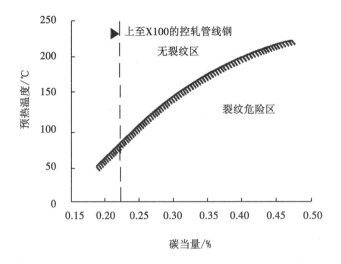

图 2-11 预热温度和裂纹敏感性的关系

由此可以看到，为了避免冷裂纹的产生，必须有一个适宜的预热温度，并且含碳量越高，它的预热温度也越高。管线钢制管焊通常采用双面埋弧焊的低氢焊接方法，焊接过程中所采用的焊接输入热较大，焊后冷却速度较低，热影响区不易出现高硬度组织，所以冷裂纹不常出现。环焊缝成型工艺为：首先内焊形成内焊道，再进行外焊形成外焊道，在进行外焊道的焊接时内焊道的余热将对外焊道产生预热的影响。

管线钢的现场环焊大多采用薄皮纤维素焊条的手工电弧焊，容易导致大量氢渗入，同时，焊接热输入较低、冷却速度较快，容易产生高硬度低韧性的低温转变产物，因而增加了冷裂纹的敏感性。

岳振玉采用热模拟的方法讨论预热温度对组织性能的影响，从而确定 X80 管线钢在现场焊的预热温度，如图 2-12 所示。在低焊接热输入下（如 $E = 10 \ \text{kJ/cm}$），随着预热温度的增加，X80 管线钢的粗晶热影响区（CGHAZ）韧性有所增加。因而在管线钢管的现场焊接过程中，适当的预热温度对材料的韧性是有利的。然而，随着焊接热输入的增加（如 $E = 20 \ \text{kJ/cm}$），预热温度对韧性没有明显的改善，当预热温度超过 150 ℃后，X80 韧性严重降低。

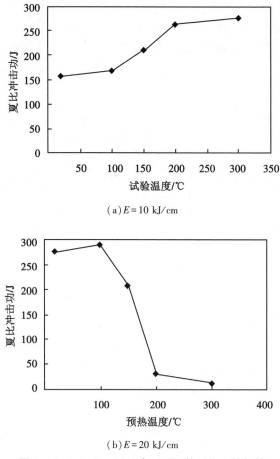

（a）E = 10 kJ/cm

（b）E = 20 kJ/cm

图 2-12　X80 CGHAZ 在不同预热温度下的韧性

四、管线钢环焊缝的焊后热处理

　　管线钢是低碳低合金钢，焊后容易发生冷裂纹，焊接接头比母材硬度大，韧性降低，而管道事故多数是由裂纹引起的脆性断裂，从而造成人员和财产的重大损害。因此，对焊接接头进行热处理，提高其塑韧性很有必要。X80 管线钢的回火可分为低温回火、高温回火以及中温回火三种类型，分别可得到不同类型的组织。X80 管线钢焊接接头经淬火后，组织类型主要为贝氏体和少量马氏体以及少量残余奥氏体，这不是一种稳态结构，还需要回火以使组织达到稳定状态，并且析出第二相粒子，改善材料性能指标，减少材料内应力。

　　X80 管线钢，由于含有多种合金化元素，在回火时可能会发生脆化现象。脆化现象分为两类：第一类是低温回火脆化，主要是由马氏体组织中的残余奥氏体在低温回火时发生分解，造成 X80 管线钢材料的塑性和韧性下降，一般发生在 250～400 ℃的回火温度范围内。第二类是高温回火脆性，主要是因为合金元素在晶界处发生偏析聚积，使 X80 管线钢材料的塑性和韧性下降，一般发生在 500～600 ℃的回火温度范围内。

张军磊等[35]对 X90 管线钢埋弧焊焊接接头进行 500～600 ℃的高温回火处理，发现焊接接头的抗拉强度和硬度降低，而塑性得到明显提高。在回火过程中，M-A 岛状组织逐渐分解，而位错通过运动、重组、合并，使贝氏体之间的小角度晶界逐渐消失，导致组织粗化，如图 2-13 所示。回火温度在 500～550 ℃时，由于回复软化作用大于析出强化作用，抗拉强度和硬度降低，塑性和冲击韧性提高，冲击功由原始态 164 J 上升至 261 J。

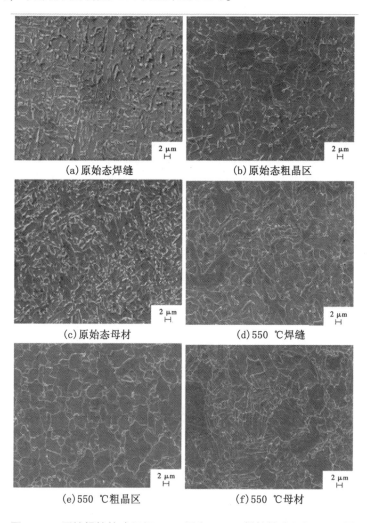

(a)原始态焊缝 (b)原始态粗晶区

(c)原始态母材 (d)550 ℃焊缝

(e)550 ℃粗晶区 (f)550 ℃母材

图 2-13　原始焊接接头组织 SEM 图和 550 ℃焊接接头组织 SEM 图

常智渊[36]研究了 X100 埋弧焊和 CO_2 焊焊接接头在焊态(AW 态)下和经过焊后热处理(SR 态)的力学性能,焊后热处理的焊接接头的拉伸试样屈服强度明显升高,抗拉强度较焊态变化不大,延伸率大大提升。SR 态的焊接接头焊缝处的冲击韧性有所降低,但热影响区的冲击韧性明显提高。硬度变化情况见图2-14,经过焊后热处理,焊接热影响区的硬度明显下降,组织出现软化现象,使其具有更好的塑性。

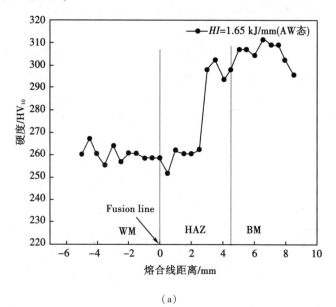

(a)

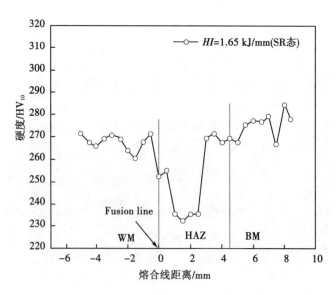

(b)

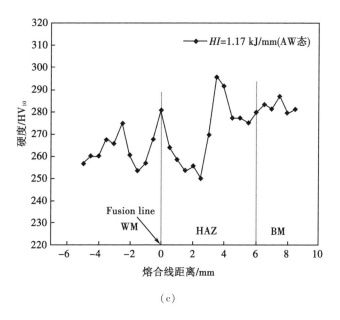

（c）

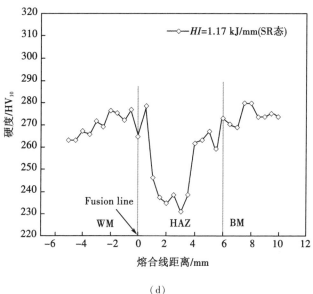

（d）

图 2-14 焊态和回火态 X100 管线钢焊接接头硬度分布曲线

薄国公等[37]研究了焊后热处理对 X80 钢和 30CrMo 钢热影响区粗晶区韧性的影响，X80 钢侧面焊态和焊后热处理（PWHT）后粗晶区组织均主要为板条贝氏体和粒状贝氏体，M-A 组元的形成是 X80 钢侧面焊态粗晶区韧性较低的主要原因。PWHT 后，热影响区粗晶区的韧性明显改善，这主要是由于粗晶区组织细化,脆硬组织数量变少,应力集中程度降低。武昭好[38]采用不同的回火时间对海洋平台用 ASTM 4130 钢管对接接头进行焊后回火处理,焊缝回火组织主要为针状铁素体+块状铁素体+先共析铁素体。随着回火时间的增加,针状铁素体含量逐渐减少,块状铁素体含量增大,碳化物逐渐析出,晶粒逐渐均匀化,焊缝金属冲击韧性逐渐升高,熔合线冲击韧性则逐渐下降,HAZ 冲击韧性先升高后略有降低,母材冲击韧性几乎不受影响,具体的力学性能变化如图 2-15 所示。

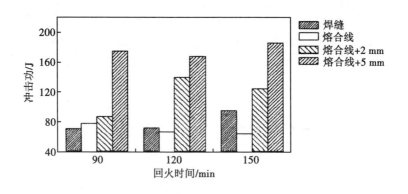

图 2-15 不同回火时间的接头冲击韧性实验结果

张侠洲等[39]对 X70 管线钢焊接接头进行调质处理,采用 950 ℃淬火,分别采用 500,550,600 ℃回火。经过调质处理后,焊缝中心和热影响区组织为回火索氏体,-45 ℃低温冲击吸收能量明显下降。随着回火温度的升高,焊缝组织中碳化物析出增加,分布逐渐均匀,针状铁素体增加,冲击吸收能量增加。在 550 ℃回火时,可以获得最佳强韧匹配性能,热影响区低温冲击吸收能量最高;在 600 ℃回火时,热影响区组织粗大,析出的碳化物粗大,低温冲击吸收能量降低。

◆◇ 第四节　油气管线环焊缝典型焊材的强韧性

为开发出适用于高钢级管道现场焊接的环焊工艺和具有良好性能且力学性能稳定的实心焊材,为我国管线钢环焊选材、焊材国产化及焊接工艺控制提供基础数据及指导,对目前广泛使用的高钢级管线钢典型焊材进行调研及分析。主要调研的高钢级管线钢焊材品牌包括伯乐(BOHLER)、林肯(LINCOLN)、伊萨（ESAB）和飞乐（FILEUR）四种，标准分类标号囊括了 AWS A5.18-05：
ER70S-G，AWS A5.28/ASME SFA 5.28：ER80S-G，AWS A5.28-05：ER90S-G
等。本节对比分析典型高钢级管线钢焊丝、焊缝金属的化学成分及力学性能，
并实测焊丝的化学成分，归纳出高钢级管线钢典型焊材成分体系，厘清典型焊
材的强韧化机理。

一、管线钢环焊用典型焊材特征

典型的 X80 管线钢进口实心焊丝焊缝金属的化学成分如表 2-2 所示。5 种
焊材均严格控制了 P，S 等杂质元素的含量，其中，BOHLER SG3-P 的合金成分
最为简单，仅在 C-Si-Mn 合金系的基础上，添加微量 Ti。从表 2-3 中各管线钢
典型进口实心焊丝焊缝金属力学性能也可以看出，BOHLER SG3-P 焊缝金属强
度等级最低，抗拉强度仅要求大于或等于 450 MPa，一般用于根焊。其他 5 种
焊材的合金含量均高于 BOHLER SG3-P 的合金含量。为了增加低温韧性，降低
韧脆转变温度，都加入 0.7%~1.0%的 Ni。表 2-3 也证明了它们对低温冲击韧
性都具有较高的要求，尤其是 BOHLER NiMo 1-1G，要求-60 ℃下的冲击吸收
功大于或等于 47 J。

表 2-2　各管线钢典型进口实心焊丝化学体系　　　　　　　　　（%）

	C	Si	Mn	P	S	Mo	Ni	Cu	Ti	Cr
BOHLER SG3-P C-Si-Mn-Ti	0.090	0.75	1.53	0.009	0.009	0.007	0.02	0.14	0.06	
BOHLER SG8-P C-Si-Mn-Ni-Ti	0.06	0.7	1.50				0.90		0.10	
BOHLER NiMo 1-1G C-Si-Mn-Ni-Mo-Ti	0.081	0.57	1.70	0.009	0.016	0.29	0.88	0.04	0.056	
Pipeliner 80Ni1 C-Si-Mn-Ni-Cu-Ti	0.09	0.65	1.32	0.007	0.006	0.01	0.87	0.20	0.03	
OK AristoRod 13.26 C-Si-Mn-Ni-Cu-Cr	0.095	0.65	1.32			0.02	0.84	0.30		0.12
FILEUR Cu C-Si-Mn-Ni-Cu-Cr-Ti	0.085	0.73	1.42	0.02	0.012	0.02	0.76	0.27	0.07	0.28

表 2-3　各管线钢典型进口实心焊丝焊缝金属力学性能

焊材种类	屈服强度/MPa	抗拉强度/MPa	延伸率	冲击吸收功/J	
BOHLER SG3-P	≥400	≥450	≥22%	≥47(-50 ℃)	
BOHLER SG8-P	≥500	≥590	≥24%	≥80(-50 ℃)	
BOHLER NiMo 1-1G	≥550	650~800	≥20%	≥120(20 ℃)	≥47(-60 ℃)
Pipeliner 80Ni1	≥570	≥660	≥26%	≥98(-29 ℃)	
OK AristoRod 13.26	≥540	≥625	≥26%	≥110(-20 ℃)	
FILEUR Cu	≥440	≥550	≥22%	≥47(-40 ℃)	

此外，这 5 种焊材除 Ni 带来的固溶强化之外，添加的其他强化元素各有异同。BOHLER SG8-P 添加 0.1%的 Ti 元素，添加 Ti 不但具有脱氧除氮作用，还可利用微合金化增加强度，使屈服强度大于 500 MPa，抗拉强度大于或等于 590 MPa。BOHLER NiMo 1-1G 增加 Mn 含量至 1.7%，且额外添加 Mo，在保证优异冲击韧性的同时，很大程度提高了拉伸性能，使抗拉强度为 650~800 MPa。Pipeliner 80Ni1、OK AristoRod 13.26 和 FILEUR CU 添加了 0.2%~0.4%的 Cu。例如，Pipeliner 80Ni1 添加了 0.2%的 Cu，很好地增加了其屈服强度和抗拉强度，分别提升至 570 MPa 和 660 MPa 以上。OK AristoRod 13.26 焊材除了增加了 0.3%的 Cu，还添加了 0.12%的 Cr。

开发适用于高钢级管道现场焊接的实心焊材，除了解各大厂商的焊丝化学成分之外，测定主要添加元素的烧损率也极其重要。因此，选取 5 种典型成分的进口焊丝进行化学成分测试，核实并确定其关键元素含量。如表 2-4 所示，分别给出了厂家和实测的焊材主要成分含量，发现实测的关键合金元素含量和厂商焊接手册上给出的成分并无显著差异。为了深入了解进口焊材中厂家未给出的成分信息，利用氧氮氢分析仪对各焊材进行了 O，N，H 的测量。可以发现，对于 O，N 元素的控制极其严格，含量均控制在小数点后三位。其中 BOHLER SG3-P 的 O，N 含量最低，分别为 0.0014%和 0.003%；BOHLER NiMo 1-1G 的 O，N 的含量稍高，分别为 0.0026%和 0.0071%。而对于 H，4 种焊材控制程度相似，更加严格，均低于 2×10^{-6}%。

清楚国际上被广泛应用的焊材成分信息之后，接下来确定其焊缝金属成分和主要元素的烧损率。使用 4 种焊材进行熔敷金属焊接试验，利用直读光谱仪对其熔敷金属化学成分测量，得出表 2-5。焊接过程中，C，Si，Mn，Ni 和 Ti 元素均有不同程度的烧损，其中，Si，Mn 和 Ti 元素作为脱氧元素，烧损率较高。而其他元素（例如 Cr，Mo，Cu）几乎未烧损，含量基本不变。

表 2-4 各管线钢典型进口实心焊丝化学成分 （%）

焊丝		C	Si	Mn	P	S	Cu	Ni	Cr	Mo	Ti	O	N	H
BOHLER SG3-P	厂家	0.09	0.75	1.53	0.009	0.009	0.14	0.02			0.06			
	实测	0.079	0.75	1.58	0.006	0.0077	0.01	0.02	0.04	<0.01	0.046	0.0014	0.003	1.6×10⁻⁶
BOHLER SG8-P	厂家	0.06	0.7	1.5				0.9			0.10			
	实测	0.06	0.68	1.54	0.009	0.0078	0.02	0.9	0.04	<0.01	0.074	0.002	0.0045	1.7×10⁻⁶
BOHLER NiMo 1-1G	厂家	0.081	0.57	1.70				0.88	0.03	0.29	0.056			
	实测	0.077	0.54	1.75	0.006	0.013	0.04	0.88	0.02	0.28	0.054	0.0026	0.0071	1.0×10⁻⁶
FILEUR Cu	厂家	0.085	0.73	1.42	0.02	0.012	0.28	0.76	0.28	0.02	0.002			
	实测	0.071	0.74	1.48	0.015	0.0097	0.28	0.72	0.27	0.01	0.0015	0.0023	0.006	1.2×10⁻⁶

表 2-5 各管线钢典型进口实心焊丝熔敷金属化学成分 （%）

焊丝		C	Si	Mn	P	S	Cu	Ni	Cr	Mo	Ti
SG3-P	焊丝成分	0.079	0.75	1.58	0.006	0.0077	0.01	0.020	0.040	<0.010	0.046
	熔敷金属	0.070	0.54	1.33	0.013	0.0072	0.053	0.091	0.089	0.053	0.020
SG8-P	焊丝成分	0.060	0.68	1.54	0.009	0.0078	0.020	0.900	0.040	<0.010	0.074
	熔敷金属	0.054	0.49	1.32	0.015	0.0076	0.061	0.790	0.073	0.055	0.025
NiMo 1-1G	焊丝成分	0.077	0.54	1.75	0.006	0.013	0.040	0.880	0.020	0.280	0.054
	熔敷金属	0.062	0.39	1.45	0.012	0.0099	0.072	0.730	0.063	0.274	0.020
FILEUR Cu	焊丝成分	0.071	0.74	1.48	0.015	0.0097	0.280	0.720	0.270	0.010	0.0015
	熔敷金属	0.058	0.52	1.31	0.017	0.0086	0.294	0.630	0.269	0.068	0.004

二、管线钢环焊用典型焊材工艺性能

典型焊材熔敷金属焊接使用 Miller XMT350 全自动焊机，焊接试验现场如图 2-16 所示。焊接工艺及性能测试评价参考 *Welding of Pipelines and Related*

Facilities（API STD 1104—2021）标准和中国石油天然气集团公司企业标准《X80管线钢管线路焊接施工及验收规范》（Q/CNPC 110—2005）执行。力学性能试验取样位置如图 2-17 所示，在焊缝熔敷金属试验中，焊接试板尺寸为 250 mm×360 mm×20 mm，母板开 45°V 形坡口，底部间隙为 16~20 mm，并添加 8 mm 厚垫板。焊接前，对坡口进行油污、铁锈清理，破口、垫板打磨，并预留 5°左右的反变形。

图 2-16　熔敷金属焊接试验

详细的焊接工艺参数如表 2-6 所示，实心焊丝直径均为 1.0 mm，保护气体采用 80%Ar+20%CO_2，气体流量为 19 L/min，层温控制在 80~120 ℃，热输入为 11~15 kJ/cm。焊接过程均采用全自动焊工艺焊接，每焊完一道，均用角磨机打磨破口及焊层，清理焊道。最终打底、填充部分每一层焊接 3 道，盖面部分焊接 4 道，共焊接 6~7 层，19~22 道。此外，这几种进口焊材送丝平稳，电流、电压稳定，电弧稳定，几乎没有飞溅，熔滴过渡十分平稳。根据 *Specification for Low-Alloy Steel Electrodes and Rods for Gas Shielded Arc Welding*（AWS A5.28/A5.28M：2005）标准，对焊接熔敷金属试板进行取样（取样分布如图 2-17），并进行了拉伸、冲击等方面的性能测试，对焊缝的微观组织进行了观察分析。图 2-18 分别为 BOHLER SG3-P，FILEUR Cu 和 BOHLER NiMo 1-1G 三种熔敷焊缝的盖面焊表面宏观成型。可发现三种焊缝成型良好，均呈现平滑的鱼鳞纹，并且焊道附近几乎观察不到飞溅残留的球状金属。

表 2-6 焊接工艺参数

	保护气体	气体流量/ (L · min⁻¹)	电流/A	电压/V	焊接速度/ (mm · s⁻¹)	层温/℃
根焊	80%Ar+20%CO₂	19	200~220	24~26	4~6	80~120
填充			180~210	22~25		
盖面			180~200	22~25		

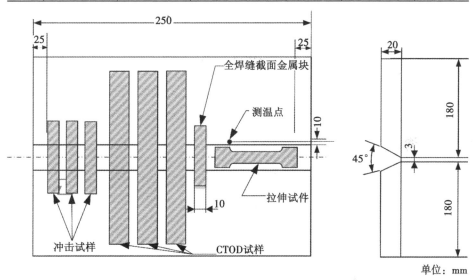

图 2-17 熔敷金属焊接试验取样示意图

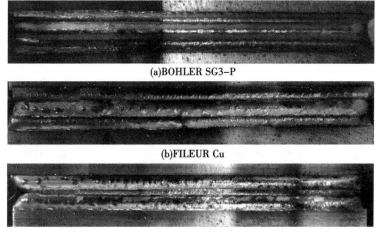

(a)BOHLER SG3-P

(b)FILEUR Cu

(c)BOHLER NiMo 1-1G

图 2-18 熔敷金属焊接试验取样示意图

1. 熔敷金属显微组织分析

参照《钢质管道焊接及验收》(GB/T 31032—2023)和《中俄东线天然气管道工程技术规范 第 12 部分：线路焊接》(Q/SYGD 0503.12—2016)标准对图 2-19 柱状晶区和再热区两个区域进行金相观察。观察之前先对熔敷金属的物相进行 X 射线衍射(XRD)分析,可以发现除体心立方(BCC)结构的 5 个标准峰之外,3 种熔敷金属在 $2\theta = 43°$ 时存在一个面心立方(FCC)结构的峰,表明这 3 种进口焊材的熔敷金属物相主要由铁素体、贝氏体等 BCC 结构组成,同时含有少量的残余奥氏体(FCC 结构)。

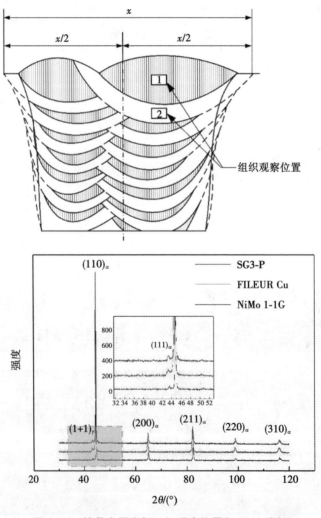

图 2-19 熔敷金属金相组织观察位置和 XRD 分析

　　为了进一步观察熔敷金属的微观组织形貌，柱状晶区和再热区的扫描电子显微镜组织图如图 2-20 和图 2-21 所示。可见柱状晶区都由粒状或板条贝氏体、针状铁素体构成；而再热区主要由多边形铁素体、少量的粒状贝氏体和 M-A 组元构成。结合表 2-5 熔敷金属的化学成分可知，BOHLER SG3-P 仅在 C-Si-Mn 合金系的基础上添加微量 Ti 元素，合金含量较少，其淬透性相对较低，因此其柱状晶区形成了大量的先共析铁素体和针状铁素体。而再热区则由准多边形铁素体和少量的 M-A 组元构成。FILEUR Cu 焊材同时添加了 Ni，Cu 和 Cr 元素，这些元素联合添加较大程度地提高了淬透性，因而形成了大量贝氏体组织。从图 2-20(b)(e)可以看出柱状晶区以贝氏体为主，仅含有少量晶界铁素体，而图 2-21(b)(e)中表明再热区除大量贝氏体之外还含有较多准多边形铁素体和针状铁素体。相比以上两种焊材，BOHLER NiMo 1-1G 的淬透性最大，Mn 和 Ni 含量均高于前两者，还额外添加了 0.27% 的 Mo 元素。因此，柱状晶区和再热区均以各种形态的贝氏体为主，尤其是柱状晶区几乎观察不到先共析铁素体。

(a)BOHLER SG3-P　　(b)FILEUR Cu　　(c)BOHLER NiMo 1-1G

(d)BOHLER SG3-P　　(e)FILEUR Cu　　(f)BOHLER NiMo 1-1G

图 2-20　熔敷金属柱状晶区电镜组织

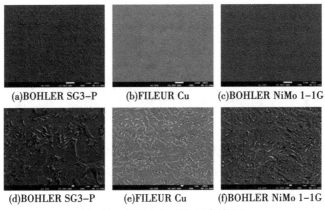

(a)BOHLER SG3-P　　(b)FILEUR Cu　　(c)BOHLER NiMo 1-1G

(d)BOHLER SG3-P　　(e)FILEUR Cu　　(f)BOHLER NiMo 1-1G

图 2-21　熔敷金属再热区电镜组织

为了进一步确定其柱状晶区的晶体学信息和组织特征，对 3 种焊材进行背向散射电子衍射技术(electron back scatter diffraction, EBSD)观察分析，实验结果如图 2-22 所示。在有效晶粒尺寸上，BOHLER SG3-P 最小，仅为(2.1±1.1) μm；FILEUR Cu 的晶粒尺寸最大，为(6.3±3.4) μm；BOHLER NiMo 1-1G 的有效晶粒尺寸介于两者之间，为(4.1±3.7) μm。从大小角度晶界分布图 2-22(d)至(f)可知，BOHLER NiMo 1-1G 具有最高的大角度晶界比例，高达 43%。大角度晶界对裂纹的阻碍能力较强，这为 BOHLER NiMo 1-1G 具有良好的低温冲击韧性提供了良好的依据。

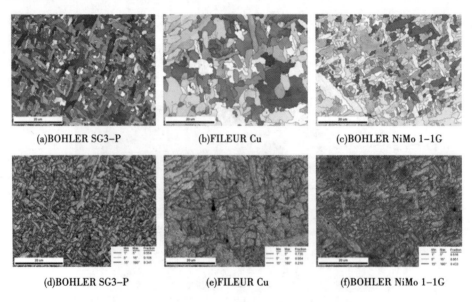

(a)BOHLER SG3-P (b)FILEUR Cu (c)BOHLER NiMo 1-1G

(d)BOHLER SG3-P (e)FILEUR Cu (f)BOHLER NiMo 1-1G

图 2-22 熔敷金属柱状晶区 EBSD 组织特征图

2. X80 管线钢环焊工艺试验

采用药芯焊丝气体保护焊的方法对国产 X80 管线钢钢管进行焊接。试验设备为美国林肯公司的轨道 MIG 焊接系统，该系统主要由一套 Power Wave S500 焊接系统、一套 Helix M85 焊接机头及 APEX 3000 机械控制器组成。环焊缝自动焊采用 GMAW 内焊(根焊)+FCAW-G 外焊(热焊/填充/盖面)的组合焊接工艺，接头形式为双 V 形复合坡口，自动焊所采用的焊接材料为等强度的伊萨 ESAB E91T1 药芯焊丝，详细焊接工艺参数如表 2-7 所示，FCAW-G 的焊接过程如图 2-23 所示。根焊时采用较小热输入，电流和电压值分别为 140 A 和 23 V，均低于填充和盖面，但是它们的焊接速度均保持一致，为 13~23 cm/min。

ESAB E91T1 焊丝焊接 X80 管线钢的焊接工艺性良好，整个焊接过程中，送丝稳定，熔滴过渡十分平稳，并且从环焊缝的表面成型也可以看出，成型十分美观，没有飞溅的熔滴。

表 2-7　焊接工艺参数

	保护气体	气体流量/ （L·min⁻¹）	电流/A	电压/V	焊接速度/ （cm·min⁻¹）	层温/℃
根焊	80%Ar+ 20%CO₂	22~25	130~145	17~23	13~23	85~110
填充			160~180	20~23		
盖面			165~180	21~25		

图 2-23　X80 管道环焊缝 FCAW-G 施焊过程场景和环焊缝表面成型

3. 熔敷金属力学性能试验

拉伸试验为平行段直径为 6 mm、平行段长度为 25 mm 的标准试样，图 2-24(a)为拉伸试验后的断件，从上至下分别为 BOHLER SG3-P，FILEUR Cu，BOHLER NiMo 1-1G，可以看出三个拉伸试样均发生显著的颈缩，断面收缩率较大，并且后两者的断裂位置偏离中间。图 2-24(b)为 3 种焊材熔敷金属的拉伸曲线，可以发现都存在明显的屈服平台，并且 FILEUR Cu 具有最优异的抗拉性能，保持最大断后延伸率 28%，同时屈服强度和抗拉强度也较高，分别为 628，699 MPa(表 2-8)，可见 Cu 元素十分有效地提升了拉伸性能。此外，BOHLER NiMo 1-1G 的强度和塑性也满足 X80 管线钢的要求，并且具有最高的屈强比，意味着其塑性变形能力最强，在失稳断裂之前能产生更多的变形以消耗大量的能量。根据强化公式计算这三种焊材的合金固溶强化和位错强化的增量：

$$\Delta\sigma_S = 32.34[X_{Mn}] + 83.16[X_{Si}] + 360.36[X_C] + 354.2[X_N] + 11[X_{Mo}] - 30[X_{Cr}]$$

$$(2-3)$$

$$\Delta\sigma_{Dis} = \alpha MGb\rho^{1/2} \qquad (2-4)$$

$$\Delta K = \frac{0.9}{D} + \left(\frac{\pi M^2 b^2}{2}\right)^{1/2} \rho^{1/2} K\,\overline{C}^{1/2} + o(K^2\,\overline{C}) \qquad (2-5)$$

（a）

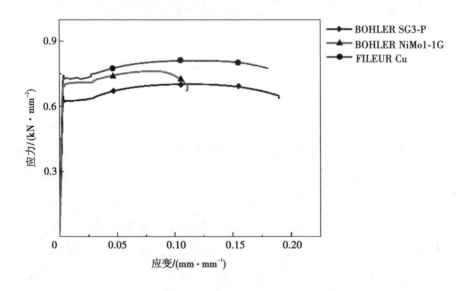

（b）

图 2-24　熔敷金属断后试样和工程应力应变曲线

表 2-8　熔敷金属的拉伸性能

焊丝	屈服强度 /MPa	抗拉强度 /MPa	断后延 伸率	屈强比	合金固溶强化 增量/MPa	位错强化增 量/MPa
BOHLER SG3-P	535	606	27%	0.88	62	178
FILEUR Cu	628	699	28%	0.89	96	254
BOHLER NiMo 1-1G	602	657	25%	0.92	83	240

就合金固溶强化而言，BOHLER SG3-P，FILEUR Cu，BOHLER NiMo 1-1G 计算出来的增量分别为 62，96，83 MPa。而计算位错强化增量必须通过 XRD 结果计算出位错密度，分别为 5.57×10^{13}，1.38×10^{14}，1.52×10^{14} mm^{-2}，通过式(2-4)计算出来的位错强化增量为 178，254，240 MPa。综上可以发现，FILEUR Cu，BOHLER NiMo 1-1G 的熔敷金属合金元素的固溶强化贡献不高，主要通过合金的添加降低相变温度，形成贝氏体(具有高密度位错)而获得高的强度，即高的强度主要源于位错强化或组织强化。

结合西气东输二线/三线以及中俄东线天然气管道现场施工焊接技术标准，X80 管线钢环焊焊接头冲击功需要满足 38/50 J(单值最低/平均值)要求。对 3 种焊材的熔敷金属进行了-20 ℃的夏比冲击试验，结果如表 2-9 所示。三者的冲击吸收功均十分稳定，波动很小，和拉伸性能的变化趋势呈现相反的趋势。强度级别最低的 SG3-P 具有最优的低温冲击韧性，均值高达 182 J，而抗拉强度最高的 FILEUR Cu 对应着最低的冲击韧性，但仍高于管线钢标准要求，均值达到 88 J。相较前两者，BOHLER NiMo 1-1G 具有最佳的强韧性匹配，在屈服强度达到602 MPa 的同时，冲击吸收功均值高达 130 J。

表 2-9　熔敷金属-20 ℃下的冲击韧性

焊丝	冲击吸收功(-20 ℃)/J			均值/J
BOHLER SG3-P	183	185	179	182
FILEUR Cu	89	86	90	88
BOHLER NiMo 1-1G	128	120	143	130

对断口进一步观察，如图 2-25 所示，框内为发生解理断裂的放射区。可以发现，BOHLER SG3-P 和 BOHLER NiMo 1-1G 发生了明显的塑性变形，具有高的冲击韧性。而 FILEUR Cu 侧膨胀量几乎为零，恶化韧性，由此可见，Cr，Cu 的添加不利于韧性的提高。

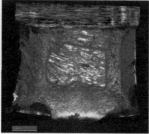

(a)BOHLER SG3-P   (b)FILEUR Cu   (c)BOHLER NiMo 1-1G

图 2-25　熔敷金属冲击试验断口宏观形貌

三、管线钢典型焊材的冲击韧性

1. 取样厚度

为了最大限度地反映焊缝金属的真实韧性，本实验严格按照标准执行，并且 CTOD 试样均采用最大厚度试样（$B×B$），机加工后的厚度 B 应尽量接近待测近焊缝区母材厚度（刨去焊缝余高），确定 B 为 15 mm，取 $a_0/W=0.5$，则机械缺口长 4.5 mm，疲劳裂纹长 3 mm，CTOD 试样如图 2-26 所示。

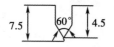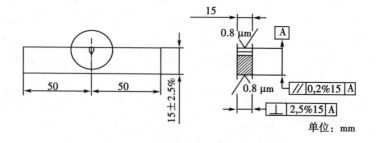

单位：mm

图 2-26　熔敷金属 CTOD 试样和尺寸加工图

2. 取样方向及缺口位置

试样的取样方向应取在韧性最薄弱的地方，对于 X80 管线钢焊接接头来说，由于 NP 方向的力学性能最弱，因此本试验的缺口方向取在试样长度垂直焊缝方向（NP）。而缺口位置直接决定裂纹尖端是否落在目标区域（焊缝），本书测试的是全焊缝金属的断裂韧性，因此根据标准对焊缝区的测试要求，缺口位置位于厚度方向焊缝中心 0.5 mm 以内。

3. 疲劳裂纹预制

为了模拟 X80 管线钢失效形式，得到根部半径为零的裂纹，防止裂纹尖端发生塑性变形而产生位移，除保证裂纹前缘的平直度以外，还应使试样两面的裂纹长度大致相等，偏转角度低于 10°。因此，BS 7448 *Fracture Mechanics Toughness Tests-part* 1：*Method for Determination of KIC，Critical CTOD and Critical J Values of Metallic Materials* 标准中规定了最后的 1.3 mm 或 50% 的预制裂纹扩展量时的最大应力，应小于下列两式中的较低值：

$$F_f = \frac{B(W-a_0)^2 \sigma_{YSP} - \sigma_{TSP}}{4s} \tag{2-6}$$

$$F_f = 0.8 \times \frac{(W-a_0)^2}{s} \times R_{p0.2} \tag{2-7}$$

式中使用的屈服强度和抗拉强度均为室温下同批试板的拉伸试样，经过计算，两个疲劳裂纹的最大应力分别为 10.3 kN 和 15.8 kN。选取两者的较小值 10.3 kN 作为预制疲劳裂纹的最大应力值。从 BS 7448 标准中可知应力比 $R=0.1$，则在试验过程中，平均载荷为 -5.7 kN，交变载荷为 4.6 kN，均满足由以上两公式得出的最小值，预制疲劳裂纹过程如图 2-27 所示。

图 2-27 预制疲劳裂纹过程

4. 三点弯曲试验

本试验使用的设备是微型计算机控制的万能试验机,试验过程如图 2-28 所示,具体试验流程如下。

(1)在试验开始之前,需要对试验所使用的温度计、游标卡尺、试验机的载荷及引伸计等进行标定,并将已预制完疲劳裂纹的试件放入酒精池中,加入干冰,将温度控制在-10 ℃,保温 15 min。

(2)试验采用一次加载方式直至引伸计数值为 8 mm 或者失稳破坏,整个过程的加载速率都控制在 0.5~1.0 mm/min,并记录载荷-位移(F-V)曲线。

(3)将失稳破坏试件的裂纹区域用干冰再次冷却,在万能试验机上直接快速压断,断口用酒精洗净,用吹风机吹干。

(4)采用九点测量法测量原始裂纹长度 a_0,从断口最外侧位于距离试样表面 0.5 mm 的两点开始,将厚度方向等间距分为 9 个测量位置,测量从表面到裂纹扩展前缘的长度,按照以下公式计算 a_0:

$$a_0 = \frac{1}{8}\left(\frac{a_2 + a_p}{2} + \sum_{t=2}^{8} a_t\right) \tag{2-8}$$

图 2-28 三点弯曲试验

5. CTOD 值计算

根据 $F\text{-}V$ 曲线可以测到最大载荷 F 和塑性张开位移 V_p。又由 BS 7448 标准可知,三点弯曲试样的 CTOD 值的计算公式为:

$$\delta_0 = \left[\left(\frac{S}{W}\right)\frac{F}{(B^2 W)^{0.5}} \times g_1\left(\frac{a_0}{W}\right)\right]^2 \left[\frac{(1-v^2)}{m R_{P0.2} E}\right] + \tau \cdot \frac{0.43(W-a_0)V_p}{0.43(W-a_0)+a_0} \tag{2-9}$$

其中,

$$g_1\left(\frac{a_0}{W}\right)=\frac{a\left(\frac{a_0}{W}\right)^{0.5}\left[1.99-\frac{a_0}{W}\left(1-\frac{a_0}{W}\right)\left(2.15-3.93\frac{a_0}{W}+2.7\frac{a_0^2}{W^2}\right)\right]}{2\left(1+\frac{2a_0}{W}\right)\left(1-\frac{a_0}{W}\right)^{1.5}} \quad (2-10)$$

$$m=4.9-3.5\frac{R_{p0.2}}{R_m}$$

$$\tau=\left[-1.4\left(\frac{R_{p0.2}}{R_m}\right)^2+2.8\left(\frac{R_{p0.2}}{R_m}\right)-0.35\right]\{0.8+0.2\exp[-0.019(B-25)]\}$$

$B(15\ \text{mm})$ 为试样厚度，$W(15\ \text{mm})$ 为试样宽度，$S(60\ \text{mm})$ 为跨距，$R_{p0.2}$ 为焊缝金属的屈服强度，E 为弹性模量，v 为泊松比，a_0 为原始裂纹长度，R_m 为抗拉强度。

此外，为了辨别疲劳裂纹尖端位置是否落在指定的显微组织区域内，防止无效的试样导致试验结果偏离实际厚板焊接接头的真实韧性，必须在实验之后再次金相检验，对试验结果进行有效性检查。按照 BS 7448 规范中的要求，焊接接头 CTOD 试样必须满足以下条件。

（1）试样的原始裂纹长度 a_0 值在 $0.45\sim0.70\ W$。

（2）任意两个裂纹长度数值应接近，不得超过 $20\%a_0$。

（3）疲劳裂纹在最后 1.5 mm 时，最大载荷不得超过 F_f。

经最后的检验，所有的 CTOD 值均有效。

6. 熔敷金属 CTOD

对 BOHLER SG3-P，FILEUR Cu，BOHLER NiMo 1-1G 等 3 种焊材进行-10 ℃ 的 CTOD 断裂韧性试验，结果如表 2-10 所示。三者的 CTOD 值都较为稳定，断裂模式均为 m 模型，稳定的延性断裂。且变化规律与冲击韧性的规律一致，CTOD 值由大至小依次为 BOHLER SG3-P，BOHLER NiMo 1-1G 和 FILEUR Cu，平均值分别为 0.31，0.21，0.14 mm。从它们三点弯曲试验中的力-位移曲线（图 2-29）也可以看出，相较于伯乐的焊材，FILEUR Cu 的最大力 P_m 和塑性张开位移 V_p 都较小。从图 2-29 的宏观断口也能看出 FILEUR Cu 塑性变形的区域面积较小。综上表明，焊材中加入 Cu 和 Cr 对焊缝组织的冲击韧性和断裂韧性均有有害的影响。

表 2-10　熔敷金属-10 ℃下的 CTOD 断裂韧性

试样	P_m/kN	V_p/mm	CTOD/mm	有效性
BOHLER SG3-P	15.970	1.109	0.27	有效
	14.035	1.228	0.30	有效
	14.870	1.464	0.35	有效
FILEUR Cu	16.977	0.485	0.12	有效
	13.025	0.687	0.17	有效
	13.392	0.461	0.11	有效
BOHLER NiMo 1-1G	18.769	0.968	0.23	有效
	18.330	0.823	0.20	有效
	17.832	0.815	0.20	有效

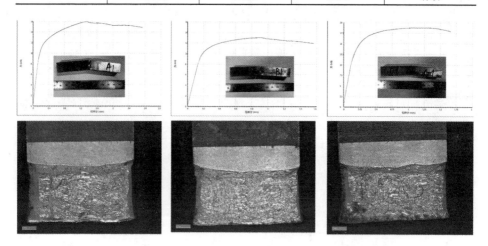

图 2-29　CTOD 试验力-位移曲线及宏观断口图

7. 环焊缝 CTOD 试验

为了检验高钢级管线钢典型焊材环焊缝断裂韧性，对 ESAB E91T1 焊丝环焊接头进行 6 次焊缝的 CTOD 试验。试验温度为-10 ℃，机械缺口为 NP 方向，试验结果见图 2-30。CTOD 断裂韧性结果都满足一般的焊接接头验收标准，不低于 0.2 mm。6 个数值中最低值为 0.215 mm，最高值为 0.386 mm，比上文中同等级别的 BOHLER NiMo 1-1G 具有更加优异的断裂韧性。从图 2-30 载荷-位移曲线可以看出，环焊接头的载荷随着位移增加而逐渐增加，这意味着焊接接头发生了较大的塑性变形，且其断裂模式为 m 模型或者 u 模型，即发生稳定的延性断裂或者在裂纹延性断裂扩展之后才失稳脆断，结合断裂韧性计算结果可以看出，焊缝金属的 CTOD 值均大于 0.2 mm。CTOD 计算结果如图 2-31 所示，该样品具有优异的断裂韧性。

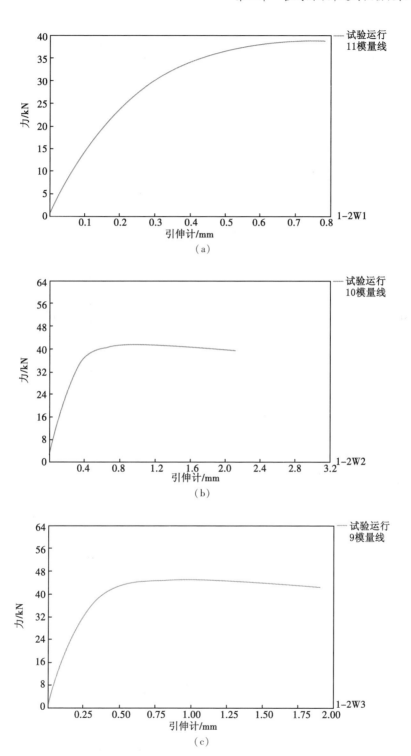

（a）

（b）

（c）

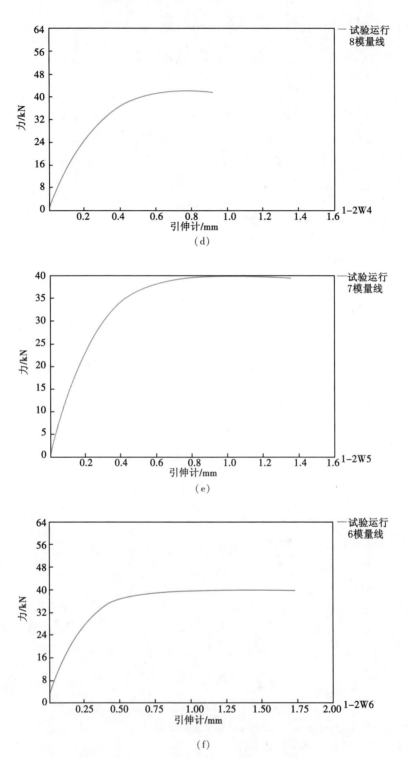

图 2-30　CTOD 试验力-位移曲线

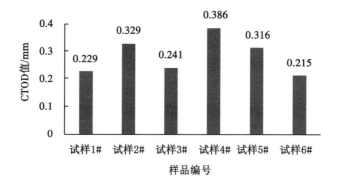

图 2-31 CTOD 试验结果

在实际工程 X80 管道应用中，除国外典型焊材之外，国内部分焊材厂家也对应开发了诸多高级焊材。金桥焊材作为国内焊材企业之一，开展了 X80 管线钢的一系列实心焊丝和药芯焊丝研发。金桥研发生产的管线自动焊用实心焊丝，采用富氩气体保护，电弧柔和，焊接稳定；焊缝成型平整、美观，具有优良的焊接工艺性能，特别适合全位置焊接。产品在 2016 年成功应用于"中俄天然气管道一期工程"项目，如图 2-32 所示。该系列产品后期通过工艺提升，目前已在各个油建公司、廊坊管道局焊接中心、四川熊谷公司、天津大学进行测试。测试结果：焊丝熔敷金属力学性能合格，焊接工艺性总体上与进口焊材相当。

图 2-32 JQ·X80 实心焊丝的实际应用

因此，本章选用国产金桥焊材的 X80 典型焊材（实心焊丝 JQ·X80 和药芯焊丝 JQ-91T1M 两种典型焊材），进行了焊材熔敷金属焊接试验，具体的焊接工艺如表 2-11 所示。

表 2-11　两种焊材的焊接参数

	电压/V	电流/A	焊接速度/ (cm · min^{-1})	保护气体	气体流量/ (L · min^{-1})	层间温度/℃
JQ · X80	27~28	220~230	20	80Ar+20%CO$_2$	1.5	140~160
JQ-91T1M	25~26	240~260	12			

　　焊缝的宏观金相如图 2-33 所示。从图中可以看出,焊缝金属组织良好,无明显的夹杂物和气孔,JQ · X80 实心焊丝比药芯焊丝熔敷速率慢,单道次熔敷金属少,因此在相同坡口下,需要更多焊接层数。

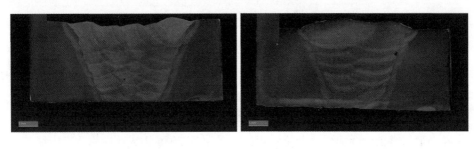

(a)JQ · X80　　　　　　　　　　(b)JQ-91T1M

图 2-33　宏观金相

　　对焊缝金属进行显微组织分析,图 2-34 为两种焊材对应的金相显微组织。JQ · X80 填充层组织存在沿着原始柱状晶奥氏体晶界粗大的 PF,在 PF 包裹的内部存在大量的 AF 和少量黑色的 M-A 组元。JQ-91T1M 焊缝组织为明显的柱状晶+受热影响的区域,柱状晶区域为沿着原始奥氏体晶界分布的 PF 和其包裹的 AF 和少量 QPF,并且出现了大量 M-A 组元(OM 下为黑色)。

(a)JQ · X80　　　　　　　　　　(b)JQ-91T1M

（c）JQ·X80　　　　　　　　　　　　（d）JQ-91T1M

图 2-34　两种焊材的 OM

　　为了更清楚地观察显微组织，图 2-35 为两种焊材的 SEM，表 2-12 为对应的 EDS 成分。从图 2-35 可以看出，在 JQ·X80 焊缝金属柱状晶区，沿着原始奥氏体晶界析出的 PF 呈现带状分布，在 PF 的板条中间，析出大量白色带状和颗粒状的组织，经过 EDS 分析为富 C 的 M-A 组元。在 JQ-91T1M 的焊缝组织内部组织较为均匀，M-A 组元分布有 2 种情况，一种分布在 PF 的边界处，如图 2-35 所示，另一种在 AF 和 QPF 交界，两者的 M-A 组元均为非规则形状且呈亮白色，EDS 分析显示，M-A 组元对比铁素体组织，C，Ni 明显增加，同时夹杂大量富含 Ti 的非金属氧化物。

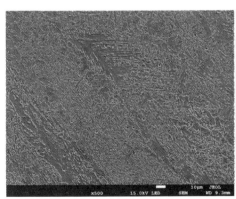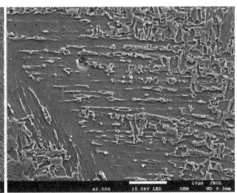

（a）JQ·X80　　　　　　　　　　　　（b）JQ-91T1M

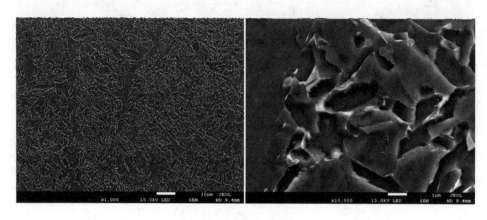

(c) JQ·X80   (d) JQ-91T1M

图 2-35　两种焊材的 SEM

表 2-12　EDS 成分表格   (%)

序号	C	O	Ni	Al	Si	Ti	Mn	Fe
1	01.36	—	02.45	—	00.75	—	01.81	
2	02.73	—	05.35	—	00.96	—	01.73	
3	02.32	—	03.26	—	00.91	—	01.86	
4	01.23	—	03.12	—	00.43	—	01.87	余量
5	02.41	—	04.57	—	00.53	—	01.60	
6	02.90	—	04.52	—	00.64	—	01.64	
7	02.33	—	06.28	—	00.60	—	01.73	
8	01.63	12.81	03.17	01.01	01.07	08.84	06.82	

　　对焊缝金属进行-20 ℃冲击性能测试，冲击曲线如图 2-36 所示。从图中可以看出，在-20 ℃环境下，JQ·X80 焊丝冲击性能非常优异，均在 200 J 以上，且性能比较稳定，而 JQ-91T1M 焊丝性能远低于 JQ·X80 的冲击韧性，但是最低值仍然大于 110 J，满足工程应用要求。

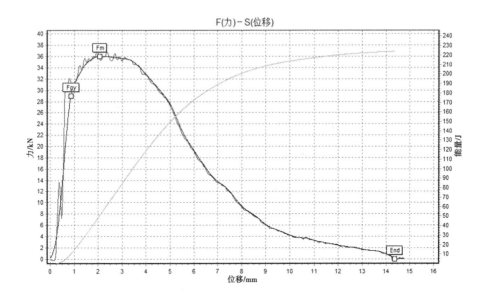

(a) JQ·X80

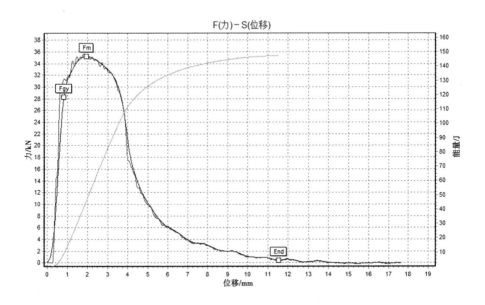

(b) JQ-91T1M

图 2-36　两种焊材的-20 ℃冲击性能

为了更加清楚地探究焊缝的强韧化机理,需要根据焊缝组织的晶体学进行分析。图2-37为两种焊缝金属的EBSD晶体学特征。从图2-38(a)和(b)可以看出,两种焊缝金属的IPF图的晶粒取向具有随机性,无明显织构。对其晶粒尺寸分布统计计算发现,JQ·X80的平均晶粒尺寸为5.0 μm,而JQ-91T1M的平均晶粒尺寸为4.1 μm,这主要是由于JQ·X80焊缝金属存在大块PF,因此降低了平均晶粒尺寸。从图2-38(c)和(d)的特征晶界图可以看出,两种焊缝金属的AF的晶界均为大角度晶界(大于15°),在PF处存在少量小角度晶界。对其进行定量统计发现,两者的大角度晶界含量均大于70%。两者的小角度晶界长度相似,而JQ·X80焊缝金属的大角度晶界长度高于JQ-91T1M,这主要是由于JQ·X80存在一部分PF,而PF的部分晶界为大角度晶界,故JQ·X80大角度晶界略高。从KAM图可以发现,两者均未出现局部的位错密度过高的现象,平均角度分别为0.71°和0.69°。

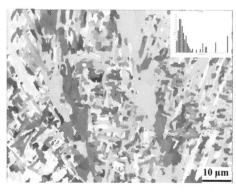

(a)JQ·X80的IPF图

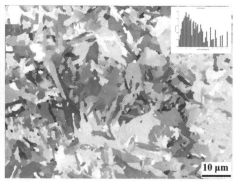

(b)JQ-91T1M的IPF图

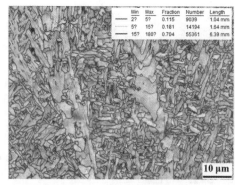

(c)JQ·X80的特征晶界图

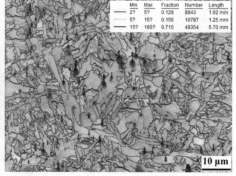

(d)JQ-91T1M的特征晶界图

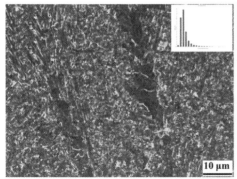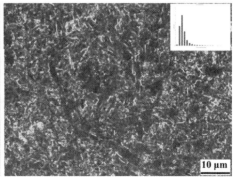

（e）JQ·X80 的 KAM 图　　　　　　　　　　　（f）JQ-91T1M 的 KAM 图

图 2-37　两种焊缝金属的 EBSD 晶体学特征

综上所述，两种国产金桥焊丝的熔敷金属显微组织和强度、冲击韧性也满足 X80 管线钢应用要求，具有非常大的应用和开发潜力。针对国际上广泛使用的高钢级管线钢典型焊材，本章对其进行了化学成分、显微组织、力学性能（拉伸、冲击和 CTOD 等）一系列检测试验，并对熔敷金属和环焊接头两种焊接模式的焊接工艺性展开评价，阐明了焊材化学成分对环焊缝强韧性的影响。

（1）高钢级管线钢典型焊材均在 C-Si-Mn 合金系的基础上添加合金元素。其中，添加 1% 左右的 Ni 主要是为了提升其低温的断裂韧性和冲击韧性，而其他元素则为强化元素，例如微量的 Ti、0.3Mo、0.3Cr 和 0.3Cu。因此，主流的合金系为 0.8Ni-Ti、0.8Ni-MoTi、0.8Ni-CrCu 和 0.8Ni-CuCrTi 几种。

（2）高钢级管线钢典型焊材熔敷金属的力学性能均满足相匹配等级的管线钢。其中，0.8Ni-0.3Cr-0.3Cu 合金的强化作用最为显著，屈服强度和抗拉强度最高，分别为 628、699 MPa，但是对低温冲击韧性损害较大，-20 ℃ 的冲击吸收功最低，为 88 J；0.8Ni-0.3Mo-Ti 合金系得到了最佳匹配的强韧性熔敷金属，保证较高的抗拉强度 657 MPa，同时获得了优异的低温韧性 130 J（-20 ℃）。

（3）0.8Ni-0.3Cr-0.3Cu 联合添加较大程度地提高了淬透性，因而柱状晶区以贝氏体为主，仅含有少量晶界铁素体，再热区除大量贝氏体之外还含有较多准多边形铁素体和针状铁素体。0.8Ni-0.3Mo-Ti 的淬透性最大，Mn 和 Ni 含量均高于其他焊丝，还额外添加了 0.3%Mo 元素。因此，柱状晶区和再热区均以各种形态的贝氏体为主，尤其柱状晶区几乎观察不到先共析铁素体。

这几种典型焊材焊接过程中送丝稳定，熔滴过渡平稳，焊接电流和电压波动较小。BOHLER SG3-P，NiMo 1-1G 和 FILEUR Cu 的 CTOD 值分别为 0.31，

0. 21，0. 14 mm，而 ESAB E91T1 环焊缝 CTOD 值为 0. 21~0. 38 mm，存在一定的波动性。

◆ 参考文献

［1］ EVANS G M.The effect of carbon on the microstructure and properties of C-Mn all-weld metal deposits［J］.1983,62(1):313-20.

［2］ SURIAN E,TRONTTI J,HERRERA R,et al.Influence of carbon on mechanical properties and microstructure of weld metal from a high-strength SMA electrode［J］.Welding journal,1991,70(7):133-140.

［3］ AN T B,WEI J S,ZHAO L,et al.Influence of carbon content on microstructure and mechanical properties of 1000 MPa deposited metal by gas metal arc welding［J］.Journal of iron and steel research international,2019,26(5):512-518.

［4］ EVANS G M.The effect of manganese on the microstructure and properties of C-Mn all-weld metal deposits［J］.Welding journal,1980,59(3):67-75.

［5］ 王东坡,巴凌志,张智,等.Ni、Mn 对埋弧焊焊缝金属组织和韧性的影响［J］.天津大学学报,2020,53(12):1308-1313.

［6］ 赵征志,佟婷婷,赵爱民,等.Mn 和 Si 对中锰热轧高强钢组织和性能的影响［J］.工程科学学报,2014,36(增刊 1):133-139.

［7］ SONG F Y,SHI M H,WANG P,et al.Effect of Mn content on microstructure and mechanical properties of weld metal during high heat input welding processes［J］.Journal of materials engineering and performance,2017,26(6):2947-2953.

［8］ WANG T,ZHANG B,WANG H,et al.Microstructures and mechanical properties of electron beam-welded titanium-steel joints with vanadium,nickel,copper and silver filler metals［J］.Journal of materials engineering and performance,2014,23(4):1498-1504.

［9］ KEEHAN E,KARLSSON L,ANDRéN H O,et al.Influence of carbon,manganese and nickel on microstructure and properties of strong steel weld metals:part 2-Impact toughness gain resulting from manganese reductions［J］.Science and technology of welding and joining,2006,11(1):9-18.

[10]　KEEHAN E，KARLSSON L，ANDRéN H O.Influence of carbon，manganese and nickel on microstructure and properties of strong steel weld metals：part 1-effect of nickel content［J］.Science and technology of welding and joining，2013，11（1）：1-8.

[11]　BHOLE S D，NEMADE J B，COLLINS L，et al.Effect of nickel and molybdenum additions on weld metal toughness in a submerged arc welded HSLA line-pipe steel［J］.Journal of materials processing technology，2006，173（1）：92-100.

[12]　ES-SOUNI B M，BEAVEN P A，EVANS G M.Microstructure and mechanical properties of Cu-bearing shiclded metal arc C-Mn weld metal［J］.Welding-journal，1991，70（3）：80-90.

[13]　巴凌志，王东坡，张智，等.热输入对海工用钢不同合金系焊缝金属韧性的影响［J］.焊接学报，2020，41（6）：42-47.

[14]　LEE S G，KIM B，KIM W G，et al.Effects of Mo addition on crack tip opening displacement（CTOD）in heat affected zones（HAZs）of high-strength low-alloy（HSLA）steels［J］.Scientific reports，2019，9（1）：229.

[15]　LEE S G，SOHN S S，KIM B，et al.Effects of martensite-austenite constituent on crack initiation and propagation in inter-critical heat-affected zone of high-strength low-alloy（HSLA）steel［J］.Materials science and engineering A，2018，715（8）：332-339.

[16]　巴凌志.420MPa 低合金高强海工用钢焊缝金属韧化机理的研究［D］.天津：天津大学，2019.

[17]　LUO X，CHEN X H，WANG T，et al.Effect of morphologies of martensite-austenite constituents on impact toughness in intercritically reheated coarse-grained heat-affected zone of HSLA steel［J］.Materials science and engineering A，2018，710（5）：192-199.

[18]　KIM I，NAM H，LEE M，et al.Effect of martensite-austenite constituent on low-temperature toughness in YS 500 MPa grade steel welds［J］.Metals，2018，8（8）：1-11.

[19]　李继红，杨亮，张敏.X100 管线钢焊接接头的显微组织和性能［J］.机械工程材料，2014，38（2）：59-62.

[20] 胡美娟,瞿婷婷,王亚龙,等.X100 管线钢管埋弧焊焊接接头性能分析
[J].焊管,2012(4):20-23.

[21] 常智渊,霍孝新,邱春林,等.超低碳微合金 X100 管线钢 CO_2 焊焊接接头
的组织和性能[J].钢铁,2014,49(12):79.

[22] 黄少波,胡强,杨眉,等.焊接热输入对 X90 管线钢焊接接头组织与性能的
影响[J].金属热处理,2017,42(1):55-59.

[23] 毕宗岳,杨军,牛靖,等.X100 高强管线钢焊接接头的断裂韧性[J].金属
学报,2013,49(5):576-582.

[24] 李为卫,沈磊,韩林生,等.X80 钢级管线钢焊接工艺试验[J].热加工工
艺,2006,35(11):26-27.

[25] 李学达,范玉然,陈亮,等.多道次环焊焊缝组织变化规律与冲击韧性的关
系研究[J].焊管,2015,38(1):11-16.

[26] 史耀武.油气长输管线激光焊接研究新进展[J].焊管,2010,33(9):5-8.

[27] GRÜNENWALD S,SEEFELD T,VOLLERTSEN F,et al.Solutions for joining
pipe steels using laser-GMA-hybrid welding processes[J].Physics procedia,
2010,5(2):77-87.

[28] TURICHIN G,VELICHKO O,KUZNETSOV A.Design of mobile hybrid laser-
arc welding system on the base of 20 kW fiber laser:2014 International Con-
ference Laser Optics[C].2014.

[29] TURICHIN G,VALDAYTSEVA E,TZIBULSKY I,et al.Simulation and tech-
nology of hybrid welding of thick steel parts with high power fiber laser[J].
Physics procedia,2011,12(A):646-655.

[30] RETHMEIER M,GOOK S,LAMMERS M,et al.Laser-hybrid welding of thick
plates up to 32mm using a 20kW fibre laser[J].Quarterly journal of the Ja-
pan welding society,2009,27(4):74-79.

[31] 石庭深,朱加雷,焦向东,等.X80 管线钢激光:电弧复合焊接工艺[J].电
焊机,2015,45(5):69-72.

[32] 雷正龙,檀财旺,陈彦宾.X80 管线钢光纤激光-MAG 复合焊接打底层组织
及性能[J].中国激光,2013,40(4):79-85.

[33] 石磊.X80 钢激光-MAG:复合焊接接头组织性能研究[D].长春:长春理工
大学,2011.

［34］ 周志民,康全,张军磊,等.送丝速度对 X90 管线钢激光-MAG 复合焊焊接接头组织性能的影响[J].热加工工艺,2018,47(5):186-189.

［35］ 张军磊,杨眉,胡强,等.回火温度对 X90 管线钢焊接接头组织性能的影响[J].材料导报,2016,30(16):78-81.

［36］ 常智渊.超低碳微合金 X100 管线钢焊接性的研究[D].沈阳:东北大学,2013.

［37］ 薄国公,孙晓杰,贺龙威.焊后热处理对 X80 和 30CrMo 钢热影响区韧性的影响[J].热加工工艺,2018,42(21):82-85.

［38］ 武昭妤.焊后热处理对海洋平台用高强度管线钢接头组织和性能的影响[J].热加工工艺,2016,45(7):59-62.

［39］ 张侠洲,陈延清,赵英建,等.热处理对极寒服役条件下弯管用 X70 钢焊接接头组织和性能的影响[J].金属热处理,2022,47(10):173-178.

第三章 管线钢环焊缝断裂韧性
及脆化机理

长距离天然气输送管道沿线通常每隔 12 m 左右就有一个以焊接方式将管道连接的环焊缝，环焊缝的存在破坏了管道结构的完整性。自 2008 年以来，以西气东输二线、漠大线、陕京三线、中俄东线等为代表的高钢级（X70，X80）、大口径（Φ1016 mm，Φ1219 mm，Φ1422 mm）管道建设现场，由于焊接工艺难度增大、缺陷漏检率较高，在管道建成试压和投产运行初期发生的环焊缝开裂和泄漏事故中，70%以上是由环焊缝缺陷引起的[1-4]。管道对接环焊缝的焊接接头区域（焊缝中心、热影响区、母材）之间的组织、性能存在较大差异，会对整个环焊缝结构的强度、韧性分布产生显著影响。该区域由于是通过焊接方式连接而成的，通常会产生各种焊接缺陷，这些缺陷往往导致管道断裂。而且在焊接过程中由于材料受热不均匀，产生的残余应力和变形可能促使裂纹萌生。据统计，在管道失效的案例中，大部分为环焊缝缺陷导致的失效，而且越复杂的对接结构其失效概率越大。由此可见，环焊缝是管道的薄弱环节，管道一旦从对接环焊缝处发生断裂，将会影响到整个设施的服役工况。

本章以管线钢环焊缝为研究重点，介绍了断裂韧性概述与环焊缝断裂韧性评价体系，从焊接冶金学的角度来阐明环焊缝断裂韧性与显微组织的一般规律，从而增加环焊缝脆化机理的认知，进一步澄清环焊缝服役条件下的脆化机理。

◆ 第一节 断裂韧性概述

断裂韧性被定义为材料抵抗裂纹扩展断裂的能力，是衡量材料的韧性好坏的一个定量指标。在加载速度和温度一定的条件下，对于某一材料来说，它是一个常数。当给定外部载荷时，若材料的断裂韧性值越高，其裂纹达到失稳扩展时的临界尺寸就越大；当裂纹尺寸一定时，材料的断裂韧性值越大，其裂纹失稳扩展所需的临界应力就越大[5]。

自从断裂力学兴起之后，国内外倾向于用断裂韧性（K_{IC}，G_{IC}，J_{IC}）评定材料的韧性。断裂韧性首先代表了裂纹尖端的应力强度因子达到某一临界值时材料抵抗裂纹失稳扩展的能力。由于断裂韧性的大小反映了包含一定尺寸的裂纹和在此裂纹下的裂应力，因此测定了断裂韧性数值，设计人员便可通过无损检测知道在给定裂纹尺寸的情况下，材料在多大应力下断裂，或者在给定的工作应力下，可预测材料能允许的最大裂纹尺寸，这无论对静载还是交变载荷都是适用的；断裂韧性的另一重要优点在于，对于高强度材料如高强度钢、高强度铝合金，其断裂抗力对温度和应变速率不敏感，无法用冲击韧性来衡量材料的脆化趋势，只有用断裂韧性才能真正反映其脆断抗力的高低[6]。

与冲击韧性相比，断裂韧性测试相对严格，而且在低强度时会产生局部屈服甚至整体屈服，致使线弹性力学不能应用。为满足平面应变条件，试样尺寸往往过大，给测试造成困难甚至不能进行[7]。所以希望找出各种韧性指标之间的对应关系，或者采用尽量简单的测试方法来说明材料的韧性，并尽可能应用于设计、检测和工业中。

一、线弹性断裂力学基本参量

线弹性断裂力学处理裂纹体问题有两种方法：采用应力场分析方法提出应力场强度因子 K_I 和断裂韧性 K_{IC}；采用能量分析法提出裂纹扩展能量释放率 G_I 和断裂韧性 G_{IC}。

应力场强度因子 K_I 可表示裂纹尖端应力场的强弱程度，可用解析方法求得不同裂纹体的 K_I。

对于无限大板穿透裂纹，有

$$K_I = \sigma \sqrt{\pi a} \tag{3-1}$$

式中，σ——应力；

$2a$——裂纹长度。

如果 $K_I < K_{IC}$，则裂纹不会扩展；如果 $K_I \geqslant K_{IC}$，就将发生失稳断裂。

裂纹扩展能量释放率 G_I 表示在裂纹扩展单位面积时，系统释放的势能值。对于单位厚度的中心穿透裂纹，G_I 的数值表示式为

$$G_I = \frac{-\partial u}{\partial A} = -\frac{\partial}{\partial(2a)}\left(-\frac{\sigma^2 \pi a^2}{E}\right) = \frac{\sigma^2 \pi a}{E} \tag{3-2}$$

$$G_I = \frac{(1-\nu^2)\,\sigma^2 \pi a}{E} \tag{3-3}$$

式中, E——材料的弹性模量;

ν——泊松比。

式(3-2)为平面应力,式(3-3)为平面应变。如果 $G_I < G_{IC}$,则裂纹不会扩展;如果 $G_I \geqslant G_{IC}$,就将发生失稳断裂。

平面应变断裂韧性 K_{IC} 和 G_{IC} 的概念只能应用在裂纹前沿处于线弹性和小范围屈服的条件。只有当裂纹前沿的塑性区远小于弹性区,并且被广大的弹性区包围的时候,才能使用上述结果。因此,线弹性断裂力学主要适用于裂纹尖端区域无明显塑性变形,基本处于弹性应力范畴的脆性断裂分析上。在这种情况下,可用 K 判据或考虑小范围屈服修正后的断裂判据来研究其脆断问题。对于输油、气管线而言,由于材料强度较低、韧性较好,而且管壁较薄,在缺陷或裂纹尖端区域通常会存在较大的塑性变形。结构应力集中区以及焊接引起的残余应力区甚至会发生全面屈服。屈服区的存在将改变裂纹尖端区域应力场的性质,所以当屈服区尺寸较大时,基于线弹性断裂力学的理论已不适用,这时就需要用到弹塑性断裂力学来进行研究。

二、弹塑性断裂力学: J 积分法

为了处理大范围屈服的弹塑性断裂问题,1968 年美国的 J.R.Rice 提出了一个环绕裂纹尖端严格与路径无关的能量线积分,即 J 积分。这里指的能量包括外力所做的功和试样内部的应变能。可把 J 积分解释为单调加载的弹塑性体的势能相对裂纹长度而改变的速率,对单位厚度的裂纹体而言,

$$J = -\frac{\partial U}{\partial a} = -\frac{\partial(U_e - W)}{\partial a} \tag{3-4}$$

式中, U——系统势能;

U_e——系统的应变能;

W——外力功。

除 J 积分路径无关性这一重要特点外,其另一重要而实用的特点是, J 积分避开了裂纹尖端区域复杂的应力应变场计算,而采用积分值综合衡量应力应变场的强度。 J 积分类似线弹性下的 K_I 的特性,可作为在弹塑性条件下裂纹尖端附近应力场强度的力学参量。

弹塑性断裂力学能够证明,在平面应变条件下,

$$J_I = G_I = \frac{1-\nu^2}{E} K_I^2 \tag{3-5}$$

在临界条件下，

$$J_{IC} = G_{IC} = \frac{1-\nu^2}{E} K_{IC}^2 \tag{3-6}$$

这一关系在线弹性和小范围屈服的条件下严格成立。在弹塑性条件下，当试样满足一定尺寸时，试验结果也很吻合。

临界条件下的 J_{IC} 也称为断裂韧性，它表示材料抵抗裂纹启裂的能力。如果 $J_I \geqslant J_{IC}$，材料就会开裂。

目前在管道工程上直接用 J 积分断裂判据的情况并不多。一方面，是由于各种实用的 J 积分表达式并不清楚，即使测得材料的 J_{IC}，也无法用它来计算和设计工程构件；另一方面，J_{IC} 对应的点只是起裂点。在弹塑性条件下，管线钢的裂纹往往会有一个较长的亚临界扩展阶段，因此需要建立用 J 积分表示的裂纹扩展阻力 J_R 与裂纹扩展量 Δa 间的关系曲线，即用裂纹扩展曲线来描述管体裂纹起裂、亚临界扩展、失稳扩展以致止裂的全过程。

罗金恒等[8]对 X80 管线进行 J 积分试验，研究结果表明，由于 X80 管线钢具有优异的韧性，为了保证试样大部分处于平面应变状态，必须具有足够的厚度。但是由于 X80 管线钢本身壁厚有限，在截取试样做 J 积分试验时，不能保证试样厚度和韧带尺寸能够满足标准《金属材料　准静态断裂韧度的统一试验方法》(GB/T 21143—2014)[9]的要求，按照测得的数据来估算，满足平面应变条件的最小厚度为 40 mm，而试验中所取试样最大厚度也远远未满足要求，从而使测试得到的断裂韧性值和阻力曲线与标准要求的大厚度试样试验值存在差异。

J 积分是一种物理概念明确、理论严密的应力-应变场参量。但在管线钢的断裂韧性评定中，人们目前更乐于采用 CTOD 法，并通过大量实验数据积累，已经形成了基于 δ_c 的管线钢断裂韧性评定标准。同时，不少学者已用 J 积分理论导出了 δ 的表达式，为 CTOD 法赋予了较为严密的理论依据。

三、裂纹尖端张开位移(CTOD)

按照能量原理，裂纹的扩展是由于应力和应变的综合效应达到临界值而发生的。用应力的观点去讨论脆性材料的裂纹失稳扩展是合适的，但当裂纹尖端区域大范围屈服之后，用应变去研究裂纹的扩展则更为合适。CTOD 是裂纹尖端塑性应变的一种度量。

裂纹尖端张开位移的基本原理可表述为，设管线钢板中有一长度为 $2a$ 的穿透裂纹，在初应力 σ 的作用下，裂纹尖端出现相当大的塑性区 ρ，裂纹尖端由不加载时的尖锐形状变成加载时的钝化形状，在不增加裂纹长度 $2a$ 的情况下，裂纹尖端沿 σ 方向产生位移 δ（图 3-1），这个 δ 就是裂纹尖端张开位移。

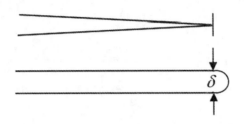

图 3-1 CTOD 的定义

1965 年，Wells 首先提出弹塑性情况下的 CTOD 断裂判据：当裂纹张开位移达到某一临界值 δ_C 时，裂纹就会开始扩展，即

$$\delta = \delta_C \tag{3-7}$$

式中，δ_C 为材料的断裂韧性，表示材料组织裂纹开始扩展的能力。裂纹启裂与裂纹失稳扩展是两个不同的状态。δ_C 是裂纹启裂的临界值，而不是裂纹失稳扩展的临界值。在裂纹启裂以后，如果材料断裂阻力增加，裂纹继续稳定扩展，需要在裂纹达到失稳点前继续增加载荷直至到达失稳点，材料会迅速地失稳扩展。为了区别开裂与失稳两个状态下的裂纹张开位移，一般用 δ_i 表示裂纹启裂的张开位移临界值，以 δ_{max} 表示裂纹失稳扩展的张开位移临界值。

裂纹启裂的 δ_i 是一个不随试验尺寸改变的材料常数，而裂纹失稳扩展的 δ_{max} 随试件尺寸变化较大，特别是受试件厚度的影响，因此不宜作为材料常数。目前都以 δ_i 作为裂纹张开位移临界值，记为 δ_C。

对于基于应变设计的管线，CTOD 是评定存在缺陷的管道焊接接头安全性的必要参数[10]。CTOD 试验所得的值 δ_C，可以与断裂应力 σ、断裂尺寸 a 定量地联系起来，因此可以运用断裂力学理论和计算方法，计算工程结构和构件中已知尺寸的裂纹失稳扩展断裂所需的应力，可以指导设计，进行结构的安全性分析。实践证明，由于 CTOD 基于裂纹尖端塑性行为的表达方式更加直观，而且简易可行，加上 δ_C 的测量方法比较简单，因此 CTOD 准则得到了更为广泛的应用。

在进行 CTOD 试验测试材料断裂韧性时，国际上广泛采用英国标准学会颁布的 BS7448 *Fracture Mechanics Toughness Tests* 来进行试验，该标准共四部分，描述了均匀金属材料以及焊接接头 K_I，δ 以及 J 的测定及评估方法；国际标准化组织（ISO）等效引用 BS7448 标准制定了 *Metallic Materials-Unified Method of Test for the Determination of Quasistatic Fracture Toughness*（ISO 12135：2021）和 *Metallic Materials-Method of Test for the Determination of Quasistatic Fracture Toughness of Welds*（ISO 15653：2018）标准；另外，美国 ASTM E1820 标准也表述了类似材料断裂韧性评估方法。国内也对 CTOD 试验制定了标准《金属材料　准静态断裂韧度的统一试验方法》（GB/T 21143—2014）[9]。CTOD 准则应用起来很方便，能够简单有效地解决实际问题。

由于缺乏严密的理论基础和分析手段，直接对裂纹尖端的张开位移进行精确定义、理论计算和直接测定都很困难，不得不用间接方法和经验关系。但 CTOD 方法由于能简单有效地解决实际问题，仍然得到了工程界的广泛应用。

◆◇ 第二节　环焊缝断裂韧性测试技术

韧性被定义为管线钢在塑性变形和断裂全过程中所吸收的能量，它是一种重要的力学性能。韧性从物理意义上讲，是对变形和断裂的综合描述。通常在管线钢领域中以夏比冲击试验、落锤撕裂试验和断裂韧性试验进行韧性的测试和评价。

无论是 CVN 试验，还是全板厚试样的 DWTT 试验，它们所提供的冲击功和断口面积比只有对比意义，这些性能指标只能描述材料的韧性行为。冲击功并不能代表实际管道材料承受的冲击能量；韧脆转变温度也并不能表示实际结构的韧脆转变温度。因此，这样的试验数据不能用于实际结构的设计计算，不能进行定量的韧性设计与校准。断裂力学的兴起使韧性问题的研究和应用出现了转机。目前，断裂韧性作为材料的本质性能指标引入，在管线钢管的抗断设计和安全评定中发挥了重要的作用[11]。

断裂韧性测试方法有很多种，对于有缺陷的管线钢及环焊缝，可以采用全尺寸拉伸试验（FST）、宽板拉伸试验（CWP）来评定其断裂韧性。对于没有缺陷的管线钢及环焊缝，可以采用三点弯曲法（SENB）、紧凑试样法（CT）、单边缺口拉伸试验（SENT）来评定其断裂韧性。

一、全尺寸拉伸试验（FST）

由于管线钢管在服役过程中具有复杂的载荷条件，小试样试验的结果不足以提供足够可信的各种服役条件下的变形行为预测，因此，全尺寸拉伸试验就成为最可信的试验方法。全尺寸拉伸试验是用拉伸或弯曲使一段钢管受载至失效。主要测量其应变容量，如失效前产生多大的纵向应变，通常被定义为最大载荷点。试样可以是母材或者包含 1~2 个环焊缝。全尺寸拉伸试验极其费时，而且成本很高，试样设计、制造，还有试验过程、分析过程的时间加起来，一个试验需要进行数个月[12]。由于全尺寸拉伸试验需要载荷能力大，对试验设备能力的要求很高，全世界范围内全尺寸拉伸试验设备并不多。目前仅有美国的 Exxon Mobil 公司和加拿大的 C-FER 等少数研究机构具有全尺寸拉伸试验设备。图 3-2 为 C-FER 的全尺寸拉伸试验设备。

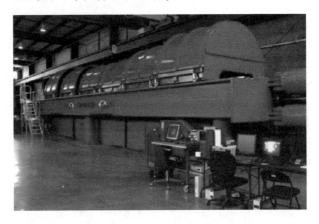

图 3-2　C-FER 的全尺寸拉伸试验设备

二、宽板拉伸试验（CWP）

自 20 世纪 90 年代以来，宽板拉伸试验得到了管线钢研究领域的广泛认可，被越来越多地应用于管线钢环焊缝的断裂韧性评估中。与小尺寸试样相比，宽板拉伸试验允许测试材料的尺寸更大，能够在接近实际的情况下反映出工程中存在的问题，如材质不均匀性、焊接残余应力和板厚等对结构性能的影响[13]。如图 3-3 所示，宽板拉伸试验测试试样是管体的一个弧面，其标称宽度为 200~450 mm，并施加纵向拉伸载荷。该试样可以有一个或多个环焊缝，在沿焊缝的一半长度处有一个机械或疲劳加工的缺口。在试样进行纵向拉伸直至失效过程中，对跨焊缝的应变及焊缝之外的远端应变进行采集。国外开展宽板拉伸试验研究较早，已有许多组织和机构可以进行宽板拉伸试验，例如比利时根特大学，加拿大 C-FER，日本 JFE、NSC 等。图 3-4 为根特大学的宽板拉伸试验设备。该设备可以进行低温下的宽板拉伸试验，最低温度可以达到-40 ℃[14]。

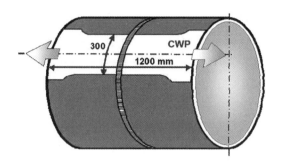

图 3-3 宽板拉伸试验的取样位置示意图

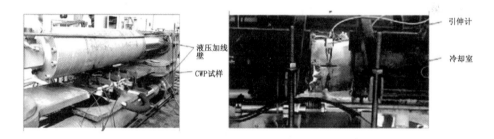

图 3-4 根特大学的宽板拉伸试验设备

随着研究的细化和深入，人们逐渐发现宽板拉伸试验的一些缺点。

（1）当用于材料测试和焊接工艺评定时，CWP 试验昂贵且耗时。

（2）测试数据离散，数据只能对特定的焊缝和材料性能提供信息。

（3）与全尺寸管体相比，CWP 局限性较大，不能完全代表错边对全尺寸管体的影响。

（4）内压影响无法体现。

三、三点弯曲法（SENB）和紧凑试样法（CT）

SENB 和 CT 试验法是最早用于管线钢及环焊缝断裂韧性测试的方法，也是应用最为成熟的技术，有完整系统的断裂韧性测试和数据处理流程。常用的断裂性能测试试件是具有深裂纹（$a_0/W = 0.5$）的 SENB 和 CT 试件，目的是确保裂纹尖端产生比较高的约束条件，然而管道在制造或使用过程中产生的缺陷通常是具有较低约束的裂纹，例如，腐蚀缺陷、非金属夹杂物和焊缝裂纹等。图3-5为裂纹尖端约束水平对断裂韧性影响的示意图。从图中可以看出，断裂韧性随着试样约束水平的增加而降低，SENB或CT试样约束水平远远大于管道的约束水平，所以SENB或CT试样获得的断裂韧性远远低于管道的断裂韧性。将高约束的SENB或CT试件测得的断裂韧性用于含缺陷管道的断裂韧性评估中，会低估管材抵抗断裂的能力，将导致评价结果过于保守，造成管材及环焊缝断裂韧性不必要的浪费。

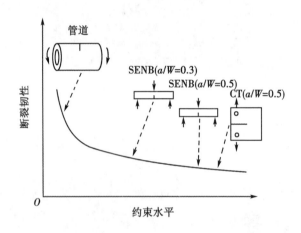

图 3-5   约束水平对断裂韧性影响的示意图

四、单边缺口拉伸试验（SENT）

由于全尺寸和宽板试验对试验设备的要求较高，不易大范围推广，因此，采用更精确的约束校正方法，通过小试件试验测试管线钢及环焊缝的断裂韧性具有十分重要的实际意义[15]。20世纪末，国外许多研究机构先后开展了裂尖低约束条件下的断裂韧性研究。英国焊接研究所（TWI）、挪威科技工业研究院（SINTEF）、埃克森美孚（Exxon Mobil）公司先后开发了单边缺口拉伸试验（SENT）来评定管线钢的断裂韧性[16]。SENT的试样为小尺寸试样，对其表面进行预制裂纹并施加拉伸载荷，在裂纹扩展到不同阶段时，测量试样的裂纹扩展量及CTOD，获得其断裂阻力曲线。如图3-6所示，与SENB相比，SENT中试样裂纹尖端约束度较低，更接近实际管线的裂尖约束水平，从而在保证安全的同时亦可降低断裂韧性测试的保守性[17]。

与 FST 和 CWP 相比，SENT 试件的加工和测试成本与 SENB 试件基本相同，试验成本较低。这使 SENT 近年来越来越多地被应用于管线钢断裂韧性测试及管线基于应变设计中[18]。国外开展单边缺口拉伸试验研究较早，已对 SENT 制定了相应的标准，如 *Fracture Control for Pipeline Installation Methods Introducing Cyclic Plastic Strain*（DNV-RP-F108）[19] 推荐采用 SENT 试件测定管线的断裂韧性。这些标准都需要进一步改进及完善。目前，SENT 试验在国内石油行业的应用仍在起步阶段，尚未有 SENT 标准公布，研究和完善 SENT 对于推广 SENT 在管线钢断裂韧性测试中的应用，准确评定管线钢及环焊缝断裂韧性及管线的基于应变设计具有重要意义。

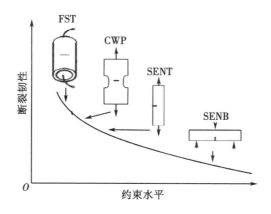

图 3-6　不同测试方法测试试样裂纹尖端约束度水平对比情况

◆◇ 第三节　环焊缝显微组织与脆化机理

受到现场施工条件、装配应力和焊接工艺的影响，管道环焊缝容易发生局部组织脆化，同时存在各类缺陷及其导致的应力集中，是管道的薄弱环节之一，特别是随着高钢级、大管径、厚壁管线钢的发展，焊接工艺更为复杂，现场焊接难度也随之增加。据统计，国内近年来发生环焊缝失效案例达 17 起，其中 X70 和 X80 高钢级管线钢的环焊缝开裂占事故总数的 75% 以上。2017 年 7 月 3 日和 2018 年 6 月 10 日，中缅天然气输气管道贵州晴隆沙子段先后发生两次泄漏爆炸，均是在环焊缝处发生断裂，造成了不可挽回的经济损失和不良的社会影响。因此，对环焊缝的显微组织进行分析，掌握其强韧性分布规律是发现环焊缝焊接接头薄弱区域的基础，是研究环焊缝失效机理的重要组成部分，对预防和控制管道失效有重要意义。

现有研究结果表明，环焊缝发生脆化的原因主要有 3 种：显微组织脆化、组织不均匀性脆化、应变时效脆化。本节主要从这 3 个方面来阐明环焊缝的脆化机理。

一、显微组织脆化

焊缝中心区（weld metal center，WMC）的形成是不平衡冷却过程。在实际结晶过程中，熔池周围的母材成为自发形核的即用表面，高温液态金属熔化外来杂质并沿着母材生长成共晶。由于熔池被冷金属包围，热量散失后生长成柱状晶。受枝晶偏析的影响，越来越多的杂质元素在多位向柱状晶前沿及相邻柱状晶之间汇集，从而引起韧性降低，并可能成为焊接接头热裂纹的发源。由于焊缝中心区域成分复杂，加热较快，所以该区与母材存在以下差异：① 受热温度高，晶粒粗大；② 杂质含量高且难以清除；③ 偏析大；④ 铸态组织。

影响组织的因素是多重的，焊接方法、焊接工艺、焊接材料、板材厚度、冷却速度均会使焊接接头显微组织发生变化[20]。当前普遍认为，在连续冷却过程中，根据转变温度高低与冷却速度快慢形成的主要显微组织有多边形铁素体（PF）、准多边形铁素体（QF）、针状铁素体（AF）、贝氏体（B）、珠光体（P）以及马氏体–奥氏体组元（M-A）[21-33]。

马朝晖[34]研究了 X70 管线钢用自保护药芯焊丝焊缝金属的韧化行为，结果表明，焊缝金属的冲击韧性主要由焊缝组织形态决定，低温相变的针状铁素体有利于填充焊道，形成细小均匀的热处理态组织，细化的晶粒和针状铁素体本身都对焊缝金属的冲击韧性非常有利。X80 管线钢焊缝金属组织以针状铁素体和粒状贝氏体组织为主，两种组织中的位错具有强化作用，针状铁素体及粒状贝氏体自身的组织结构特点又具有韧化作用[35]。焊接时，在原始奥氏体快速长大过程中，具有较低韧性的贝氏铁素体和马氏体会在热影响区形成。为了保证 X80 管线钢在极端环境条件下正常使用，应抑制或尽量减少贝氏体或马氏体在热影响区的形成，同时促进针状铁素体的形成。

对于 X100 级别及以上的管线钢焊接接头，单凭针状铁素体已经满足不了所需要的力学性能。其组织设计为大量贝氏体（B）+马氏体（M）+少量针状铁素体（AF）+残余奥氏体（RA），其中，贝氏体和马氏体为强化相，针状铁素体和残余奥氏体为韧化相，针状铁素体也可通过分割原始奥氏体达到细化晶粒的目的，从而增加焊缝金属的韧性。李继红等[36]、张敏等[37]对 X100 管线钢焊接接头进行了研究，由于热影响区产生脆化，管线钢埋弧焊后焊接接头的拉伸试样均断裂在热影响区。−10 ℃下焊接接头冲击试样的夏比冲击吸收功达到要求。在焊缝金属组织晶界处析出粗大化合物，同时在焊缝金属组织中也存在气孔和夹杂等缺陷，焊缝金属也成了焊接接头的薄弱区域。通过加入合金元素可使焊缝组织的晶粒细化，但加入过多会增加焊缝金属的淬透性，对韧性产生不利的影响。同时，合金元素的固溶作用对焊缝金属的塑、韧性不利，因此要合理精准地控制合金元素的量。

X120 管线钢焊缝的组织主要是贝氏体、马氏体和针状铁素体。对于 X120 管线钢焊缝金属，其要获得最佳的强韧性，各组织所占比例分别为：贝氏体和马氏体占 80% 左右，针状铁素体占 5% 左右，残余奥氏体约占 4%。D.P.Fairchild 等[38]研究了 X120 管线钢环缝焊接接头的组织与力学性能，焊缝金属中 5%~15% 的针状铁素体可满足其所需的韧性。通过控制 AF 组织的含量，可以控制 X120 焊缝的屈服强度达到 750~950 MPa，抗拉强度达到 800~1050 MPa。

焊接热影响区（HAZ）及多层多道焊接接头焊道热影响区中经常出现焊接局部脆性区（LBZ）。局部脆性区总是包含马氏体（M）或马氏体−奥氏体组元（M-A）。粒状贝氏体韧性与粒状贝氏体中 M-A 组元的形貌有关。而 M-A 组元具有以下 4 个形态特征参量：M-A 组元的平均宽度、总量、线密度、形状因子。它们对粒状贝氏体韧性具有决定性的影响，当总量、线密度、形状因子这 3 个特征参量不变时，M-A 组元平均宽度越小，韧性越好[39]。对超低碳钢焊接接头的组织研究结果表明，均匀分布在粒状贝氏体中细小球状的 M-A 组元韧性较好。同时，分布于贝氏体晶界处的薄膜状残余奥氏体也具有较好的韧性，可有效改善焊缝的韧性及抗裂性。当焊缝熔敷金属组织主要由致密的贝氏体板条组成时，其熔敷金属强度很高。随着熔敷金属中板条贝氏体含量降低、粒状贝氏体和针状铁素体含量增加，焊缝金属的韧性也会相应增加。因此，为了使高强度管线钢焊缝金属达到最佳的强韧配比，可调整焊丝、焊材配方和焊接工艺以得到合适的组织含量比例。

二、组织不均匀性脆化

近年来，组织不均匀性对多相金属力学性能的影响引起了研究人员的注意，他们研究了多种材料组织不均匀性对微观变形和断裂的影响，并提出了可行的研究方法，这些方法主要有微观数字图像相关法（μDIC）、拉伸试件表面显微观测、基于组织的有限元模拟、原位高能 X 射线衍射（HEXRD）、原位中子衍射，以及聚焦离子束切割微米柱压缩试验等。在 X65，X70，X80 等高强钢的环焊缝中，也存在组织不均匀性，这种组织不均匀性会严重加剧环焊缝的脆化。

为了研究组织不均匀性对力学性能的影响，使用扫描电子显微镜对拉伸试样进行表面显微观察的方法被广泛采用。通过对不同拉伸阶段的试样表面显微图像进行分析，可以研究组织不均匀性对裂纹起裂、生长及合并的影响。Suh 等[40]研究了双相低合金高强钢中马氏体组织分布对微观断裂行为的影响，他们采用原位扫描电子显微镜观察了试件在拉伸过程中的起裂行为和裂纹扩展情况，结果表明，高强钢中马氏体和铁素体在拉伸过程中变形不均匀，在铁素体中出现应变集中带，且马氏体的形貌和分布情况显著影响了试件的起裂和裂纹扩展行为，进而影响了高强钢的塑韧性。Avramovic-Cingara 等[41]研究了双相钢中马氏体形貌和在铁素体基体中分布情况对双相钢力学性能和拉伸过程损伤累积的影响，他们采用扫描电子显微镜观察了 DP600 双相钢拉伸试件表面的损伤情况，结果表明，马氏体形貌和分布情况显著影响了拉伸过程双相钢中损伤的累积。Ziaei 等[42]研究了双相钢中马氏体组织形貌和分布情况对双相钢拉伸过程中微孔生成、微孔生长和微孔聚集的影响，他们在不同应变下中止拉伸试验并采用扫描电子显微镜观察了试件表面形貌，并采用有限元模拟的方法研究了拉伸过程中试件微观尺度的变形分布情况，结果表明，组织不均匀性引起的变形局部集中显著影响了双相钢的失效机制。

为定量分析多相材料拉伸过程中不同组成相的应变分布情况，很多学者采用数字图像相关法（DIC）对拉伸过程中的显微组织图像[43-44]、散斑图像[45]或显微网格[46-47]变形情况进行分析，得到材料微观应变分布情况。Ghadbeigi 等[48]采用 DIC 结合扫描电子显微镜原位拉伸的方法，研究了 DP1000 双相钢组织不均匀性对局部塑性变形演变过程、损伤产生和演化过程的影响。他们使用 DIC 技术分析了在拉伸过程中不同应变下的显微照片，得到了拉伸过程中铁素体和马氏体中的局部应变分布，结果表明，由于双相钢组织不均匀，组织中变形分布十分不均匀，铁素体中应变高于马氏体，在宏观应变 42% 时铁素体中最大应变达到 130%。Alaie 等[49]研究了 DP600 双相钢在拉伸变形过程中铁素体上应变集中区域的生成和聚合过程，他们采用扫描电子显微镜下原位拉伸的方法，观察了铁素体基体中变形带的演化过程，并采用 DIC 技术对拉伸过程显微照片进行处理，定量分析了铁素体基体中的应变分布。研究结果表明，拉伸过程中微孔在应变集中带中生成且裂纹沿着局部变形集中带扩展。Han 等[46]定量分析了拉伸过程中双相钢中应变分布情况，他们采用聚焦离子束(FIB)在抛光后的试样表面制备微网格，并通过分析网格节点的位移得到定量的应变分布，他们发现，在拉伸过程中，应变集中在强度较低的铁素体中，而且铁素体的结晶取向对应变集中没有影响，铁素体与马氏体的形貌是影响应变集中的主要因素。需要指出的是，目前微观 DIC 技术多采用直接分析不同拉伸阶段显微图片的方法计算不同组成相或不同组织中的应变分布，这种方法适用于组织分布较为弥散、不同组织可以作为微观散斑的材料，并不适用于组织粗大的焊缝金属。

　　随着数值计算方法的发展，数值模拟也被广泛用来分析多相材料拉伸变形过程中的微观应力应变分布情况，数值计算的方法可以高效地研究组织力学性能差异、组织形貌及组织分布情况对微观变形不均匀的影响。目前的数值模拟方法主要有黏塑性自洽模型[50]、等效体积单元模拟[51]、晶体塑性有限元模拟[52-53]和基于组织的有限元模拟[54]等。Shi 等[55]采用基于组织的有限元模拟，研究了 TC6 钛合金在拉伸过程中不同组成相的弹塑性变形情况，在基于组织的有限元模拟中，钛合金的扫描电子显微镜显微照片被用来建立有限元模型，显微照片中不同的组成相根据其灰度值进行区分，并利用显微照片中一个像素点对应模型中一个单元的方法得到有限元模型。该模型准确地反映了钛合金不同组成相的形貌和分布情况，模拟中的材料常数为不同组成相的力学性能，因此该模拟可以研究不同组成相的力学性能、形貌和分布对微观变形的影响，结果表明，较软的 α 相在拉伸过程中首先屈服，且在塑性变形阶段承受更高的应变，强烈的塑性应变集中发生在 α 相中临近相界面处。而较硬的 β 相在塑性变形阶段的应力值高于 α 相。由此可见，组织不均匀性会引起多相合金变形不均匀，强度较低的相承受较大的变形，强度较高的相变形远小于强度较低的相，不同组成相之间的变形不协调会导致在强度较低的相中产生应变集中带，应变集中带的存在会显著影响金属的力学性能。Ji 等[54]采用基于组织的有限元建模方法建立 TA15 双相钛合金的有限元模型，并进行等效体积单元(RVE)模拟。由于模拟是采用一个面积很小的模型(190 μm×150 μm)反映面积很大的拉伸件的变形行为(平行段面积 35 mm×24 mm)，该模拟采用了周期性边界条件(PBCs)，通过对模拟所得应变分布云图进行分析可以发现，试件在拉伸过程中会形成两种形态的应变集中带，即长应变集中带和短应变集中带，而且组成相的体积分数会显著影响应变集中带的形态，组成相的强度差异会影响应变集中带中的应变梯度，进而影响合金的韧性。Sun 等[56]采用有限元模拟的方法预测了不同加载条件下以及不同马氏体体积分数下双相钢的失效模式和韧性。他们将基于组织的有限元模型作为有限元模拟中的等效体积单元进行模拟。在模拟中，他们不指定铁素体或马氏体的失效准则，也没有在马氏体或铁素体中预设孔洞或损伤形式的缺陷，而是把双相钢中组织的不均匀性作为初始缺陷来源，强度不同的铁素体和马氏体在拉伸过程中变形不协调会产生塑性应变集中，韧性失效以及不同的失效模式可以作为塑性应变集中的结果被预测。模拟结果表明基于组织的有限元模拟方法既可以用来预测双相钢宏观的应力应变曲线，也可以用来预测双相钢在不同加载条件下的失效模式，组织不均匀性是影响双相钢韧性断裂的主要因素。Sun 等提出的塑性应变集中预测韧性失效模式的方法的有效性在多个级别的双相钢中得到了验证，例如 DP600 双相钢[57]，含 8%和44%马氏体的双相钢[58]以及 DP590[59]和 DP780 双相钢[60]。除双相钢外，塑性应变集中的理论也成功用来预测其他材料的断裂行为，如 TWIP 钢[61]以及铁素体–珠光体钢[62]等。Kadkhodapour 等[63]采用基于组织的有限元模拟的方法研究了双相钢的剪切断裂，他们首先采用扫描电子显微镜观察了铁素体基体中的剪切驱动的微孔，然后采用有限元模拟得到双相钢中塑性剪切应变带的分布情况，结果表明，塑性剪切应变集中可以预测双相钢中的剪切失效。

部分研究人员采用微米柱压缩试验研究了组织不均匀性对材料变形行为的影响。Jun 等[64]在双相钛合金中采用聚焦离子束加工出顶端边长为 2 μm 的微米柱并进行原位轴向压缩试验，他们分析了双相钛合金的局部变形机制，发现组成相的形貌显著影响钛合金的局部变形。Ghassemi-Armaki 等[65]采用微米柱压缩试验研究了低碳马氏体的微观变形情况。除了微米柱压缩试验，高能 X 射线衍射以及中子衍射也被用来进行多相金属微观变形行为的研究[55]。但是，进行微米柱压缩试验和高能 X 射线/中子衍射试验的试验设备较为复杂,试验成本较高,限制了这些方法的广泛使用。

张承泽[66]用有限元模拟的方法,通过对具有组织不均匀性的 C-Mn 钢试样的纵向和横向施加一定塑性变形量(图 3-7),研究在此过程中针状铁素体和先共析铁素体上的微观应力应变分布情况。结果发现,在拉伸过程中,焊缝金属组织会产生严重的应力应变分布不均现象。晶界铁素体中的塑性应变高于针状铁素体,而针状铁素体的显微应力高于晶界铁素体。研究结果表明,纵向试样的断裂主要是晶界铁素体和针状铁素体组织界面剥离产生裂纹和裂纹沿晶界铁素体扩展造成的劈开型断裂,等轴状韧窝的断口形貌表明断裂是在拉应力的作用下发生的,纵向试样晶界铁素体中水平方向的应变产生了应变集中带,晶界铁素体中剪切应变值较低且分布较为均匀,没有产生严重的剪切应变集中现象。因此可以认为,纵向试样晶界铁素体中水平方向的塑性应变集中是纵向试样晶界铁素体和针状铁素体组织界面剥离产生裂纹而失效的原因。而横向试样除纵向试样中界面分离的断裂机理外,还出现了剪切断裂的形貌。可见,对于与加载方向垂直分布的晶界铁素体,应变集中的情况与纵向试样是相同的,应变集中主要由水平方向塑性应变产生,剪切应变很小且没有集中现象,这种竖直应变集中带使横向试样产生了与纵向试样相同的劈开型断裂;对于与拉伸方向呈一定倾斜角度,尤其是 45°的晶界铁素体,不仅水平方向塑性应变产生了应变集中带,塑性剪切应变也产生了应变集中现象,并形成了剪切应变集中带,这些剪切应变集中带使晶界铁素体发生剪切应变,并形成了剪切韧窝的断裂形貌。

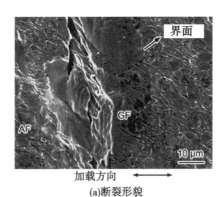

(a)断裂形貌

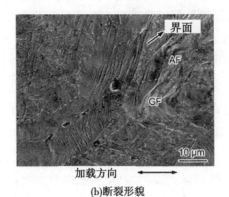

(b)断裂形貌

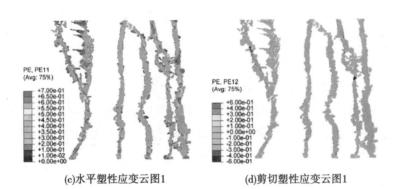

(c)水平塑性应变云图1　　　　　　　(d)剪切塑性应变云图1

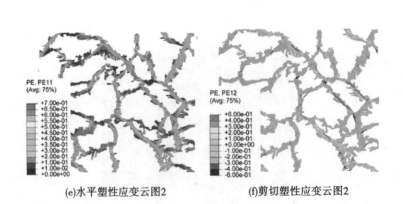

(e)水平塑性应变云图2　　　　　　　(f)剪切塑性应变云图2

图3-7　纵向和横向试样断裂机理和塑性应变集中情况分析

刘恺悦[67]通过对高强度 C-Mn 钢焊缝金属进行有限元分析,在模拟过程中使用焊缝金属的实际组织分布照片进行建模,先利用扫描电子显微镜拍摄组织照片,如图 3-8 所示。再用 Photoshop 等图像处理软件将两相区分出来[图 3-8(b)],并采用 Matlab 软件,根据灰度值的不同,将处理后的图像转化为二值图[图 3-8(c)],并同时得到每种相对应的单元位置坐标。其中,有限元模型长 150 μm,宽 150 μm,包含 640000(800×800)个 CPS4 单元。由于热处理前后焊缝金属的组织形态没有明显变化,因此为研究热处理后的组织力学性能变化对焊缝金属微观应力应变分布的影响,在模拟时对焊态与焊后热处理态采用相同的有限元模型[图 3-8(b)],并依次定义相应的显微组织力学性能属性。模拟过程中模型不考虑两相界面。

 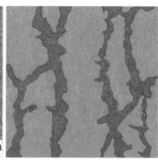 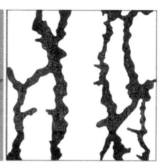

(a)实际显微组织 SEM 图像　　(b)基于组织的有限元模型　　(c)二值图

图 3-8　组织有限元建立

图 3-9 分别是在宏观应变为 0.1 的条件下,模拟所得焊缝金属组织中 AF 与 PF 在焊态与焊后热处理态下的等效塑性应变分布情况。由图可知,焊缝金属中的塑性应变分布十分不均匀,由于 PF 的流变应力低于 AF,在外力作用下,两相发生不协调变形,局部塑性变形主要集中在流变应力较低的 PF 中,以补偿流变应力较高的 AF 中较小的塑性变形。这样的不协调变形会使 PF 中出现塑性应变集中现象,局部应变集中区的存在会显著影响焊缝金属的力学性能。经过焊后热处理以后,PF 和 AF 的流变应力发生显著变化,导致 PF 和 AF 的强度差异减小,进而改变 PF 内塑性应变集中程度。对比图 3-9 可以看出,在热处理之后,PF 中的塑性应变量有下降的趋势,而 AF 中的塑性应变量升高,可见焊后热处理后组织不均匀性降低会导致两相上的应变量差距减小,即 AF 与 PF 的应变分布发生了均匀化。

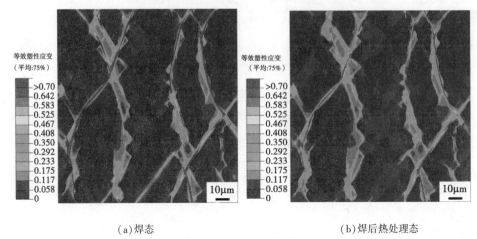

等效塑性应变
（平均:75%）
>0.70
0.642
0.583
0.525
0.467
0.408
0.350
0.292
0.233
0.175
0.117
0.058
0

10μm

（a）焊态

（b）焊后热处理态

图 3-9   宏观应变为 0.1 时的等效塑性应变（PEEQ）分布

从以上分析可知，组织不均匀性会引起焊缝金属组织上的不均匀微观塑性变形。除此之外，多相材料中微观组织的力学性能差异也会导致组织上的应力分布不均，进而对焊缝金属的韧性产生影响。图 3-10 为同等宏观应变条件下所拟出的焊态与焊后热处理态焊缝金属内 AF 与 PF 上的米塞斯（Mises）等效应力分布情况。从图中可以看出，在焊后热处理前后，AF 上受到的微观应力均远高于 PF。由于 AF 的屈服强度高于 PF，在受力的过程中，PF 首先发生屈服产生塑性变形，从而释放应力使应力程度降低。而在此过程中，AF 仍未发生变形，应力持续升高。因此，硬相 AF 所受应力高于软相 PF，AF 与 PF 发生应力分割现象。对比焊后热处理前后，在相同的外界应变条件下，焊后热处理使 AF 与 PF 上所受的应力均发生下降。由于两相的屈服强度在热处理后均发生降低，在受外力时，只要达到较低的应力便会使两相发生变形而释放应力，从而使所受应力降低。另外，经统计计算，热处理前后 AF 所受平均应力由 742 MPa 下降到 536 MPa，而 PF 上的平均应力由 604 MPa 下降到 431 MPa。可见，焊后热处理引起组织不均匀性降低会使两相上的应力分布差距变小，即显微应力分布在焊后热处理后发生均匀化，减少了组织不均匀性引起的应力集中。

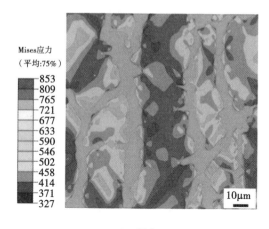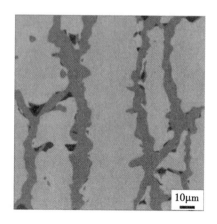

Mises应力
（平均:75%）

853
809
765
721
677
633
590
546
502
458
414
371
327

10μm

10μm

（a）焊态　　　　　　　　　　　　　　（b）焊后热处理态

图 3-10　宏观应变为 0.1 时的米塞斯（Mises）等效应力分布

三、应变时效脆化

在实际焊接作业过程中，大多数均采用多层多道焊，每一道随着停留时间的延长，温度会逐渐下降。随着与后一道的距离增加，焊缝金属内的温度降低。相邻各道之间有依次热处理作用，因此，多层多道焊焊缝金属在不断冷却和热传递升温的过程中，使焊缝金属处于应变时效温度条件下的时间较长。另外，对焊接过程中通过加马板来施加拘束条件的多层多道焊接接头来说，由于焊接过程中的拘束应力作用，焊缝金属中会发生动态热应变的过程。因此，焊缝金属状态满足应变时效过程发生的条件。

从微观机理上讲，应变时效的产生主要是固溶碳、氮原子与位错发生交互作用的结果。在此过程中，预应变导致位错密度增加，使碳、氮原子的扩散路径缩短；时效温度加快了原子扩散，促进间隙原子在位错附近富集成为柯氏气团钉扎位错；随着原子偏聚程度的增大，位错线周围过饱和的碳、氮溶质原子形成碳氮化合物沉淀析出，进一步促使应变时效产生，导致金属材料脆化。

根据时效过程发生的条件，可将应变时效分为动态应变时效和静态应变时效。动态应变时效是指金属材料在塑性变形的同时发生时效的现象，是由运动位错与溶质原子的交互作用导致的强度、塑性表现出反常特征[68]。许多重要的工业合金，如 Al, Ti, V, Cu 等会在一定温度范围内、一定变形速率下发生动态应变时效现象[69]，主要表现为在应力-应变曲线上出现锯齿波、材料抗拉强度改变等[70]。静态应变时效是指材料经过冷塑性变形之后，在室温下放置较长时间或稍经加热后，由于 C，N 原子向位错处扩散偏聚而产生的时效过程，主要表现为材料强度、硬度升高而塑性和韧性下降。

应变时效是与时间和温度有关的过程，它出现的原因是低碳钢在塑性变形过程中，位错挣脱碳氮间隙原子形成的柯氏气团的钉扎而运动，若停止变形并卸载试件放置一段时间，或试件稍经加热，则存在于铁素体晶格中的碳、氮间隙原子又通过扩散重新偏聚于位错周围，形成柯氏气团。应变时效的产生对碳钢力学性能产生的影响通常是不利的。

第一，应变时效使经过预应变的低碳钢重新出现屈服现象，即在其过程应力-应变上出现上下屈服点和屈服平台[71]。对于管线钢而言，当拉伸曲线上出现屈服平台时，其变形能力会对管线钢的内部压力和几何缺陷异常敏感[72]。

第二，应变时效提高了材料的屈强比[73]。应变时效对低碳钢的屈服强度提高明显，但对抗拉强度影响较小，因此提高了材料的屈强比。屈强比高意味着屈服强度和抗拉强度间的差值较小，在材料所受外加应力达到抗拉强度即发生破坏之前，可发生的塑性变形量减小，即塑性变形容量减小。

第三，应变时效会增加钢的冷脆倾向，提高钢的韧脆转变温度[74]。应变时效对室温下材料的塑韧性影响不大，但当温度降低时，可能会由微孔聚集型的塑性断裂方式转变为脆性解理断裂，韧性值急剧降低。在实际工程中，一些结构因时效而出现突然断裂的状况屡见不鲜，因此对低碳钢的应变时效现象应给予足够重视。

随应变时效时间增长或时效温度升高，低碳钢材料内部发生的微观组织行为主要有以下两个过程，首先是碳氮间隙原子重新向位错处扩散偏聚，形成柯氏气团钉扎位错[75]。随时效进行到一定程度，碳氮间隙原子聚集过饱和后，便形成碳氮化物沉淀析出，进一步加大应变时效程度[76]。材料的内耗对其内部碳原子的行为非常敏感[77]，因此在研究中常采用内耗-温度谱法来研究材料在应变时效过程中碳原子的扩散和析出行为[78-80]。内耗-温度谱中 SKK 峰高与金属晶格中固溶间隙碳原子含量成正比，Yuan 等[81]利用内耗-温度谱法结合透射电子显微镜观察，证实了在冷轧低碳钢经预应变后的时效过程中，随时效时间和温度的提高，依次发生碳原子偏聚、碳化物析出、碳化物粗化的过程。另外，晶格点阵常数是晶体材料的重要参量，它随材料的化学成分和外界条件的变化而变化。合金在通常情况下都是固溶体，若固溶体中溶入了异类原子，而基体的原子半径与这些异类原子的原子半径存在差异，则会导致基体的晶格畸变，晶格常数发生变化[82]。当碳氮等间隙原子固溶进或析出晶格时，也会导致晶格常数增大或减小。因此，可通过检测材料晶格常数的变化情况来确定碳原子在应变时效过程中的沉淀析出行为[83]。

张才毅等[84]对高强度低温韧性船板钢的应变时效进行了研究。他研究了2.5%，5.0%，7.5%，10.0%不同拉伸应变经250℃时效处理1 h后的应变时效过程对TMCP工艺轧制68 mm厚EH40高强钢板钢的强度、塑性、低温韧脆转变温度的影响，并考虑钢板的厚度效应，对板厚1/4和1/2位置分别进行研究。结果表明，68 mm厚EH40高强船板的应变时效性能优异，经2.5%~10.0%预应变并在250℃时效1 h后，钢板板厚1/2和1/4位置在−40℃下低温冲击功皆在200 J以上。随着预应变量的增加，应变时效后钢板的强度升高、屈强比增加、伸长率下降，拉伸曲线逐渐由拱顶型屈服曲线转变成吕德斯延伸型曲线[85]。

温永红等[86]针对F40级船板钢的应变时效行为展开了研究，试验分为两阶段：第一阶段对试件进行10%预应变的拉伸并在250℃中保温1 h，然后室温冷却；第二阶段对试件进行0，−20，−40，−60，−80℃的冲击功试验。并通过电子显微镜对试件的微观组织进行了观察。结果表明，应变时效后试件硬度提高，冲击韧性降低，但试件的显微组织并没有发生显著变化，氮元素在试件中以化合态存在，并未对试件的性能产生显著影响。

谢文江等[87]针对高钢级管线钢的应变时效行为展开了研究，对X80级别SSAW焊管和LSAW焊管进行了时效条件为250℃，5 min的纵向和横向拉伸试验，结果表明，应变时效使钢管换向拉伸屈服强度和屈强比大幅提高，起到提高管线钢内压力的作用。但应变时效会引起管线钢环焊缝与钢管母材强度不匹配，可能会导致过强匹配变为等强匹配甚至欠匹配，导致焊缝缺陷容许限度降低。应变时效使钢管变形能力大幅下降，钢管的抗疲劳能力也明显下降。

吴青松等[88]通过拉伸试验和显微组织观察对双相钢和低合金高强钢展开了应变时效行为的研究，试验选取预拉伸应变量为2%，时效为在170℃下加热20 min。研究结果表明，双相钢试件在2%预应变下屈服强度提高106 MPa，伸长率和应变硬化指数降低；在2%预应变的基础上再在170℃下加热20 min，双相钢屈服强度提高值则达到149 MPa。低合金高强钢在2%预应变下屈服强度仅提高了28 MPa，在2%预应变的基础上再在170℃下加热20 min，低合金高强钢仅提高了66 MPa，伸长率和应变硬化指数也相应降低。由于双相钢有较多铁素体和马氏体，双相钢的应变硬化能力比低合金高强钢更强。

张伟卫等[89]针对X100管线钢展开了应变时效的研究，对X100管线钢进行了不同预应变和不同温度的试验，预应变分为1%和3%，温度分为180，200，220，250℃。为了更全面地研究管线钢，对管线钢横向和纵向的力学性能均开展了研究，研究结果表明，应变时效使X100管线钢屈服强度、抗拉强度以及屈强比均提高；应变时效对X100管线钢纵向力学性能的影响比横向力学性能的影响更大；预应变在1%时，组织无明显变化，预应变在3%时，碳原子的错位钉扎加剧。

高建忠等[90]针对国产X80管线钢的应变时效展开研究，对国产X80管线钢进行了不同应变时效的试验。结果表明，当不对试件施加预应变，仅升温并不会造成试件的应变时效；当温度为210℃、预应变为1%时，X80管线钢试件屈服强度和屈强比均提高6%，直缝埋弧焊管试件屈服强度和屈强比分别提高9.5%和9.6%；降低加热温度、缩短加热时间以及降低含碳、氮量等均是降低X80管线钢应变时效的有效措施。

高杉杉等[91]对L485管线钢焊接接头进行应变时效研究，随着预应变程度的增加，热影响区的软化现象消失，断裂韧性呈下降趋势。与原始状态相比，当应变程度为0.5%和1.0%时，焊缝金属断裂韧性分别下降12.6%和25.9%；HAZ断裂韧性分别下降15.2%和56.4%。研究发现，位错密度增大（图3-11），焊接接头应变集中程度伴随着几何必要位错密度的增加是焊接接头塑性变形能力下降、断裂韧性恶化的主要原因。

（a）原始状态焊缝　　　　　（b）0.5%+250℃，1 h　　　（c）1.0%+250℃，1 h应变时效
　　　　　　　　　　　　　　应变时效后焊缝　　　　　　后焊缝局部和平均取向差图

(d)原始状态焊缝　　　　　(e)0.5%+250 ℃,1 h　　　　　(f)1.0%+250 ℃,1 h
　　　　　　　　　　　　　应变时效后焊缝　　　　　　　　应变时效后焊缝

图 3-11　应变时效前后焊缝金属 EBSD 分析结果——晶体学取向图

◆ 参考文献

[1]　王树立,高玉明,赵会军.油气储运工程焊接与施工[M].北京:化学工业出版社,2007.

[2]　黄志潜.管道完整性及其管理[J].焊管,2004(3):1-8.

[3]　李鹤林.油气管道运行安全与完整性管理[J].石油科技论坛,2007,26(2):18-25.

[4]　陈安琦,马卫锋,任俊杰,等.高钢级管道环焊缝缺陷修复问题初探[J].天然气与石油,2017,35(5):12-17.

[5]　王炳英.X80 管线钢焊接管道应力腐蚀和断裂安全评定研究[D].天津:天津大学,2007.

[6]　HÜTTER G,ZYBELL L,KUNA M.Micromechanical modeling of crack propagation with competing ductile and cleavage failure[J].Procedia materials science,2014,3(26):428-433.

[7]　毕宗岳,杨军,牛靖,等.X100 高强管线钢焊接接头的断裂韧性[J].金属学报,2013,49(5):576-582.

[8]　罗金恒,赵新伟,李新华,等.X80 管线钢断裂韧性研究[J].压力容器,2007,24(8):6-9.

[9]　金属材料　准静态断裂韧度的统一试验方法:GB/T 21143—2014[S].北

京:中国标准出版社,2015.

[10] VERSTRAETE M A,DENYS R M,VAN MINNEBRUGGEN K,et al.Determination of CTOD resistance curves in side-grooved single-edge notch tensil specimens using full field deformation measurements[J].Engineering fracture mechanics,2013,110:12-22.

[11] SHIH C F.Relationships between the J-integral and the crack opening displacement for stationary and extending cracks[J].Solids,1981,29(4):305-326.

[12] FAIRCHILD D P,TANG H,SHAFROVA S Y,et al.Observations on the design,execution,and use of full-scale testing for strain-based design pipelines:Proceedings of the Twenty-fourth(2014)International Ocean and Polar Engineering Conference[C].2014.

[13] CHENG W,TANG H,GIOIELLI P C,et al.Test methods for characterization of strain capacity:comparison of r-curves from SENT/CWP/FS tests[C].2009.

[14] WANG Y Y,LIU M,CHEN Y S,et al.Effects of geometry,temperature,and test procedure on reported failure strains from simulated wide plate tests:2006 International Pipeline Conference[C].2006.

[15] FONZO A,MELIS G,VITO LFD,et al.Measurement of fracture resistance of pipelines for strain based design:17th JTM[C].2009.

[16] TANG H,MACIA M,MINNAAR K,et al.Development of the SENT test for strain-based design of welded pipelines:Proceedings of the ASME International Pipeline Conference[C].2010.

[17] KALYANAM S,WILKOWSKI G M,SHIM D J,et al.Why conduct sen(t)tests and considerations in conducting/analyzing sen(t)testing:Proceedings of the 8th International Pipeline Conference[C].2010.

[18] SHENX G,TYSON W R.Crack size evaluation using unloading compliance in single-specimen single-edge notched tension fracture toughness testing[J].Journal of testing and evaluation,2009,37(4):347-357.

[19] Fracture control for pipeline installation methods introducing cyclic plastic strain:DNV-RP-F108[S].2006.

[20]　李为卫,冯耀荣,高惠临.X80 管线钢不同组织形态的显微结构特征研究[J].石油管材与仪器,2015,1(1):36-42.

[21]　彭涛,高惠临.管线钢显微组织的基本特征[J].焊管,2010,33(7):5-11.

[22]　靳芳芳,李钧正,刘守显.X70 管线钢连续冷却转变规律的试验研究[J].金属世界,2015(2):21-24.

[23]　张红梅,许云波,刘振宇,等.控制冷却对管线钢 X65 组织细化与性能的影响[J].东北大学学报(自然科学版),2007,28(3):349-353.

[24]　刘宏玉,吴开明,雷应华,等.等温热处理对 30MnVS 显微组织及硬度的影响[J].物理测试,2007,25(6):1-5.

[25]　张伟卫,王海涛,张继明,等.X100 管线钢加工过程中组织变化的热模拟研究[J].焊管,2015(2):11-15.

[26]　石淑琴,陈光.超细晶超高碳钢的制备工艺研究[J].国外金属热处理,2005,26(4):33-35.

[27]　梁耀能.机械工程材料[M].广州:华南理工大学出版社,2011.

[28]　徐国义,徐征,丁霖溥.铸态贝氏体钢耙片组织与性能的研究[J].热加工工艺,2002,31(6):30-32.

[29]　康沫狂.贝氏体相变理论研究工作的主要回顾[J].材料热处理学报,2000,21(2):2-9.

[30]　孙宜强.高强度低碳贝氏体钢组织与强化机理[D].武汉:武汉科技大学,2011.

[31]　姜伟之,赵时熙,王春生,等.工程材料的力学性能:修订版[M].北京:北京航空航天大学出版社,2000.

[32]　赵婷.超细铁素体+低温贝氏体双相钢的制备及力学性能[D].秦皇岛:燕山大学,2015.

[33]　赵运堂,尚成嘉,杨善武,等.低碳微合金钢在过冷奥氏体亚稳定区的转变[J].工程科学学报,2007,29(7):694-698.

[34]　马朝晖.X70 管线钢管自保护药芯焊丝环焊缝韧化行为研究[J].焊接学报,2004,43(4):21-24.

[35]　姚成武.X80 管线钢用埋弧焊接材料的研制[D].西安:西安理工大学,2006.

[36]　李继红,张亮,张敏.X100 管线钢埋弧焊焊接接头的力学性能分析[J].热

加工工艺,2013,42(11):159-160.

[37] 张敏,李琳,李继红.焊接热过程对 X100 管线钢焊缝组织性能的影响[J].兵器材料科学与工程,2013,36(1):7-10.

[38] FAIRCHILD D P,MACIA M L,BANGARU N V,et al.Girth welding development for X120 linepipe[J].International journal of offshore and polar engineering,2004,14(1):18-28.

[39] FUKUHISA M,KENJI I,LIAO J S.Weld HAZ toughness and its improvement of low alloy steel SQV-2A for pressure vessels(Report 1)[J].Transactions of JWRI,1993,22(2):271-279.

[40] SUH D,KWON D,LEE S,et al.Orientation dependence of microfracture behavior in a dual-phase high-strength low-alloy steel[J].Metallurgical and materials transactions A,1997,28(2):504-509.

[41] AVRAMOVIC-CINGARA G,OSOSKOV Y,JAIN M K,et al.Effect of martensite distribution on damage behaviour in DP600 dual phase steels[J].Materials science and engineering A,2009,516(1/2):7-16.

[42] ZIAEI R S,KADKHODAPOUR J,BUTZ A.Mechanisms of void formation during tensile testing in a commercial,dual-phase steel[J].Acta materialia,2011,59(7):2575-2588.

[43] KANG J,OSOSKOV Y,EMBURY J D,et al.Digital image correlation studies for microscopic strain distribution and damage in dual phase steels[J].Scripta materialia,2007,56(11):999-1002.

[44] ALHARBI K,GHADBEIGI H,EFTHYMIADIS P,et al.Damage in dual phase steel DP1000 investigated using digital image correlation and microstructure simulation[J].Modelling and simulation in materials science and engineering,2015,23(8):1-17.

[45] LI Y J,XIE H M,LUO Q,et al.Fabrication technique of micro/nano-scale speckle patterns with focused ion beam[J].Science China physics,mechanics and astronomy,2012,55(6):1037-1044.

[46] HAN Q H,KANG Y L,HODGSON P D,et al.Quantitative measurement of strain partitioning and slip systems in a dual-phase steel[J].Scripta materialia,2013,69(1):13-16.

[47] ISHIKAWA N,YASUDA K,SUEYOSHI H,et al.Microscopic deformation and strain hardening analysis of ferrite-bainite dual-phase steels using micro-grid method[J].Acta materialia,2015,97(15):257-268.

[48] GHADBEIGI H,PINNA C,CELOTTO S,et al.Local plastic strain evolution in a high strength dual-phase steel[J].Materials science and engineering A, 2010,527(18/19):5026-5032.

[49] ALAIE A,KADKHODAPOUR J,ZIAEI RAD S,et al.Formation and coalescence of strain localized regions in ferrite phase of DP600 steels under uniaxial tensile deformation[J].Materials science and engineering A,2015,623: 133-144.

[50] JIA N,CONG Z H,SUN X,et al.An in situ high-energy X-ray diffraction study of micromechanical behavior of multiple phases in advanced high-strength steels[J].Acta materialia,2009,57(13):3965-3977.

[51] UTHAISANGSUK V,PRAHL U,BLECK W.Failure modeling of multiphase steels using representative volume elements based on real microstructures[J]. Procedia engineering,2009,1(1):171-176.

[52] KADKHODAPOUR J,BUTZ A,ZIAEI RAD S,et al.A micro mechanical study on failure initiation of dual phase steels under tension using single crystal plasticity model[J].International journal of plasticity,2011,27(7):1103-1125.

[53] YOSHIDA K,BRENNER R,BACROIX B,et al.Micromechanical modeling of the work-hardening behavior of single-and dual-phase steels under two-stage loading paths[J].Materials science and engineering A,2011,528(3):1037-1046.

[54] JI Z,YANG H,LI H W.Predicting the effects of microstructural features on strain localization of a two-phase titanium alloy[J].Materials & design,2015, 87:171-180.

[55] SHI R,NIE Z H,FAN Q B,et al.Elastic plastic deformation of TC6 titanium alloy analyzed by in-situ syn chrotron based X-ray diffraction and microstructure based finite element modeling[J].Journal of alloys and compounds, 2016,688:787-795.

［56］ SUN X,CHOI K S,LIU W N,et al.Predicting failure modes and ductility of dual phase steels using plastic strain localization［J］.International journal of plasticity,2008,25(10):1888-1909.

［57］ LIAN J,YANG H Q,VAJRAGUPTA N,et al.A method to quantitatively up-scale the damage initiation of dual-phase steels under various stress states from microscale to macroscale［J］.Computational materials science,2014,94:245-257.

［58］ MARVI-MASHHADI M,MAZINANI M,REZAEE-BAZZAZ A.FEM modeling of the flow curves and failure modes of dual phase steels with different martensite volume fractions using actual microstructure as the representative volume［J］.Computational materials science,2012,65:197-202.

［59］ PAUL S K.Real microstructure based micromechanical model to simulate microstructural level deformation behavior and failure initiation in DP 590 steel［J］.Materials & design,2013,44:397-406.

［60］ PAUL S K,KUMAR A.Micromechanics based modeling to predict flow behavior and plastic strain localization of dual phase steels［J］.Computational materials science,2012,63:66-74.

［61］ SUN X,CHOI K S,LIU W N,et al.Microstructure-based constitutive modeling of TRIP steel:Prediction of ductility and failure modes under different loading conditions［J］.Acta materialia,2009,57(8):2592-2604.

［62］ OHATA M,SUZUKI M,UI A,et al.3D-Simulation of ductile failure in two-phase structural steel with heterogeneous microstructure［J］.Engineering fracture mechanics,2010,77(2):277-284.

［63］ KADKHODAPOUR J,ANBARLOOIE B,HOSSEINI-TOUDESHKY H,et al.Simulation of shear failure in dual phase steels using localization criteria and experimental observation［J］.Computational materials science,2014,94:106-113.

［64］ JUN T S,SERNICOLA G,DUNNE F P E,et al.Local deformation mechanisms of two-phase Ti alloy［J］.Materials science and engineering A,2016,649:39-47.

［65］ GHASSEMI-ARMAKI H,BHAT S,CHEN P.Microscale-calibrated modeling of the deformation response of low-carbon martensite[J].Acta materialia, 2013,61(10):3640-3652.

[66] 张承泽.组织不均匀性对碳锰钢焊缝金属力学性能的影响[D].天津:天津大学,2017.

[67] 刘恺悦.厚板拘束焊焊缝金属的脆化机制及焊后热处理的韧化[D].天津:天津大学,2019.

[68] 钱匡武,李效琦,萧林钢,等.金属和合金中的动态应变时效现象[J].福州大学学报(自然科学版),2001(6):8-23.

[69] 姚金池,陈立佳,刘凯,等.不同热处理状态 Al-3.5Mg-0.2Sc 合金的动态应变时效行为[J].材料热处理学报,2018,39(7):36-41.

[70] 王龙,刘飞华,尤磊,等.动态应变时效对 18MND5 低合金钢材料抗拉性能的影响分析及服役安全评价[J].原子能科学技术,2018,52(10):1831-1835.

[71] 高建忠,王春芳,王长安,等.高钢级管线钢应变时效行为分析[J].材料开发与应用,2009(3):86-90.

[72] 刘翠英.X70 大变形管线钢焊接热影响区组织和性能研究[D].天津:天津大学,2014.

[73] 彭宁琦,史术华,罗登,等.应变时效对大口径 X80 管线钢拉伸性能的影响[J].机械工程材料,2018(6):42-45.

[74] 李亮,杨力能,张庶鑫,等.预应变量和时效对 X80HD2 钢厚壁大变形直缝焊管低温冲击性能的影响[J].金属热处理,2015(3):86-91.

[75] 李江华,赵征宇,杨辉,等.不同氮含量低碳钢的拉伸应变时效行为[J].物理测试,2018,36(1):12-15.

[76] 姜永文,牛涛,安成钢,等.X70 管线钢的应变时效行为[J].材料研究学报,2016,30(10):767-772.

[77] WAGNER D,ROUBIER N,PRIOUL C.Measurement of sensitivity to dynamic strain aging in C-Mn steels by internal friction experiments[J].Materials science and technology,2007,22(3):301-307.

[78] RUIZ D,RIVERA-TOVAR J L,SEGERS D,et al.Aging phenomena in high-Si steels studied by internal friction[J].Materials science and engineering A, 2006,442(1/2):462-465.

［79］ VASILYEV A A,LEE H C,KUMIN N L.Nature of strain aging stages in bake hardening steel for automotive application［J］.Materials science and engineering A,2008,485(1/2):282-289.

［80］ ZHOU H W,FANG J F,CHEN Y,et al.Internal friction studies on dynamic strain aging in P91 ferritic steel［J］.Materials science and engineering A,2016,676(16):361-365.

［81］ YUAN X F,LI W J,PANG Q H,et al.Study on the performance and strain aging behavior of solid-solution state low-carbon steel［J］.Materials science and engineering A,2018,726:282-287.

［82］ 黄继武,李周.多晶材料 X 射线衍射:实验原理、方法与应用［M］.北京:冶金工业出版社,2012.

［83］ 李苗.改进型中锰耐磨钢焊接热影响区组织和性能研究［D］.天津:天津大学,2017.

［84］ 张才毅,许中华,高珊.40 kg 级高强度低温韧性船板钢的应变时效试验研究［J］.宝钢技术,2015(2):18-22.

［85］ 张忠良.应变时效对高强建筑用热轧 H 型钢低周疲劳性能的影响［J］.锻压技术,2014,39(7):102-105.

［86］ 温永红,唐荻,武会宾,等.F40 级船板钢的应变时效行为［J］.工程科学学报,2008,30(11):1244-1248.

［87］ 谢文江,吉玲康.高钢级管线钢应变时效行为对其应用的影响［J］.石油矿场机械,2010,39(2):59-64.

［88］ 吴青松,欧阳页先.应变时效对双相钢和低合金高强钢屈服强度及应变硬化率的影响［J］.机械工程材料,2012,36(4):58-61.

［89］ 张伟卫,齐丽华,李洋,等.X100 管线钢应变时效行为研究［J］.焊管,2013,36(2):14-18.

［90］ 高建忠,王春芳,王长安,等.高钢级管线钢应变时效行为分析［J］.材料开发与应用,2009,24(3):86-90.

［91］ 高杉杉,邸新杰,利成宁,等.应变时效对高应变管线钢焊接接头断裂韧性的影响［J］.焊接学报,2021,42(10):22-28.

第四章　管线钢环焊缝焊条及药芯焊丝的发展及应用

由于油气田所处环境大多是地理、气候、地质条件恶劣，社会依托条件较差的地方，现场焊接时焊接位置复杂多变，包括平焊、立焊、仰焊、横焊或全位置等焊接位置，所以焊条电弧焊和药芯焊丝电弧焊等焊接适用性强的焊接方法具有不可替代性。本章重点介绍管线钢环焊焊条、气保护金属粉芯焊丝、自保护药芯焊丝等的发展与应用，为实际工程应用提供参考。

◆◇ 第一节　管线钢焊材的发展

目前，长输油气管线钢管根据纵向焊缝的焊接工艺不同可分为两类：直缝焊管和螺旋焊管。当钢管的壁厚超过 14 mm 时，需开 X 形坡口，采用多丝埋弧焊接工艺，先焊接内焊道，再焊接外焊道。两种不同壁厚管线钢板的坡口参数如图 4-1 所示，在实际制管时通常根据具体壁厚和使用情况来确定坡口的加工参数。在板厚较大时，外焊道通常采用双 V 形复合坡口，以减少熔敷金属填充量。

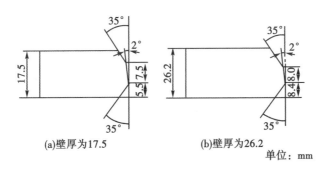

(a)壁厚为17.5　　　　(b)壁厚为26.2

单位：mm

图 4-1　纵向焊缝坡口示意图

　　螺旋焊管成型过程如图 4-2 所示，螺旋焊管多丝埋弧焊焊接位置如图 4-3 所示。在展开的钢带两侧，首先需要加工出带有 2~3 mm 钝边的双 V 形坡口，再将钢带加工成筒体并采用熔化极气体保护焊（GMAW）进行固定。内部 V 形坡口在钢管的 5 点钟位置附近用双丝或三丝螺旋埋弧焊工艺焊接；外部 V 形坡口在钢管的 1 点钟位置附近三丝或四丝螺旋埋弧焊接工艺焊接；先焊内焊道，再焊外焊道，外焊道距离内焊道约 1.5 个螺距。

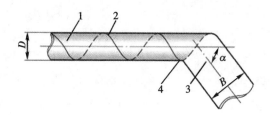

1—钢管；2—外焊 1 点钟位置；3—钢带；4—内焊 5 点钟位置。

注：D 为钢管直径，B 为钢带宽度，α 为螺旋升角

图 4-2　螺旋焊管成型过程

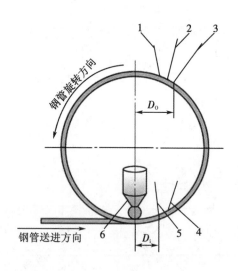

1—外焊后丝；2—外焊中丝；3—外焊前丝；

4—内焊后丝；5—内焊前丝；6—轧辊压头。

注：D_i 为内焊前丝的偏心距，D_o 为外焊前丝的偏心距

图 4-3　螺旋焊管多丝埋弧焊焊接位置

采用 UOE 成型或 JCOE 成型的直缝焊管具有制造工艺简单、生产效率高、质量稳定可靠、规格不受限制，以及易于实现流水线生产等诸多优点，因而适用于各种等级和厚度的管线钢，市场竞争优势明显。而螺旋焊管强度比直缝焊管高，残余应力低，低温冲击韧度优异；此外，还能用较窄的钢带生产直径较大的螺旋焊管，以及用同样宽度的钢带生产不同直径的螺旋焊管。因此，尽管螺旋焊管的出现晚于直缝焊管，但螺旋焊管在全球的消费总量正在不断攀升。总体来看，较小口径的管线钢管大都采用直缝埋弧焊工艺制造，而大口径管线钢管则越来越倾向于采用螺旋埋弧焊工艺制造。

为方便管道的铁路或公路运输，目前筒体的长度控制在 24 m 以内。这些筒体经过组对焊接而成，组成了覆盖全国和遍布全世界的油气输送管网。在长输管道建设工程中，环缝焊接质量是影响管道长期安全运行和使用寿命的关键因素之一。管线钢管的壁厚通常为 10~30 mm，当钢管壁厚较小时，可采用带钝边的单 V 形坡口；随着钢管壁厚的增加，通常采用复合 V 形坡口[图 4-4（a）]或 U 形坡口[见图 4-4（b）]，以利于减少熔敷金属的填充量，提高焊接效率。

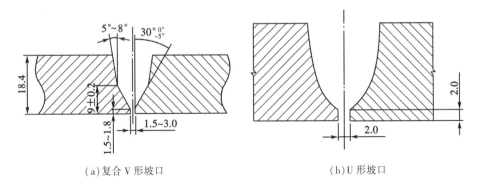

（a）复合 V 形坡口　　　　　　　　　　　　（b）U 形坡口

单位：mm

图 4-4　环焊缝坡口示意图

由于不同壁厚的环缝焊道层数各不相同，通常将位于钢管内壁的第一焊层称为根焊层。当管径足够大时，根焊层可从管道内壁施焊。从内往外，第二层称为热焊层，热焊层从管外施焊，要求与根焊层之间有足够的重熔量，避免未焊透和未熔合等焊接缺陷。此后的各焊层称为填充层，填充层的道次数与壁厚和坡口形状密切相关。最外层通常称为盖面层，以保证焊道具有足够余高，提高环缝接头强度。通常，前一焊层对后一焊层有预热作用，后一焊层对前一焊层有焊后热处理效果，尤其是对 X80 及以上钢级的管线钢，焊前预热温度和层间温度要严格控制为 150~200 ℃[1]。

随着管线工程建设技术的不断迅速发展,管线建设和运行对安全性、经济性、管线钢的质量参数、焊接质量、焊接效率和焊接技术水平都提出了更高的要求,同时,推动了焊接材料、焊接设备和焊接技术的发展,也推动了焊接工艺和焊接方法的革新和发展。

(1)传统的焊条电弧上向焊方法由于焊接速度慢、焊接质量差已不再适宜在大口径长输管线建设中应用,主要在站场施工中采用。

(2)氩弧焊焊接质量优异,焊后管内焊渣少,清洁度高,但由于其焊接速度慢,抗风能力差,不适宜在野外大口径长输管线施工中应用,仅适宜在固定场所的站场建设中采用。

(3)20 世纪 70 年代初,中国石油天然气管道局引进了欧美的焊条电弧下向焊工艺,并逐步推广到大部分管线施工企业。

(4)20 世纪 80 年代,中国石油天然气管道局又引进了半自动下向焊工艺,该工艺焊接速度快,效率高,抗风能力强,适宜在野外大口径长输管线施工中应用,并逐步推广到大部分管线施工企业。

(5)20 世纪 90 年代,管线工程建设开始大面积采用管道半自动焊接方法,到目前为止,管道半自动焊仍是长输管线施工中最主要的焊接工艺。同时,也开展了管道自动焊接的研究。

(6)21 世纪,"西气东输"管线工程成功地采用了管道自动焊接方法,大大提高了焊接质量和效率,但管道自动焊的配套设备内焊机、外焊机、坡口机对环境和钢管的要求都非常苛刻。中国石油天然气管道科学研究院和一些国外公司分别研究出了环境适应性很强的管道自动焊成套设备,在印度和俄罗斯管线工程中应用效果良好,同时,我国大型钢铁生产企业也研制出了高强度级别的管线钢,大大提高了管道自动焊水平。

现场焊接最常用的技术是纤维素焊条下向焊技术和药芯焊丝自保护半自动焊技术。该技术的引进和推广极大地提升了管线现场施工进度和焊接质量。随着现代科学技术的不断进步,自动焊接技术逐渐成为我国建设长距离大口径输气管道所必须掌握的一项先进的焊接方法,大口径管道自动焊接技术是目前较先进的一种焊接技术,不仅焊接速度快,而且焊接质量高。

管线钢和环焊技术在我国油气管道应用的里程碑工程如表 4-1 所示。

表 4-1 我国管线钢和先进环焊缝焊接技术应用的里程碑工程

建设时间	项目名称	压力/MPa	管径/mm	钢级	工程意义
1986	中沧线天然气管道	6.4	426	L360	首次应用铁粉低氢下向焊工艺
1992—1996	塔中—轮南	6.4	406	L360	首次应用国产 L360
	陕京线	6.4	660	L415	首次应用国产 L415，纤维素焊条和铁粉低氢下向焊组合工艺
	库鄯线	8.0	610	L450	首次应用国产 L450，自保护半自动焊工艺试验段
1998	郑州义马煤气管道	6.4	426	16Mn	首次应用国产自动焊设备，铜衬垫内对口器和单焊炬外焊机
1999	港京复线天然气管道	6.4	711	L450	首次应用进口自动焊设备，纤维素焊条根焊和单焊炬外焊机
1999—2000	涩宁兰天然气管道	6.4	660	L450	纤维素焊条根焊和自保护半自动焊
				L485	首次应用国产 L485 试验段，分别采用单焊炬自动焊和自保护半自动焊工艺。
2002—2004	西气东输天然气管道	10.0	1016	L485	规模应用国产 L485，推广使用自动焊工艺
2004—2005	西气东输冀宁支线管道	10.0	1016	L485	纤维素焊条根焊和自保护半自动焊
				L555	首次应用国产 L555 试验段，采用坡口机、单焊炬自动焊
2008—2010	西气东输二线	12.0	1219	L555	规模应用国产 L555，开始使用坡口机、内焊机和双焊炬外焊机
2015—2017	中俄原油二期	6.4	813	L450	组合自动焊应用比例达 68.8%
2016—2020	中俄东线天然气管道	12.0	1422	L555	首次应用 1422mm 钢管，自动焊应用比例达 100%

目前，我国直缝焊管和螺旋焊管的加工技术已相当成熟，但油气管道全自动焊接的应用还不是很广，管口组对与打底焊接全自动化方面的装备和技术比较薄弱。管线建设中环缝焊接以半自动焊为主，在口径较小时采用焊条电弧焊，焊道修补采用钨极氩弧焊。管线建设中最为关键的组对工序和打底焊接装

备还有许多关键技术亟待攻克。此外，与高等级管线钢相配套的焊接材料的研发也相对滞后。油气管网建设不仅为经济建设与社会发展提供和输送能源，也为改善人类居住环境、维护社会稳定和保障国家安全提供有力保障。目前，我国正在新建的油气输送主管道一般都选用 X80 或 X70 级管线钢管，支管路一般采用 X52，X60，X65 级管线钢管。选用大直径、大壁厚的高钢级管材及采用 12 MPa 以上的高压输送是石油和天然气输送管道未来发展的重要趋势[2]。环焊缝焊接工艺的发展历程如图 4-5 所示，经历了传统焊、铁粉低氢焊条下向焊、纤维素焊条下向焊、自保护药芯焊丝半自动焊、熔化极气体保护自动焊的发展历程，焊接合格率的统计方法逐渐从按照缺陷长度所占比例转变为按照不合格焊口数量所占比例，一次焊接合格率从 83% 上升到 90%（部分工程甚至为 92% 及以上）。另外，先进焊接方法带来的劳动强度降低、施工效率大幅度提高等，都标志着环焊缝焊接技术的持续改进和焊接质量的不断提高。目前，各种焊接方法在长输管线工程应用中具有各自的优缺点和适用性，如表 4-2 所示。

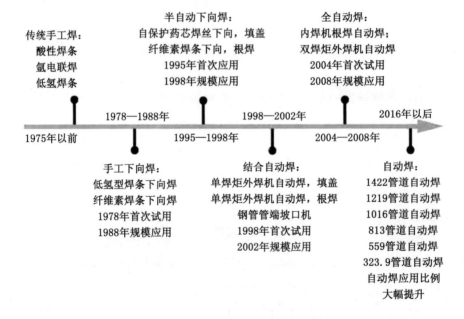

图 4-5　环焊缝焊接工艺的发展历程

表 4-2　各种焊接方法优缺点及适用性

焊接方法	优点	缺点	适用性
手工电弧焊	焊接设备简单，便于操作，可以用于各种焊接位置和操作空间	焊接操作难度大，无损检测合格率不稳定，焊接效率低	熟练的焊工，小口径管焊接，复杂的焊接位置
半自动焊	焊接设备比较简单，电弧燃烧稳定，焊接烟尘和噪声小，无损检测合格率高，焊缝成型好	半自动焊接工艺种类多、差异大，需要严格控制工艺参数与焊接环境	长输管道全位置管道焊接和野外焊接施工，一般与其他方法结合应用
自动焊	焊接设备操作简单，良好的焊接环境，无损检测合格率高，焊接效率高	焊接设备系统复杂，坡口组对质量要求高，工作的旋转空间大	有足够的操作空间，长距离大口径厚壁管道，高质量的组对装配

　　长输管道焊接用焊条目前多采用全位置下向焊焊条和传统的低氢型焊条，其执行标准为《非合金钢及细晶粒焊条》（GB/T 5117—2012）、《热强钢焊条》（GB/T 5118—2012）、*Specification for Carbon Steel Electrodes for Shielded Metal Arc Welding*（AWS A5.1—91）和 *Specification Low-Alloy Steel Electrodes for Shielded Metal Arc Welding*（AWS A5.5—96）等。全位置下向焊焊条分为两类：一类是高纤维素型的（基于管线钢 C，S 和 P 含量较低的情况可以考虑使用）。这种焊条焊接工艺性能好、熔渣量少，并且吹力较大，能防止熔渣和铁液的下淌，而且具有较大的熔透能力和较快的熔敷速度。在各种位置单面焊双面成型效果好，适用于根焊和热焊。具代表性的有奥地利伯乐公司生产的 BOHLER FOX CEL（AWS A5.1—91 E6010）和 BOHLER FOX CEL 85（AWS A5.5—96 E8010-P1）焊条、美国林肯公司生产的 FLEETWELD 5P+（AWS A5.1—91 E6010）和 SHIELD ARC 70+（AWS A5.5—96 E8010-G）焊条、中国船舶集团有限公司第七二五研究所研制的 SRE425G（AWS A5.1—91 E6010）、SRE505（AWS A5.5—96 E7010-G）和 SRE555（AWS A5.5—96 E8010-G）焊条等。另一类是铁粉低氢型下向焊条。该焊条凝固速度快、铁液流动性和浸润性好、全位置焊时不易下淌、焊后焊缝金属韧性及抗裂性好，适用于各层的下向焊接。具代表性的有奥地利伯乐公司生产的 BOHLER FOX BVD 85（AWS A5.5—96 E8018-C）焊条、美国林肯公司生产的 LINCOLN LH D80（AWS A5.5—96 E8018-C）焊条。

　　对于传统的低氢型焊条，因其全位置上向根焊时的工艺性能一般，会出现引弧困难、电弧稳定性差、飞溅较大、背面成型差且极易产生气孔等焊接缺陷，故目前一般不再采用。一般用于维修、抢修和返修焊接填充盖面焊，具代表性的有四川大西洋公司生产的 CHE507GX（GB/T 5118—1995 E5015）、CHE557GX（GB/T 5118—1995 E5515）。上述常用高纤维素焊条规格一般为 $\Phi3.2$ mm、$\Phi4.0$ mm，铁粉低氢型焊条规格一般为 $\Phi4.0$ mm，普通低氢型焊条规格一般为 $\Phi3.2$ mm。

一般来讲，$R_{t0.5} \leqslant 415$ MPa 的输油、输水管道干线焊接可选择高纤维素型焊条进行各层焊接；输气管道或 $R_{t0.5} > 415$ MPa 的输油管道干线焊接可采用高纤维素型焊条根焊、热焊+低氢型下向焊条填充和盖面的复合工艺。根据焊条药皮的类型及焊接适用方法，可以将焊条分为酸性焊条、纤维素型焊条和低氢下向焊条。

药芯焊丝又称粉芯焊丝或管状焊丝，外观如同普通的 CO_2 气体实心焊丝，但内部充满药芯粉。药芯粉所起作用和涂料焊条的药皮相似，如稳定电弧，脱氧，脱硫，保护溶滴、熔池免受空气的氧化、氮化，添加合金元素，改善接头力学性能以及辅助焊缝成型等。药芯材料为根据产品用途而选择的各类金属、非金属粉末、矿物粉、化工产品以及纳米材料等，具有造气、造渣、脱氧和合金过渡等作用[3-5]。

药芯焊丝与实心焊丝的相同之处如下。

（1）与手工电弧焊焊条相比，可实现高效焊接。

（2）容易实现自动化、机械化焊接。

（3）能直接观察到电弧，容易控制焊接状态。

（4）抗风能力较弱，存在保护不良的危险。

除此之外，药芯焊丝与实心焊丝相比具有熔敷速度快、焊接质量好、经济性好以及对各种管材的适应性强（其药粉成分可以方便地加以调整）等优点。因此，药芯焊丝半自动焊作为一种重要的管道焊接方法近年来在 X80 钢管道环焊缝的现场焊接中也得到了应用[6]。

药芯焊丝电弧焊有两种焊接形式：一是在焊接过程中使用外加保护气体，称为药芯焊丝气体保护焊；二是不用外加保护气体，只靠焊丝内部的粉剂燃烧与分解所产生的气体和焊渣作保护的焊接，称为自保护电弧焊。根据焊接时是否需要保护气体分为自保护药芯焊丝和气保护药芯焊丝[7]。

最早的药芯焊丝出现于 20 世纪 20 年代，由美国和德国生产[8]。其使用方式不同于现代的盘状焊丝，当时的药芯焊丝是将药芯粉灌入钢管，切成长段，用氧乙炔焊接，与现代的管状焊条极为相似。由于其本身产生的保护的效果不够理想，因此不能获得高质量的焊缝金属。而且药芯焊丝制造工艺复杂、生产成本高，并且由于在20世纪20年代末期发展了涂料焊条，20世纪30年代又发展了埋弧焊接技术，于是人们对药芯焊丝的兴趣减退了。直到1948年出现了气体保护熔化极电弧焊接方法（MIG），并提供了连续送丝焊接设备，才使药芯焊丝在工业上的应用成为可能。但是1956年以前，药芯焊丝在商业上还未广泛供应，直到20世纪60年代初期才在钢材焊接方面崭露头角，成为最有发展前途的焊接材料[9]。随着2.0 mm以下细直径全位置药芯焊丝的出现，药芯焊丝进入高速发展阶段。近几年，发达国家药芯焊丝的用量占焊接材料总量的20%~40%且仍处在稳步上升阶段。焊条、实心焊丝、药芯焊丝三大类焊接材料中，焊条年消耗量呈逐年下降的趋势，实心焊丝年消耗量进入平稳发展阶段，而药芯焊丝无论是在品种、规格还是在用量等各方面仍具有较大的发展空间[10]。

目前，药芯焊丝在欧洲、美国、日本、韩国等地得到飞速发展，逐步成为焊接工业的主导产品。以日本为例，日本的药芯焊丝除主要用于造船外，还用于桥梁、建筑机械、工程机械、汽车及其他焊接厚板的工业。日本共有80余种药芯焊丝。神钢公司的产品就有50多种，其中气体保护焊丝占多数，自保护焊丝占少数，仅有6种。其焊丝牌号一般以"I DW""MX""OW"开头。气体保护焊药芯焊丝的品种齐全，适用于各级别钢种、各种板厚、各种接头形式的焊接，可用于平焊、立焊、横焊和全位置焊接。渣系以氧化钛型为主。新日铁焊接公司的药芯焊丝品种也较多，共有30种，牌号多以"YM"开头，其中气体保护结构钢药芯焊丝6种；气体保护不锈钢、耐热钢、耐腐蚀钢专用药芯焊丝13种；气体保护堆焊用药芯焊丝5种；自保护药芯焊丝6种[11]。

20世纪60年代，我国开始研究有关药芯焊丝的相关技术以及制造设备。20世纪80年代初，国内在以宝山钢铁公司为代表的一批重大工程项目中开始使用药芯焊丝（几乎全部为国外产品），这对药芯焊丝的推广使用起到了积极的推进作用。20世纪90年代，随着世界造船工业中心向我国转移，我国药芯焊丝应用进入快速增长期。2000年，药芯焊丝用量不足1万t，其中近80%是进口产品，到2005年药芯焊丝用量超过8万t，其中近5万t是国产药芯焊丝[7]。近年来，药芯焊丝在造船业已逐步成为主力焊接材料，在大型造船厂，其用量占焊接材料总量超过50%，焊条用量不足10%。随着冶金行业快速发展，连铸连轧技术及其装备的引进、消化、吸收以及国产化，对各类轧辊的需求量快速增长。另外，人们日益关注环境问题、能源资源问题，利用堆焊技术制造、修复各类轧辊逐渐形成相当规模的产业，对各类堆焊用药芯焊丝形成强烈市场需求[8]。在建筑行业，国家大剧院、国家体育馆等大型、重型钢结构的建设，带动了该行业药芯焊丝的应用。此外，石化行业压力容器对焊接材料有着苛刻要求，药芯焊丝也逐步被工程界接受。尽管"十五"期间药芯焊丝有了长足的进步，但8万t的用量和260万t的焊接材料总量相比，仅占3%，与发达国家相比差距甚远[12]。此外，国产药芯焊丝在品种方面也不能满足国内市场的需求。然而，从近几年国产药芯焊丝的发展趋势可以看出，国产药芯焊丝及其相关技术已经成熟，今后几年我国的药芯焊丝技术及应用将进入高速发展阶段。总之，药芯焊丝是21世纪最具发展前景的高技术发展材料，因为其明显的技术和经济方面的优势将逐步成为焊接材料的主导产品。

◆◇ 第二节　管线钢环焊缝焊条

一、酸/碱性焊条

在焊接过程中，焊条涂药在电弧高温作用下将全部熔化，有的变成气体排入空气或进入焊缝，有的形成熔渣覆盖在焊缝金属表面或进入焊缝金属。进入焊缝内的气体、金属或非金属的化合物，有的有有益作用，如向焊缝掺入合金以提高焊缝质量；有的有有害作用，如气体形成焊缝中的气孔，金属或非金属的杂质形成焊缝中的夹渣。焊条涂药的这几个去向中绝大部分都是形成各种成分的氧化物熔渣覆盖在焊缝表面。其中有酸性氧化物、碱性氧化物和中性氧化物。常见熔渣的酸、碱性如下[13]：

酸性氧化物：SiO_2，TiO_2，P_2O_5，B_2O_3。

碱性氧化物：FeO，CaO，MnO，MgO。

中性氧化物：Al_2O_3，Fe_2O_3，Cr_2O_3。

焊接熔渣中全部酸性氧化物的总重量与全部碱性氧化物的总重量的比值叫作焊接熔渣的酸度，可用下式表示[14]：

酸度(K) = 全部酸性氧化物的总重量/全部碱性氧化物的总重量

当酸度(K)大于1时，熔渣为酸性；当酸度(K)小于1时，熔渣为碱性。

酸、碱性焊条就是根据其涂药熔化后熔渣的酸度确定的。

目前，我国将焊条药皮类型分成八类，即氧化钛型、氧化钛钙型、钛铁矿型、氧化铁型、纤维素型、低氢型、石墨型、盐基型。

酸、碱性焊条尽管抗拉强度相同，但碱性焊条的延伸率比酸性焊条高，冲击韧性也较高，碱性焊条涂药形成的熔渣主要成分为 CaO，CaF_2。其中，碱性氧化物占大部分。由于焊条涂药中不加有机物，从药皮中带入的氢极少，并有较多的萤石用来去氢，故焊缝含氢量低，低氢型焊条由此得名。

酸性焊条涂药形成的熔渣主要成分为 TiO_2，SiO_2 等酸性氧化物。焊接工艺性能较好，电弧稳定，飞溅较小，脱渣容易，熔深适中或较浅，焊缝成型好，交、直流电两用。适合于全位置焊，而且焊接时有害气体少。由于酸性焊条的氧化性强，对气孔敏感性小，故焊接时对焊条烘干、焊件清洁及焊接规范的选择都不是很严格。但由于酸性渣脱硫、磷能力差，药皮燃烧后放出氧量多，合金元素氧化烧损大，掺合金效果差，故焊缝金属的机械性能和抗裂性能较差。适宜焊强度较低的不太重要的结构和坡口无法清理干净的焊件。由于酸性焊条焊接产生的气体较少，因此在通风不良的地方进行焊接作业也尽量采用酸性焊条[15]。

由于碱性焊条在焊接冶金过程中脱硫、去磷、脱氧较完全，涂药中放出的氧少，合金元素的氧化烧损不大，掺合金的效果好，故焊缝的机械性能好，强度、塑性、韧性等指标均较高，并具有良好的抗裂性能。适宜焊各种低合金钢、合金钢、中碳钢、铸钢，也适宜焊各种几何形状复杂、大厚度、大刚度的焊件以及焊接结构十分重要、承受动载荷的焊件。此外，碱性焊条也可适用于全位置焊接。但因药皮中萤石较多，降低了电弧稳定性，因此碱性焊条要求直流反接施焊。碱性焊条对气孔敏感性大，要求在焊接作业前严格烘干焊条、清洁焊件，并进行短弧操作。此外，碱性焊条焊接工艺性能较差，在焊接过程中容易出现飞溅较大、焊道较高、成型粗糙、脱渣较困难等问题。此外，焊接时会产生有毒的氟化物烟尘，对人体健康有害，因此必须加强焊接场所的通风排气。对于焊接设备而言，药皮中加入一定的稳弧剂，勉强可用交流机施焊，但要求焊机的空载电压较高。

由于我国对管道运输的需求量逐渐增多，管道厚度、宽度逐渐变大，且对管道的强度要求越来越高，因此逐渐放弃使用酸性焊条进行焊接，开始使用碱性焊条进行焊接，从而使获得的焊缝具有更好的机械性能和良好的抗开裂性能。长输管道工程是一项现场焊接安装工程，这种焊接是在复杂的气候和地域条件以及不稳定的机械负荷和环境作用下进行的，在现场管道环焊对接方面，目前国内外所采用的主要焊接工艺方法是纤维素型焊条或低氢型焊条手工下向焊，以及半自动、全自动气体保护焊和自保护药芯焊丝自动焊。世界各国还发展了许多其他特种管道现场连接技术，其中包括爆炸焊、电子束焊、激光焊、闪光对焊、摩擦焊、旋弧焊、活性气体保护锻焊等[16]。

二、低氢型下向焊条

我国长输管道工程焊接在 20 世纪 80 年代以前全部采用焊条电弧上向焊技术。于 20 世纪 80 年代引进了焊条下向焊技术，采用的是纤维素焊条。于 20 世纪 90 年代引进了自保护药芯焊丝下向焊技术。纤维素焊条下向焊具有工艺性能好、操作简单、焊接效率高(与焊条上向焊相比)、焊缝无损检测合格率高等优点，很快得到了推广。自保护药芯焊丝下向焊具有焊接效率更高，焊缝无损检测合格率也更高，操作较为简单，无须外加保护气体和在常规情况下不需采取防风措施等优点，所以得到了更快的推广。截至 2017 年，80%以上的长输管道工程采用自保护药芯焊丝焊接。但是，纤维素焊条和自保护药芯焊丝也存在缺点，纤维素焊条焊接的焊缝含氢量高，焊缝的塑性和韧性较差。自保护药芯焊丝焊接的焊缝存在不适应根焊道焊接和焊缝冲击功离散率较大的缺点。

随着长输管道的输送量、输送压力和对输送安全要求的不断提高，对管线钢的强度、韧性的要求越来越高，随之而来的是对焊接接头的性能也提出了更高的要求。目前我国大直径长输管道大部分采用的是 X80 钢，纤维素焊条已不能满足 X80 钢对塑性和韧性的要求。

目前，我国 X80 钢根焊道的焊接只能采用管道全位置自动焊、STT 和 RMD 半自动焊、钨极氩弧焊、焊条电弧焊等工艺，管道全位置自动焊存在设备昂贵和适应性差的缺点。对于主线路而言，综合考虑工期和成本，一般希望采用效率高的焊接方法，如采用 STT 根焊配合低氢焊条或焊丝，或采用米勒的 RMD 半自动根焊配合低氢焊条或焊丝；而对于返修或连接头等不规则的焊接部位，半自动设备的应用往往对接头的装配要求较严格，否则易于出现缺陷，而体现不出其优点。钨极氩弧焊的主要缺点是抗风能力差和焊接效率低等。此时采用焊条既方便、可焊性好，又易于控制质量，因此在西气东输二线的焊接中大量采用了低氢焊条进行根焊[17]。

低氢焊条电弧焊虽然操作难度大，焊接效率也不高，但其具有灵活性强、焊接接头力学性能好和设备简单等优点。所以，焊条电弧焊特别适合返修、连头和不良地段的焊接。而且管道焊接要求高效优质，国外以往是采用纤维素型立向下焊条。但对于高强管线钢(尤其是输气管)及寒冷地区的现场焊接，该焊条的扩散氢量为 30~40 mL/100g，易产生焊接裂纹，而且低温韧性变差。为避免上述缺陷，须严格控制预热温度、层间温度及封底层与第二层焊道之间的时间间隔，这种严苛的焊接方案给施工带来很大困难。因此，近年来国内外都在致力于发展专用的低氢型立向下焊条。

由于低氢型焊条焊接接头的力学性能特别是抗裂性能较纤维素焊条高，但工艺性能较纤维素焊条要差，所以焊前准备要比纤维素焊条更加认真细致。低氢焊条的抗风能力较差，焊接环境的风速不应超过 5 m/s，当风速超过 5 m/s 时，必须采取防风措施(如加防风棚或将管道的两端封住等)，否则应停止焊接[18]。

向下立焊操作工艺性难度较大，要求不淌熔渣、不淌铁水、熔渣覆盖均匀。因此，要求渣的黏度与表面张力应较大，而渣与液态金属间的界面张力则较小。同时，要求电弧稳定性高，且应适当提高渣的熔点以增长套筒，使电弧的吹力大、挺度高。这样才能托住熔渣和铁水，保证焊缝成型好。所以在低氢型焊条制备过程中，需增加药皮中的碳酸盐，减少萤石，严格控制石英、水玻璃和钛白粉含量，并加少量赤铁矿，以便使熔渣获得上述性能要求。为更好地避免淌渣，应减少渣的生成量，使药皮重量系数降至 0.23~0.33。在调整配方时还需考虑根部焊道的焊透及反面成型。此外，对于配方，应保证焊条具有良好的冶金性能，特别是由于药皮中萤石少，需加强去氢，确保熔敷金属每 100 g 扩散氢量低于 5 mL。

在低氢型焊条药皮中加入锰铁、硅铁、镍粉、钼铁、石墨、镁粉等，对熔敷金属力学性能有一定的影响。Mn 属于奥氏体化元素，主要作用是固溶强化、脱氧和脱硫、提高强度和抗裂性。Si 作为脱氧剂，与 Mn 联合脱氧，也具有置换固溶强化的作用，但 Si 含量过大会促进石墨化，导致低温韧性降低。Ni 作为一种很好的扩大奥氏体区的元素，可完全溶入奥氏体内，降低奥氏体向铁素体转变的温度，抑制先共析铁素体和侧板条铁素体的形成，对焊缝的韧性是有利的。另外，随着 Ni 含量的增加，材料的强度和塑性均略有提高，尤其低温韧性提高较大，这是由于 Ni 在钢中只形成固溶体，并且固溶强化不明显，而主要是通过塑性变形时增加晶格滑移面来提高材料塑性[18]。

低氢型焊条中的成分及其作用如下。

(1)大理石。在低氢型焊条中，改变大理石含量也会改变 $CaF_2/CaCO_3$ 值。随着大理石含量增多，药皮熔点升高，套筒变长，电弧吹力增大且挺度高，有利于下向焊时克服铁水和渣的重力作用，使渣和铁水不下淌。但飞溅随电弧吹力和渣黏度的增大而加剧。当大理石含量不足，$CaF_2/CaCO_3$ 值高，渣黏度与表面张力小，易淌渣。大理石含量增多，渣黏度与表面张力增大。渣黏度与表面张力随硅铁减少和钛铁增多而增大，但若相应升高 $CaF_2/CaCO_3$ 值，则由于 CaF_2 的稀渣作用加强而改善了渣成型。此外，不同碳酸盐对工艺性能有影响。若采用 $BaCO_3$ 代替部分 $CaCO_3$，由于 $BaCO_3$ 分解温度高（1360 ℃），比 $CaCO_3$（545 ℃）稳定，则分解温度区间变宽而加强了对焊缝区的保护。$BaCO_3$ 分解形成的 BaO 的熔点较低（1918 ℃），进一步改善了渣的覆盖性与焊缝成型，加入 $BaCO_3$ 还可使电弧变得较为柔和[19]。

(2)萤石。随着萤石含量增多，电弧稳定性和挺度降低，飞溅也有所增大。但萤石有稀渣和去氢作用，可改善液态渣与金属的润湿性，并提高抗气孔性。萤石过多时，易淌渣，焊缝中部裸露，脱渣困难。另外，不同氟化物有不同影响，如用等量的 AlF_3 代替 CaF_2，可有效地提高去氢能力。因 AlF_3 不仅有较强稀渣作用，且其沸点（1260 ℃）远比 CaF_2 沸点（2500 ℃）低，除加萤石外，加少量 AlF_3 也可提高去氢能力[20]。

(3)钛铁。钛铁为脱氧剂，但随着钛铁量增多，渣呈团块状。这是因为配方中已加大量 $CaCO_3$，若再增加钛铁，则由于钛铁中的铝形成高熔点的 Al_2O_3，而进一步增大渣的黏度与表面张力，更促使渣呈团块状。同时，钛铁中的铁氧化成 FeO，使焊缝表面形成一层氧化膜，又与渣中二价氧化物 MnO，CaO 及三价氧化物 Al_2O_3 结合成尖晶石结构而使脱渣性变差。

(4)硅铁。硅铁为脱氧剂和合金剂，在碱性渣中还有稀渣作用。若用硅铁代替部分钛铁，渣呈团块状趋势减小，熔渣覆盖性、焊缝成型与脱渣性均有所改善。因为脱氧产物 SiO_2 与 CaO 形成低熔点的硅酸盐，且 SiO_2 是表面活性物质，可改善液态渣与金属的润湿性。但若焊条的硅铁过多，容易淌渣，增加焊缝含硅量而使冲击韧性降低，一般钛铁配比应为 2∶6，而硅铁为 10∶15。

在改善大理石型渣的黏度和表面张力方面，TiO_2 不如 SiO_2 的作用明显。但 TiO_2 可促使形成短渣，这对下向立焊极为有利，并可改善压涂性，钛白粉的配比为 3~6 较合适。加入石英的目的是配合 CaF_2 调整渣的性能，但应尽量少加，以免淌渣，中碳锰铁主要为合金剂，还能与硅铁联合脱氧，以进一步降低焊缝含氧量[21]。

三、纤维素型焊条

在我国，由于制管机组落后及其他原因，国产钢管管径的误差太大，难以满足自动焊的要求，加之焊接过程的自动化程度较低，半自动、全自动气体保护和自保护药芯焊丝自动焊在我国的发展缓慢，大部分处于研制阶段。目前，我国长输管道现场焊接所采用的焊接工艺方法主要是手工向下焊[22]。

向下焊焊接工艺是从 20 世纪 60 年代中期开始逐步发展起来的一种手工电弧焊焊接工艺方法，其焊接特点是，在管道水平放置固定不动的情况下，焊接热源从顶部中心开始垂直向下焊接，一直到底部中心。其焊接部位的先后顺序是：平焊、立平焊、立焊、仰立焊、仰焊[23]。

向下焊焊接工艺采用向下焊专用焊条，向下焊焊条以其独特的药皮配方设计，与传统向上焊焊条相比，具有电弧吹力大、焊接时熔深大、打底焊时可以单面焊双面成型、焊条的熔化速度快、熔敷效率高等优点，相对于自动焊又克服了在野外较差的自然条件下使用设备复杂、操作不便的缺点[24]。因此，向下焊以其焊接质量好、焊接速度快等优点，已经广泛地用于焊接工程，尤其是大口径薄壁长输管道的焊接。

纤维素型焊条的药皮中含有大量的有机物质，所采用的有机物有木粉、淀粉、酚醛对脂粉、羧甲基纤维素、微晶纤维素等。药皮中含有较多的氧化性矿物，如钛铁矿、磁铁矿、锰矿及各种碳酸盐类，采用锰铁脱氧，钼铁或镍粉作为合金剂[25]。

在焊接时，有机物燃烧分解，产生大量气体，将焊接区周围的空气排挤掉，保护焊接区域，从而避免液态焊缝金属氮化，使其具有良好的力学性能[26]。同时，电弧中存在这些高电离电势的气体，导致高电弧电压，因而也就具有可以快速熔透的高电弧能量，这就决定了其电弧穿透能力强，熔深大[27]。

应用于管道的立向下焊纤维素型焊条，其熔渣为短渣，有合适的熔点、黏度和密度，表面张力较大。短渣的特点是高温时熔渣的流动性很好，随着温度的降低，熔渣的黏度迅速增加，熔渣的凝固速度很快[28]。由于熔渣迅速凝固成渣壳，既保证了焊缝成型，又托住了熔融金属。同时，借助焊接时产生的大量气体造成的较大的电弧吹力，既有利于熔滴过渡，增加熔深，又可克服铁水及熔渣的重力作用。气体吹力和熔渣两者共同作用，使管道下向焊接顺利进行[29]。

纤维素型焊条由于含有机物多，会相应地在焊缝中带入大量的氢，增加氢白点的敏感性，易产生气孔，特别是在焊接低合金高强钢时，容易产生延迟裂纹[30]。采用纤维素型立下向焊条能对管上出现的各种位置进行焊接，且熔敷效率高，在正确组织焊接过程的前提下，管线铺设效率大约能达到采用普通焊条上向焊时的 2~4 倍[31]。纤维素型立下向焊条还易于操作，能保证良好的根部焊透，同时对不良的施工现场条件不敏感[32]。

纤维素型下向焊条由于特殊的施焊方式和焊接特点，在工艺性能上要求必须具备足够大的电弧吹力，仅仅依靠提高药皮中造气物质的含量是远远不够的，必须综合考虑其他途径[33]。通过适当增加焊条套筒的长度，利用其对电弧较强的机械压缩作用来提高电弧吹力，就是一个非常重要而有效的途径[34]。药皮中造气物质所产生的大量气体，在电弧的作用和套筒的机械约束作用下，形成更为集中的方向性很强的高速气流，从而产生很大的电弧吹力[35]。适当长度的套筒可以保证焊条直接搭在焊件坡口上施焊而不粘条，简化了焊接操作工艺，保证了焊接质量[36]。

套筒的形成是焊芯和药皮以不同的速度熔化(药皮滞后于焊芯熔化)的结果，滞后的程度越严重，套筒越长。造成这种滞后的原因是[37]：①药皮熔点高，药皮滞后于焊芯熔化。②焊芯受热充分，熔化速度快，超前于药皮熔化。而细化熔滴是改善焊条加热结构、提高焊芯熔化速度的重要手段。

由图 4-6 可知，随着药皮中长石、石英、钛白粉含量的增加，熔滴过渡颗粒明显减小，从开始的大颗粒过渡逐渐变为均匀的细小颗粒过渡，部分还出现了渣壁过渡情况。同时，套筒长度逐渐增大，见图 4-6(b)。

结果表明，加入石英、钛白石等降低熔渣表面张力的物质，能显著细化熔滴，同时增加套筒长度[38]。从图 4-6 还可看出，长石细化熔滴的作用很明显，套筒变化也很显著。当长石含量达 25% 以上时，则出现了渣壁过渡的情况。套筒长而电弧稳定集中，吹力相当大，如图 4-7 所示[39]。同时，从图 4-7 还可看出，随着套筒长度的增加，焊条的电弧吹力也随之相应提高[40]。

焊条的加热和熔化机制与熔滴过渡形态有关[41]。在熔滴过渡时，熔滴不可能占据整个焊芯端面，弧根在套筒内。由于药皮套筒强烈的冷却压缩作用，

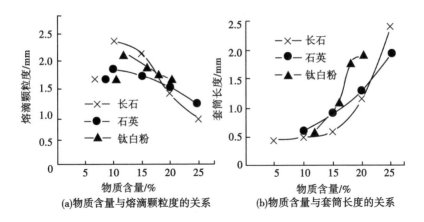

(a)物质含量与熔滴颗粒度的关系　　(b)物质含量与套筒长度的关系

图4-6　药皮配方中物质含量与熔滴颗粒度的关系及与套筒长度的关系

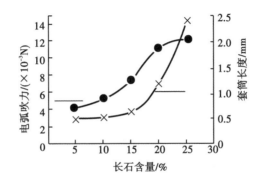

图4-7　长石含量对套筒长度和电弧吹力的影响

电弧的能量增大并直接集中加热焊芯端面[42]；熔滴尺寸小，受热时间短，携带热量少而使电弧热量更多地用于焊芯的加热和熔化。以上原因使焊芯熔化速度加快，焊芯熔化大大超前于药皮熔化而易形成长套筒[43]。此时，电弧收缩，药皮套筒内产生很强的方向性气流，电弧吹力大[44]。当粗滴过渡时，熔滴过渡频率低，粗大的熔滴长时间悬挂在焊条端头，电弧只能附在其下部(套筒外)漂移，致使热量散失。同时，粗大的熔滴在焊条端部停留时间长，容易过热，携带了较多的热量，导致用于加热和熔化焊芯的热量减少[45]。电弧对焊芯的直接加热不充分、不连续，使焊条药皮滞后于焊芯熔化的程度大大减小，因此焊条形成的套筒比较短[20]。此时，电弧发散，气流不集中，电弧吹力小，无挺度。

综上所述，可以得出如下结论[46]。

(1)高纤维素下向焊条长套筒可从以下两方面得到：①提高药皮熔化温度；②细化过渡熔滴，提高焊芯熔化速度。

（2）在焊条药皮配方中，长石、石英、钛白粉等物质均可明显细化熔滴颗粒，Mg 和 CaCO$_3$ 则使熔滴粗化。

（3）通过调整药皮配方来细化过渡熔滴是形成良好套筒、增大电弧吹力行之有效的方法[47]。

四、焊条环焊焊接工艺

下向焊焊接工艺在长输管道建设的生产实践中不断发展，早期建设的管道受管径小、压力低和冶金技术的限制，管道的现场焊接采用传统的上向焊。随着管道工业的发展，X42，X46，X52，X56 等钢管被广泛采用。20 世纪 60 年代中后期，下向焊焊接方法产生了，此时主要使用纤维素型下向焊焊条，称为纤维素型下向焊。但是，当纤维素型下向焊用于大直径、厚壁管的焊接时，其焊接速度有时反而比不上上向焊，难以体现出优质高效的优点。为了克服这些不足，适应管道钢材的变化，下向焊焊接方法也在不断地发展、完善，目前，下向焊除纤维素型下向焊外，又出现了混合型下向焊和复合型下向焊等焊接方法[48]。

1. 混合型下向焊

混合型下向焊是指在长输管道的现场组焊时，采用纤维素型焊条根焊、热焊，低氢型焊条填充焊、盖面焊的手工下向焊焊接工艺，它主要适用于焊接材质为 X65 及以下级别的管道。

影响冷裂纹的主要因素有三个：焊接应力（包括内应力和外应力）、扩散氢造成的焊接接头脆化和钢材的淬硬倾向。为了防止在钢级较高的管线钢焊缝及其热影响区周围产生氢致裂纹，要严格控制根部焊道的质量：通过预热、后热或缓冷来降低冷却速度，给氢气的扩散逸出提供充分的机会；限制起吊高度，也就是限制作用在根部焊道上的悬臂载荷；严格控制焊接条件，采用气体保护焊或低氢型下向焊焊条，减少氢的渗入。

俄罗斯比较注重对长输管道焊接的研究，随着综合性能良好的控轧、微合金化大口径钢管的出现，俄苏斯全苏长输管道建筑科学研究院研制了适用于长输管道的纤维素焊条及低氢型焊条。在许多国家焊接长输管道，从根焊、热焊到填充焊、盖面焊均采用纤维素焊条时，俄罗斯根据对冶金焊接性的长期研究，提出了纤维素焊条与低氢型焊条搭配使用的施焊方案，即在根焊与热焊时采用纤维素焊条，在焊接其他焊道及盖面焊时采用低氢型焊条的焊接工艺，采用这种工艺可使焊接接头质量进一步提高[49]。

实践结果证明，控制氢的来源是防止冷裂纹的有效途径。低氢型焊条由于焊缝金属中含氢量和含氧量较低，在相同条件下，其抗冷裂性和韧性均较纤维素焊条好，并且焊缝金属具有良好的综合力学性能。但是低氢型焊条具有电弧吹力不及纤维素焊条大、焊接操作不便、焊接速度慢等缺点，因此在钢级较高的管线钢的焊接中采用了纤维素焊条和低氢型焊条混合的下向焊，我们称之为混合型下向焊。

2. 复合型下向焊

复合型下向焊是指对根焊层与热焊层采用向下焊焊接方法，而对填充层与盖面层采用向上焊焊接方法的焊接工艺，它主要用于焊接壁厚较大的管道[50]。

同传统向上焊相比，相同壁厚的管道，向下焊层数较多，这也是向下焊焊接工艺的特点。但是，当用于焊接大口径厚壁管时，下向焊优质高效的优点便难以体现出来。

下向焊热输入低，熔深较浅，焊道较薄。随着钢管壁厚的增加，焊道层数迅速增加，焊接时间与劳动强度加大。表4-3列出了下向焊与上向焊在焊接厚壁管时所需的层数和道数。

表 4-3　不同壁厚钢管焊接层数及道数推荐表

壁厚/mm	上向焊		下向焊	
	层数	道数	层数	道数
6~7	3	3	3~4	3~4
7~8	3	3	4	4~5
8~10	3~4	3~4	4~5	5~7
10~12	4	4~5	5~6	7~9
12~14	5	5~6	6~7	9~11

焊接产品是以焊接接头为关键元件的焊接结构。在熔化焊填充焊接中，焊接材料作为焊接过程的重要参与者构成焊接接头焊缝的重要组成部分，对焊接质量的产生、形成和实现有着特殊的作用和重要的关联性。焊缝质量直接影响焊接结构的使用性能和安全性，关乎人的生命和财产安全。质量稳定的焊接材料是保证焊缝质量的基础，用对焊接材料更是保证焊接结构安全的关键。

由此可以看出，采用单一的下向焊工艺并不能充分发挥其焊接速度快的优势。这时若对根焊层与热焊层采用下向焊，而对填充层与盖面层采用上向焊，则可发挥两种工艺方法的优点，经济效益显著[51]。

混合型下向焊和复合型下向焊是下向焊焊接工艺发展的两个主要方向，除上述两种焊法外，有些级别较高的管线钢的焊接采用不锈钢或奥氏体镍基合金等焊条或焊丝与下向焊相结合的焊接方法。有些较大直径、较大壁厚管道的焊接还采用了自动焊与下向焊相结合的焊接方法[52]。

半自动焊方法为纤维素型焊条向下根焊，自保护药芯焊丝半自动焊填充、盖面[53]。药芯焊丝自保护下向焊是目前较为先进且成熟的焊接技术，具有自动化程度高、焊接质量好、熔敷量大的优点，熔化速度较纤维素焊条电弧焊的提高约20%[54]。鉴于药芯焊丝半自动焊热输入及熔深较大，进行根部打底时不易保证单面焊双面成型，特采用纤维素型焊条进行根焊，该焊条药皮中含有大量的有机物和氧化性矿物质，熔渣的黏度和密度合适，表面张力较大，克服了铁液和熔渣的重力作用，具有电弧吹力大、焊接速度快、成型美观的优点。因此，采用纤维素型焊条打底，药芯焊丝半自动填充、盖面，既保证了根焊焊缝成型和内部质量，又具有药芯焊丝焊接质量好、熔敷效率高的优点，焊接速度约为氩电联焊的2~3倍，有效缩短了焊接施工时间，加快了施工进度[53]。

随着我国对基础设施建设的日益重视，我国的管道焊接工程将会获得更大的发展。在管道焊接过程中，只有根据实际情况，不断总结，灵活运用焊接方法，才能获取最佳的经济效益和社会效益。

◆◇ 第三节　气保护金属粉芯焊丝

一、气保护金属粉芯焊丝原理及特点

气保护金属粉芯焊丝大部分为金属粉(铁粉和脱氧剂)，外加少量的稳弧剂和造渣剂，具有提高熔敷效率和增加合金元素过渡的作用。焊接时需要保护气体。既有实心焊丝的优点，又兼备高熔敷、低飞溅性等熔渣型药芯焊丝的长处，其焊接工艺性能优良，电弧稳定，飞溅较小，清渣方便，焊缝成型好，扩散氢含量较低，熔敷效率高[9]。金属粉芯焊丝可以通过调整钢带中药芯添加物的种类与比例，设计出各种适应不同结构、不同位置与不同用途的焊接材料。金属粉芯焊丝是药芯焊丝的一个分支，它既有药芯焊丝的配方可调性，又有实心焊丝持续焊接的特点，因此受到国内外焊接领域的极大关注。

金属粉芯焊丝作为后起之秀，之所以发展如此迅速，是因为它有独特的优点。

(1)熔覆速度高。由于金属粉芯焊丝药粉中金属粉比例占到80%以上，所以在相同焊接参数下，同直径的金属粉芯焊丝与渣系药芯焊丝和实心焊丝相比，其电流密度更大；同时，由于金属粉(主要含Fe粉)熔点比非金属型矿物质熔点低很多，因而更容易熔化分解，这些原因使金属粉芯焊丝有更高的熔敷速度。根据相关试验统计，金属粉芯焊丝的熔敷速度可达13.7 kg/h，熔敷效率能在98%以上，比实心焊丝提高10%~20%。

(2)渣量小，焊缝成型美观。金属粉芯焊丝粉末中只有少量的造渣成分，所以焊后渣的量很少甚至无渣，这样可以连续进行多层焊而无需清渣，节省了大量工作时间，提高了工作效率；同时，在焊接时产生的烟尘较少，这样有利于焊接工作者的身体健康。

(3)焊接飞溅小，焊缝成型好，烟尘小。金属粉芯焊丝粉末中含有大量Na，K等低电离化合物，所以与其他焊丝相比，金属粉芯焊丝电弧更稳定、焊接飞溅小。良好的电弧特性以及较小的焊接飞溅和焊接烟尘使焊接操作者更易于控制焊接操作过程，能够焊出理想的焊缝。

(4)品种齐全、性能好。因为金属粉芯焊丝药芯成分可以根据生产需要进行调节，因而可以生产品种齐全的焊丝品牌。例如，为了降低焊缝的含氢量，改善焊缝韧性，厂家可以在药粉粉末中加入适量Mg、Al、稀土等物质[55]。

由于焊条电弧焊焊接效率低，劳动强度大，焊条熔敷金属中扩散氢含量高，根焊焊缝冷裂纹倾向较大，所以焊条电弧根焊逐渐被金属粉芯焊丝半自动根焊所取代，实现了真正意义上的长输管道全位置半自动焊接。选用新型"金属粉芯焊丝半自动下向根焊+自保护药芯焊丝半自动下向焊填充+盖面焊"工艺时，由于增加了根部焊道熔敷金属厚度，焊道数减少，填充金属总量降低，焊接速度可为15~30 cm/min，约为手工根焊速度的2倍，显著提高了焊接生产效率。同时，该新工艺由于受地势起伏影响较小，可显著减少根焊与填充层工序之间形成根部焊道撕裂的危险[56-59]。

管道环焊缝焊接同平板焊接一样，由根焊(或打底焊)、热焊、填充焊、盖面焊组成。其中，在管道施工焊接流水作业中，根焊的质量和速度决定了整个管道施工的质量和速度，管道环焊缝焊接是管道对接中的关键环节，也是管道焊接中的难点。国内外的管道现场对接技术都经历了手工焊、半自动焊、自动焊的发展历程，金属粉芯焊丝的半自动焊和自动焊凭借其优点已经在管道环焊中占据了不可动摇的地位[60]。金属粉芯焊丝和气保护药芯焊丝的成功应用，将成为更高强度级别管线钢管现场焊接材料的发展方向。

二、管线钢环焊缝金属粉芯焊丝的发展及应用

1. 国外发展及应用

目前，金属粉芯焊丝已在世界许多发达国家得到广泛应用，其分类方法也各有不同。在美国，金属粉芯焊丝因其操作和使用性能上同实心焊丝有相似之处，AWS 标准将碳钢用金属粉芯焊丝划入《气体保护焊用碳钢焊丝和填充丝标准》（AWS A5.18/A5.18M—2005）标准中，型号以 E70C 表示；低合金钢用金属粉芯焊丝划归为《气体保护电弧焊用低合金钢焊条和焊条规范》（AWS A5.28/A5.28M—2020）标准中，型号以 EXXC_ 表示；不锈钢用金属粉芯焊丝划归为《不锈钢光焊丝和填充丝标准》（AWS A5.9/A5.9M—2012）标准中，型号以 EC 表示；埋弧焊焊丝也用"EC"表示金属粉型，详见《碳钢用埋弧焊焊丝和焊剂》（AWS A5.17/A5.17M—2019）标准和《用于埋弧焊的低合金钢电极和焊剂规范》（AWS A5.23/A5.23M—2011）标准。

ISO 标准将金属粉芯焊丝列入药芯焊丝标准中，其中碳钢和低合金钢金属粉芯焊丝归于《焊接消耗品 非合金钢和细晶粒钢的气体保护和非气体保护金属电弧焊用管状药芯焊条 分类》（AS/NZS ISO/7632—2011）中，用字母"M"表示金属粉芯焊丝。在欧洲和日本等国家和地区将金属粉芯焊丝划归于药芯焊丝一类，中国也将其归类于药芯焊丝。

金属粉芯焊丝最早出现在 20 世纪 50 年代，1957 年，英国人在药粉中全部使用金属粉进行堆焊，第二年，英国人公布了世界上第一项关于金属粉芯焊丝的专利。当时金属粉芯焊丝的出现主要是因为可以通过调整药芯成分来满足不同生产需要以获得不同成分的焊缝，而实心焊丝由于成分很难改变所以很难实现这点，因此金属粉芯焊丝被称为"代替实心焊丝的焊材"[60-62]。

在国外，金属粉芯焊丝的研发和生产都取得了巨大的发展。ESAB、Lincoln、Select-arc 和 HOBART 等公司均开发出了多种金属粉芯焊丝的新品种。日本在研究和应用金属粉芯焊丝上走在世界的前列，日本神钢的金属粉芯焊丝品种齐全，划分非常细致，其中又以 490 MPa 级焊丝品种最多、最具特色。在该强度级别下，神钢的产品有 15 个相应的牌号，每种牌号对应的特征和使用条件

各不相同，既有专门用于薄板、中板、厚板或涂漆板的焊丝，也有耐超声波探伤性能的焊丝，通过降低焊缝金属的扩散氢含量，降低熔渣的熔点和黏度，减少造渣剂含量，促进熔池中气体的浮起和逸出，防止焊缝中形成气孔，针对焊接过程的环境污染问题，开发出低烟尘、低飞溅型药芯焊丝，同时开发出耐大气、海水腐蚀、耐火钢、高强度钢、低温钢和不锈钢系列的金属粉芯焊丝，方便用户根据实际需要来选择最适合自己的产品。日本金属粉芯焊丝一般采用100%CO_2为保护气体，较少以富氩为保护气体。近年来，工业的发展对金属粉芯焊丝的使用要求也在提高，针对不同使用条件，日本研发生产了多品种的金属粉芯焊丝。例如，在焊接涂漆钢时，焊接时产生的高温效应会使涂漆分解为H_2，CO等气体而使焊缝产生气孔，针对这种情况，神钢专门开发了涂漆钢焊接专用金属粉芯焊丝，通过减少焊后渣的含量、降低渣的熔点和黏度而达到好的效果[63-65]。

瑞典伊萨集团生产的金属粉芯焊丝包括 OK Tubrod 系列、Filarc 系列、Coreweld 系列、Arcaloy 系列等，其产品种类众多，开发出了适应不同条件的金属粉芯焊丝。美国霍伯特公司也开发出多种金属粉芯焊丝，例如霍巴特公司的 TriMark，Hobart 和 Corex 三大系列的金属芯药芯焊丝，其中 TriMark 系列中 Metally 70 熔敷效率高达96%，较实心焊丝而言，具有更好的润湿性和熔宽、熔深。林肯电气公司的金属粉芯焊丝以碳钢和低合金钢用 Metal shield 系列为主，到目前为止，金属粉芯焊丝已经被广泛用于诸如桥梁、重工等各个领域。Corex 金属粉芯焊丝主要用于低碳的焊接。在我国西气东输二线工程上，X80 管线钢的焊接就是结合赫伯特公司开发的 RMD 技术，利用 Metalloy 100 进行焊接的。

美国 Cheyenne Plains 管道工程首次采用了气保护药芯焊丝半自动焊[66]。经过测试、评定，其认为采用药芯焊丝上向焊比采用低氢焊条上向焊速度要快很多。采用直径 1.143 mm 的 E101K2 药芯焊丝平均速度为 101.6~152.4 mm/min，但需要注意防风，以防止产生气孔。该管道的填充焊和盖面焊采用直径为 1.143 mm 的 E101K2 药芯焊丝，保护气体为 75%Ar+25%CO_2混合气体，焊接电流为 165~175 A，送丝速度为 6985~7366 mm/min，电压为 23~24 V，在该工程中还第一次使用了直径为 1.143 mm 的 Lincoln Pipeliner G80M 焊丝，这种焊丝除能满足力学性能外，和其他药芯焊丝相比，还具有电弧平稳、飞溅少以及焊枪喷嘴堵塞次数少的优点。

2. 国内发展及应用

我国金属粉芯焊丝的开发研制起步较晚，在 20 世纪与日本、美国、瑞典等国家相比，在产品数量与种类上均有所落后。目前，金属粉芯焊丝在我国已经取得初步成就，但是与国外相比，无论是在品种上，还是在质量上都存在较大差距，主要表现在生产厂家少、品种不足、应用领域有限。主要产品有天津大桥焊材生产的用于煤炭机械制造焊接的金属粉芯焊丝 THY-J70MX，THY-J60MX 与用于造船及结构钢的焊接的 THY-J50MX 等系列产品；四川大西洋焊材生产的适用于低碳钢和 490 MPa 级高强钢的平角焊与立角焊的金属粉芯焊丝，多用于机械制造、管道、汽车制造等钢结构的金属粉芯焊丝 CHT70C 6 与CHT70C6SH 等系列产品。

1998 年 12 月，国产熔化极气保护自动焊技术在郑州义马煤气管道中首次应用。1999 年 11 月，中国石油天然气管道局二公司引进的英国 NOREST 熔化极气保护自动焊技术在港京复线天然气管道中首次应用。天津市金桥焊材生产的 JQ-70M 气保护金属粉芯焊丝成功应用于"中俄原油二线"管道工程焊接中，取得了双检——AUT+射线探伤一次合格率达到 98% 的好成绩，同步国际先进水平。昆山京群焊材生产的 490 MPa 级金属粉芯焊丝品种齐全，划分非常细致。GCL-11 是 490 MPa 级高强度钢用金属粉芯焊丝，在大电流焊接时有优越的性能，在高速平角焊方面性能优越。GCL-56 和 GCL-56M 适合全位置焊，低温冲击性能优良。GCL-70M，GCL-70M 1，GCL-X 70 和 GCL-X70MP 是 490 MPa级高强度钢用金属粉芯焊丝，适用于 X70 管线钢焊接。目前，在国内管线钢的焊接中，根焊用金属粉芯焊丝包括 HOBART TRI-MARK METALLOY 80N1 Φ1.2 mm，OERLIKON FLUXOFIL M10 PG Φ1.2 mm；填充、盖面焊金属粉芯焊丝包括FILEUR ARS11 Φ1.2 mm，HOBART TRI-MARK METALLOY 101 Φ1.2 mm 及OERLIKON FLUXOFIL 20HD Φ1.2 mm[67]。

三、管线钢环焊缝金属粉芯焊丝的研究进展

对管线钢环焊金属粉芯焊丝的研究主要集中在工艺性能上，对焊接过程中的成型和飞溅等工艺性能进行了深入研究。杨祥海[68]主要运用金属粉芯焊丝METALLOY80N1 就西气东输 X80 管线钢做了大量工艺试验，并对成品焊接接头进行力学性能试验。试验结果表明，优选高效焊接工艺，严格控制焊接过程，对于 X80 管线钢的焊接是可行的，同时为类似高强度管线钢的焊接提供了可借鉴方法。

王宝等[69]利用高速摄影技术和汉诺威弧焊分析仪，以 100% CO_2 为保护气

体,分析并认为随着焊接电参数的增大,熔滴过渡由非轴向的大滴排斥过渡向表面张力过渡转变,最后为细颗粒过渡;作者认为表面张力过渡是因为熔滴在长大之前便于熔池接触,在熔池表面张力的作用下过渡到熔池中。排斥过渡是一种不稳定过渡,排斥过渡时熔滴尺寸较大且悬挂于焊丝端部不停地摆动,大熔滴可能会与熔池接触而发生电爆炸,产生大量飞溅,整个过程中熔滴过渡频率较低、电弧不稳、波动较大。

张富巨等[70]利用高速摄影技术对酸性药芯焊丝、碱性药芯焊丝、金属粉芯焊丝,按照从小到大的焊接电参数排列并研究了药芯焊丝的熔滴过渡特性。根据试验总结了随着电参数的增大,熔滴过渡模式由短路过渡变为大滴排斥过渡最后转为细颗粒过渡。在任何参数下,金属粉芯焊丝均有一定程度的滞熔现象,但是滞熔程度均比含渣系的药芯焊丝轻,主要原因是金属粉芯焊丝药芯内含有大量金属粉末,使单位密度的电流增大,单位时间内产生的热量增多,粉末与钢带几乎可以同时熔化,因而滞熔现象较轻。

截至目前,关于熔滴过渡形态的说法还没有形成一个确切的统一认识,其结论根据观察者的经验不同而不尽相同。下面总结的是比较统一的结论[71]。

(1)药芯焊丝熔滴大小跟电流紧密相关,随着电流的增大,熔滴尺寸减小。

(2)在电弧区域存在滞熔渣柱现象,滞熔渣柱与焊接工艺和药芯组成有关系,主要取决于钢皮与药粉的导电性的差异以及钢皮与药粉熔点的差异。滞熔渣柱对焊接工艺性的影响还未达成共识。

(3)药芯焊丝的特殊性对应焊接工艺的特殊性,所以熔滴过渡不能简单地说是短路过渡、排斥过渡、细颗粒过渡、射滴过渡、射流过渡中某一单一的过渡形式,熔滴过渡一般以某一过渡形式为主,同时混有其他过渡形式。

李海明等[72]以焊接工艺性为对比点,将金属粉芯焊丝与其他熔渣型药芯焊丝和实心焊丝作比较,认为金属粉芯焊丝存在诸如飞溅小、熔敷效率高等优点。在国内应用方面,虽然近年来国内金属粉芯焊丝的研究、应用和开发取得了一些成绩,但是仍然存在瓶颈。陈自振等[73]研究了 X80 管线钢在氩弧焊打底、药芯焊丝气保护自动焊接填充时的金相组织、合金元素、夏比冲击韧性和剪切强度、塑性及微剪切韧性。结果表明,焊缝区域组织较细小,热影响区晶粒大;M-A 组元占比 34.87%,其中长短轴比大于 4 的 M-A 组元占比为 3.4%;焊缝中心和热影响区在-20 ℃时的冲击韧性平均值分别为 134.7 J 和 219.7 J;焊缝中心断口为韧性开裂,存在少量解理断裂面,热影响区断口为韧性开裂;

焊缝中的 Ni，Al 元素含量增加，Cr，Si 元素含量降低；环焊缝的上、中、根部的剪切强度和剪切塑性均高于母材，微剪切韧性低于母材，热影响区的剪切强度和剪切塑性低于母材。齐丽华等[74]针对不同成分合金元素对 X70 管线钢管和环焊缝的组织性能影响进行对比，并运用光学显微镜、力学性能测试、硬度云图、CTOD 和 DIC 试验等方法从组织和性能方面综合进行分析。结果显示，Mo，Ni 等微合金元素不仅有利于提高管体的拉伸性能，显著细化晶粒，且在较高的焊接热输入下，含 Mo，Ni 微合金元素的热影响区的冲击性能明显提高，且未发生软化现象。在拉伸形变过程中，在无 Mo，Ni 微合金元素一侧的软化区域发生形变、颈缩导致失效。综合结果表明，适当增加 Mo，Ni 等微合金元素有利于提高管体和环焊热影响区的综合性能，保证高钢级管道建设的安全施工和运营。

◆◇ 第四节　自保护药芯焊丝

一、自保护药芯焊丝原理及特点

在焊接过程中，药芯焊丝在电弧的高温作用下产生气体和熔渣，起到造气保护和造渣保护作用，不需要外加气体保护的称为自保护药芯焊丝，用这种焊丝焊接的方法称为自保护药芯焊丝焊接。随着自动化技术的快速发展，自动焊接技术也被推广开来，广泛应用于各个工程领域，但受到焊接材料和设备的限制，目前主要应用于平坦且不复杂的工作环境中。自保护药芯焊丝是发展较为成熟的焊接材料，可进行全位置焊且不需要外加保护气体，焊接性良好，抗风能力强，适用于各种复杂环境下的自动焊接[75-77]。自保护药芯焊丝的药粉中添加了适量造渣剂、造气剂、脱氧剂、脱氮剂、稳弧剂和合金元素，通过调节各个物质的添加量，在无外加保护气的条件下形成性能合格的焊接接头。下面将详细阐述自保护药芯焊丝药粉中常用的组分及其作用。

（1）造渣剂。常用的造渣剂有氟化物和氧化物，焊接过程中形成的液态熔渣的比重小于金属的比重，熔渣会覆盖在金属上方，隔离空气。药粉中添加的氟化物大部分会成为熔渣的一部分，减小熔渣的黏度和张力，促进熔渣覆盖均匀[78]；小部分氟化物与电弧空间的氢发生反应，以 CaF_2 与水蒸气的反应为例，

$$CaF_2 + H_2O = CaO + 2HF \uparrow$$

起到脱氢降氢的作用。反应得到的 HF 是一种不溶于熔池的气体，生成的 CaO 可以吸收 SO_2 和 SO_3 形成 $CaSO_3$ 和 $CaSO_4$，起到脱硫的作用。常用的氟化物有 CaF_2，BaF_2，LiF，MgF_2 等。现有研究结果[79]表明，提高氟化物中的氟化钡比例有助于减少飞溅和烟尘，LiF 中的 Li^+ 有额外的脱氮效果。药粉中常用的氧化物有金红石（TiO_2）、长石（铝硅酸盐）、锆英砂（$ZrSiO_4$）、镁砂（MgO）等。氧化物的主要作用都是形成熔渣，在液态时以离子的形式影响熔渣性质，在凝固后以复合氧化物的形式影响熔渣的结构和性能，并且部分氧化物中含有的低电离电位的金属离子，可以增强电弧的电离度，改善电弧稳定性。

（2）造气剂。在电弧的高温下，沸点较低的物质会迅速升华为气体，分解温度较低的物质在达到分解温度后放出气体，这些会在焊接过程中产生气体的物质称为造气剂。氟化物能反应生成 HF，起到一部分造气剂作用。酸性焊条中常含有一些有机物例如纤维素作造气剂，能在高温时分解产生大量的 H_2O 和 CO_2。在自保护药芯焊丝中，应用最广泛的造气剂是各类碳酸盐。碳酸盐在焊接过程中高温分解，产生 CO_2 气体，稀释弧柱空间中的空气含量，降低环境中的氧氮分压，起到保护熔池的作用。焊条的有机物和碳酸盐添加在药皮中，外部药皮产生气体，不受到阻碍，而自保护药芯焊丝的碳酸盐添加在药芯中，外部有铁皮覆盖，碳酸盐如果添加过量，分解产生的大量 CO_2 气体会冲击焊丝铁皮，可能导致铁皮炸裂，引起严重飞溅。因此，自保护焊丝药芯中的碳酸盐添加量要远小于焊条药皮，造气保护效果不足。根据分解温度的不同，可将碳酸盐分为低分解温度碳酸盐和高分解温度碳酸盐。低分解温度碳酸盐有 $CaCO_3$，$MgCO_3$ 等，一般在 500~700 ℃ 固态状态下分解，这种分解会在铁皮和药芯还未熔化时就发生，如图 4-8 所示，存在气体冲击外部铁皮的风险。高分解温度碳酸盐有 Li_2CO_3，Na_2CO_3，$BaCO_3$ 等，分解温度为 1300~1700 ℃，这类碳酸盐的分解主要发生在熔滴阶段，气体从熔滴表面向外逸出，会对熔滴造成反冲力，影响熔滴的过渡路径，可能会导致非轴向过渡，熔滴斜抛到焊缝两侧，成为大滴飞溅[80]。

（3）脱氧脱氮剂。空气中含有 78% 的氮气和 21% 的氧气，焊接时熔池如果直接暴露在空气中，就会溶解大量的氧和氮，随着温度的降低，熔池中氧和氮的溶解度下降，并在凝固时陡降，大量游离氧和氮聚集形成气泡，在凝固前气泡若未能上浮出熔池表面，就会留在金属中成为气孔。为减少自保护焊接电弧空间的氮气和氧气分压，一方面造气成分产生 HF，CO_2 等不溶于熔池的气体，

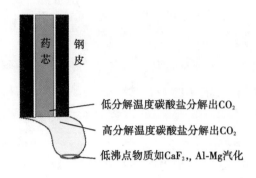

图 4-8　药粉造气过程

另一方面脱氧脱氮剂如 Al，Mg 会与氧、氮反应。虽然自保护药芯焊丝通过造渣、造气、脱氧脱氮剂的方式尽量避免空气对熔池的侵扰，但是部分氧、氮溶解进熔池中难以避免。为降低金属中游离态氧和氮的含量，需要提高焊缝金属中脱氧脱氮元素的含量，形成氧化物、氮化物夹杂物，避免游离态氧、氮聚集成气孔。提高焊缝中的 Al，Mn，Si 含量可以减轻氧气孔敏感性，提高焊缝中的 Al，Ti 含量可以减轻氮气孔敏感性，Mg 基本不会残留在焊缝中。

（4）稳弧剂。为使电弧通路维持稳定，一般会向药粉中加入少量含有低电离电位金属元素（K，Na，Ca 等）的物质，以增加电弧电离度，改善电弧的稳定性。氟化物在电弧的高温下分解出 F，F 容易吸收电子成为 F⁻，整体带电粒子的运动能力降低，导致电弧稳定性变差。

到目前为止，自保护药芯焊丝的渣系有钛型渣系（如 TiO_2-SiO_2 渣系）、高氟化钙型渣系（如 CaF_2-Al-Mg 渣系、CaF_2-TiO_2 渣系、CaF_2-CaO 渣系）、钙型碱性渣系（如 CaO-SiO_2-CaF_2）和氟化钡-铝镁渣系[81]。焊丝渣系中的 BaF_2，CaF_2 等氟化物是很好的造气、造渣剂。早期的自保护药芯焊丝中主要加入 CaF_2 进行造气和造渣。但 CaF_2 的沸点较低，它的加入使熔渣的黏度降低，不利于全位置的焊接。而含有 BaF_2 的熔渣能在较高温度下快速凝固，有利于全位置焊接。而且含有 BaF_2 的焊丝在焊接时电压低，电弧短，可以对熔池起到更好的保护作用。因此，目前大多数自保护药芯焊丝都采用 BaF_2 作为造气、造渣剂。在自保护焊接中，造渣保护的比例比造气保护要大。熔渣能快速地覆盖熔滴并与其发生反应，这能够防止氮氧的侵入，并进行脱氮、脱氧。但渣保护对熔渣的物化性能（熔点、表面张力、碱度等）要求较高。在利用合金元素保护时，主要采用对 O，N 亲和力大的 Al，Mg 等合金元素进行脱氮脱氧。它们在焊接过程中能形成稳定的氧氮化合物，并过渡到熔渣中。但 Mg 的沸点低，易挥发，会降低脱氧效果。因此，有学者提出，通过加入 Ti，Zr 来进行脱氮，但加入过多会使力学性能恶化。另一种比较有效的脱氮物质是 LiF，它在焊接时会发生如下反应：

$$Ca+2LiF=CaF_2+2Li$$

$$4Li+N_2=2Li_2N$$

自保护药芯焊丝首先要保证在不外加保护气体的情况下，焊缝不出现气孔；其次，焊缝要有足够的强度和高韧性。

自保护药芯焊丝与焊条相同，在焊接过程中是渣-气联合保护；但与焊条相比，自保护药芯焊丝要达到以上要求，难度大。一是药粉加入量仅占焊丝总重量的 20% 左右，少于或仅接近于焊条中的药皮所占比例，易产生保护作用不足、冶金反应不全的问题；二是焊接时药芯熔化落后于金属外皮，易使金属熔滴直接与空气接触，而焊条施焊时形成的药皮套筒则有利于加强保护作用。如何在自保护药芯焊丝结构的局限条件下，完善冶金反应，隔绝空气，降低焊缝金属的氧、氮和氢含量而获得高韧性的焊缝，成为制造自保护药芯焊丝的关键。

自保护药芯焊丝可用于各种位置的焊接，适用于自动化过程生产。目前工程上使用的自保护药芯焊丝焊接具有以下特点[82]。

(1)抗风、抗气孔性能良好。在焊接中由该焊丝自身冶金反应造气形成保护气氛，可在 4 级风力下施焊。只要风速不超过 8 m/s，均不需采取任何防护措施，特别适用于野外施工作业。

(2)电弧穿透力大，熔滴呈喷射状过渡，飞溅小。

(3)具有优良的全位置立向下焊操作工艺性能，操作工艺性能好。

(4)脱渣性能良好。

(5)熔敷金属具有优良的低温韧性，在野外作业情况下，抗裂性能好。

(6)焊枪质量轻，对装配的要求不高。

二、管线钢环焊缝自保护药芯焊丝的发展及应用

1. 国外发展及应用

国外对自保护药芯焊丝的研究比较早。自保护药芯焊丝是苏联在 20 世纪 50 年代研制出来的一种具有良好焊接性的新型焊材，但当时存在技术缺陷，因此逐渐被焊条和埋弧焊剂取代。直至 MIG 兴起和能够连续送丝的焊接设备的

出现，药芯焊丝才有了能够在工程建设中得到应用的基础，成为最有发展前途的焊接材料之一，国内外专家学者才纷纷投入研究[83]。自保护药芯焊丝电弧稳定，这主要是由于向药粉中添加了一些稳弧剂，如 TiO_2、Li、K 等，此外，焊接时熔滴喷射过渡也使电弧趋于平稳。向自保护药芯焊丝中加入适量的 BaF_2 或者 CaF_2，在焊接过程中形成可以对焊缝进行保护的熔渣，并向药粉中加入碳酸盐等，焊接过程中发生化学反应生成 CO_2，阻隔焊缝周围空气，防止焊缝氧化，焊缝成型性好。

20 世纪 80 年代，药芯焊丝的制备工艺和药芯粉料成分都被优化。自保护药芯焊丝开始快速地发展，其熔敷金属的韧性也得到很大的提高，并有部分具有优良性能的药芯焊丝应用在石油天然气管线等重要焊接结构。如 Fabshield 81N 1 焊丝熔敷金属在 -20℃ 时具有 200 J 以上的夏比冲击吸收功，是我国西气东输工程的选用焊材。此外，乌克兰巴顿电焊研究所在自保护药芯焊丝方向也有所研发，其开发的 PPAN 33、PPAN 46 两种可以全位置焊接的自保护药芯焊丝，在苏联等东欧国家的管线工程中被大量采用，但焊缝熔敷金属的夏比冲击吸收功较低[84]。

从自保护药芯焊丝的发展历程看，20 世纪 70 年代以前自保护药芯焊丝的研究多致力于防止产生焊接缺陷和改善焊接工艺性能，对焊缝力学性能的要求较低。进入 20 世纪 70 年代，自保护药芯焊丝随着质量的提高，在海洋平台、高层建筑等领域得到应用。如 1970—1977 年，纽约世贸的高空焊接就大量使用了 Fabshield 4(E7024) 自保护药芯焊丝进行焊接。到了 20 世纪 80 年代，已经出现了一些工艺性能和力学性能都令人较为满意的产品，如美国 Lincoln 公司的 NR 311(Ni)，NR 232，日本新日铁公司的 SAN55A，苏联的 IIII-AH 3 等。NR203Ni-C 已成功地用于英国和挪威的海上石油钻井平台[85]。

2. 国内发展及应用

自保护药芯焊丝在我国的应用始于 20 世纪 70 年代末，宝钢首次引进数百吨自保护药芯焊丝进行 200 m 高大烟囱的建设。随后，自保护药芯焊丝在我国冶金、建筑、造船、海洋平台、机车车辆等各领域逐步推广。1995 年 9 月，自保护药芯焊丝半自动焊工艺在库鄯线原油管道工程中国内首次应用，完成了 160 km 的试验段工程。中国石油天然气集团有限公司 1995 年承建的突尼斯天然气管道工程和 1996 年建设的库鄯线输油管道工程，是自保护药芯焊丝半自动焊在我国管线钢环焊的最早应用[86]。由于该方法的环境适应性好、焊接工艺性优良、合格率及施工效率高，1999 年以后的油气管道建设中自保护药芯焊丝半自动焊的应用范围逐渐扩大，其成为环焊缝焊接的主要方法。2004 年完工的西气东输工程就大量使用了 HOBART 公司的 E71T8-Nil 型自保护药芯焊丝进行现场环焊缝的焊接，取得了理想的效果，既保证了质量，又节约了成本。2009 年 2 月动工，目前已经完成施工的西气东输二线工程大量使用了 E81T8-Ni2J 自保护药芯焊丝进行 X80 管线钢主干线对接。

我国石油、天然气管道建设步伐逐渐加快，对管道用钢强度、韧性提出了更高的要求。这使管线钢朝着高强、超高强钢的方向发展。许多高强钢包括 X80，X90，X100 等已经应用到工程建设中，与高强钢相匹配的自保护药芯焊丝在输油、气管行业也得到了初步的应用。目前，高强钢用自保护药芯焊丝主要有以下几类(按照 AWS 标准进行分类)。

(1)E71T8-Ni1J H8。E71T8-Ni1J H8 是一种低合金钢自保护药芯焊丝。具有优良的低温韧性，抗裂性能好。其熔敷效率高，电弧穿透力大，呈喷射状，操作容易，焊缝成型美观，脱渣容易。采用直流正接，适宜全位置焊接。由于熔渣凝固快，特别适合立向下焊[52]。它主要适合于对低温韧性要求高的 API X52 至 X70 油气管道的现场焊接，也可用于普通钢、耐大气腐蚀钢及高强度钢的自动和半自动焊接，如输油输气管线、海洋平台、储罐等。

目前，很多公司生产了此类型的焊丝，Fabshield 81N1(FS.81N1)自保护药芯焊丝已经成功应用于西气东输一线、陕京复线等油气管线。它的焊缝熔敷金属的主要成分和典型力学性能见表 4-4、表 4-5。

表 4-4 Fabshield 81N1 熔敷金属的主要成分(%)

元素	C	Mn	Si	P	S	Ni	Al
质量分数	0.03	0.87	0.05	0.01	0.004	0.95	0.67

表 4-5 Fabshield 81N1 熔敷金属力学性能

抗拉强度/MPa	屈服强度/MPa	断后伸长率	-40 ℃冲击功/J	扩散氢/(mL/100g)
495	414	29%	280	≤7

(2)E81T8-Ni2J H8。E81T8-Ni2J H8 适用于 X80 钢及其以下级别的钢管焊接。它可进行单道焊或多道焊，特别适用于要求高强度、高低温韧性的场合。熔渣具有快速凝固的特点，且脱渣性能好，减少了焊后的清理时间，适用于全位置焊接。无论是填充、盖面，还是坡口焊接，都能获得令人满意的焊缝外观。适用于碳钢、低合金钢的野外施工焊接，也可用于储罐、运输机械、海洋结构、

船舶等各种钢结构的焊接。

洛阳双瑞特种合金材料有限公司生产的 SR TX 80 是一种低合金钢自保护药芯焊丝，符合《药芯焊丝电弧焊用低合金钢焊条规范》(ANSI/AWS A5.29/A5.29M—2021)E81T8-Ni2J H8 标准。该焊丝采用直流正接，熔敷效率高，脱渣容易，抗气孔性强，操作方便。其熔敷金属化学成分和力学性能见表 4-6 和表 4-7。

表 4-6　E81T8-Ni2J H8 熔敷金属化学成分(%)

元素	C	Mn	Si	S	P	Ni	Al
AWS 标准值	≤0.12	≤1.50	≤0.80	≤0.030	≤0.030	1.75~2.75	≤1.8
典型值	0.05	1.20	0.250	0.005	0.012	1.99	0.79

表 4-7　E81T8-Ni2J H8 熔敷金属力学性能

项目	抗拉强度/MPa	屈服强度/MPa	断后伸长率/%	-30 ℃冲击功/J
AWS 标准值	550~690	≥470	≥19	≥27
典型值	605	518	25	130

(3)E91T8-Ni3J H8。E91T8-Ni3J H8 型号的焊丝有更低的扩散氢含量(小于 6.2 mL/100g)，焊接工艺性能和熔敷金属的力学性能比以上两种焊丝要好。该焊丝适用于 X90 管线钢的全位置焊接，焊接 X80 管线钢时，可获得高强匹配的焊缝，且塑性较好。熔敷金属的化学成分和力学性能的允许值见表 4-8 和表 4-9。

表 4-8　E91T8-Ni3J H8 熔敷金属的化学成分(%)

元素	C	Mn	Si	P	S	Ni	Al
质量分数	≤0.12	≤1.50	≤0.80	≤0.030	≤0.030	2.75~3.75	≤1.8

表 4-9　E91T8-Ni3JH8 熔敷金属力学性能

抗拉强度/MPa	屈服强度/MPa	断后伸长率	-30 ℃冲击功/J	扩散氢/(mL/100g)
620~760	≥540	≥17%	≥27	≤6.2

(4)E111T8-G H8。E111T8-G H8 主要用来焊接 X100 管线钢，焊接低级别的管线钢可达到高强匹配。熔敷金属的扩散氢含量小于 6.33 mL/100g，有利于减少氢致裂纹，降低冷裂倾向。其熔敷金属化学成分和力学性能的允许值见表 4-10 和表 4-11。由表可以看出，焊缝金属的力学性能要求越来越高，特别是高级别管线钢，有时要求高强匹配，这是因为高强管线钢的屈强比比较高，在 0.9 以上。所以，由塑性变形引起的应变强化较弱，材料达到抗拉强度所经历

的变形量较小，对安全不利。因此，采用高强度的焊缝显得尤为重要。

表4-10 E111T8-G H8熔敷金属化学成分(%)

元素	C	Mn	Si	P	S	Ni	Al	Cr
质量分数	—	≥0.50	≤1.0	≤0.030	≤0.030	≥0.50	≤1.8	≥0.20

表4-11 E111T8-G H8熔敷金属力学性能

抗拉强度/MPa	屈服强度/MPa	断后伸长率	−30 ℃冲击功/J	扩散氢/(mL/100 g)
760~900	≥680	≥15%	≥27	≤6.33

近些年来，随着自保护药芯焊丝在高级别管线钢(X80，X90)中的应用，自保护药芯焊丝半自动焊存在的问题也逐渐显露出来，特别是韧性的稳定性问题，韧性值常常有较大的波动。这给石油管道的安全运行带来很大的隐患。因西气东输西三线东段和西段的管道焊接接头冲击功离散性较大，存在韧性不稳定问题，希望尽快解决韧性不稳定这一难题[87]。

三、管线钢环焊缝自保护药芯焊丝的研究进展

如何改善焊丝焊接工艺性能是自保护药芯焊丝研究工作中的难点之一，焊丝工艺性能会直接影响焊接接头力学性能和使用性能。因此，应深入研究自保护药芯焊丝中各类药粉对焊丝工艺性能的影响，以提高药芯焊丝的工艺性能，具体表现为改善熔渣的脱渣性，减小焊接过程中的飞溅，提高焊接过程中电弧的稳定性，减少焊缝表面及内部气孔和夹渣的产生等。如今，我国已经有众多研究人员和高校在如何优化焊丝的工艺性能方面做了大量研究，为我国自保护药芯焊丝的研究与发展开辟了道路，为进一步提升焊缝的力学性能提供了保障。

(1)自保护药芯焊丝渣系研究。焊接材料常用的保护形式有：气保护、渣保护和气-渣联合保护。自保护药芯焊丝不是简单地利用机械隔离空气的方法来保护金属，而是在药芯中加入脱氧剂和脱氮剂，使经空气进入熔化金属中的氧和氮能够被脱离出来。

脱渣性直接影响焊缝质量、焊接生产率及焊工劳动强度，脱渣性是由熔渣的化学成分及微观组织决定的。国内对自保护药芯焊丝脱渣性的研究可以追溯到1997年张智等的研究[88]，他们研究了自保护药芯焊丝药芯成分中萤石、金红石、大理石、铝镁合金和氧化镁对焊缝脱渣性的影响，在药芯中适当增加Al-Mg合金含量，一方面提高了脱氧能力，减少了焊缝表面FeO含量，另一方面增

加了渣的松脆程度。文中通过化学方法对熔渣的成分进行分析，发现通过调节药粉中金红石和 Al-Mg 合金的比例，使熔渣中 MgO/TiO_2 控制在 0.30 ~ 0.37，可以获得较好的脱渣性，渣壳自动翘起，焊缝光亮。

栗卓新等[89]借助 EDAX 和 SEM 研究了不锈钢气保护焊丝的熔渣成分及显微组织对脱渣性的影响，发现：当 TiO_2/SiO_2 为 6.0 时，熔渣的微观结构呈针状短渣，脱渣性较好；当 TiO_2/SiO_2 从 1.6 到 3.2 变化时，熔渣为细小、交错、不连续的羽毛晶、针状晶及孤岛状组织，脱渣性差；当 TiO_2/SiO_2 约为 1.2 时，熔渣内表面为连续的网络状玻璃组织，熔渣整块脱落，脱渣性好。研究确定了 TiO_2-SiO_2-MnO 渣系的气保护不锈钢药芯焊丝的最佳脱渣成分区间。

张敏等[90]研究了 TiO_2 对 X80 管线钢用碱性自保护药芯焊丝熔渣的熔渣成分、微观组织结构和脱渣性的影响。结果表明，BaO 和 TiO_2 的复合相在熔渣中占较大比重，随着熔渣中 TiO_2 含量的增加及 CaO，SiO_2 含量的减少，熔渣的微观组织结构由小颗粒状逐渐转变为非等轴的针状、小块儿状，熔渣的方向性变强，内部结合力增大，脱渣性改善。

李继红等[91]研究了 $CaCO_3$ 对自保护药芯焊丝显微组织和脱渣性的影响，从 SEM 观察的熔渣内表面形貌来看，随着碳酸钙添加量从 1% 逐渐增加到 7%，显微形貌由大块状变为针状，再转变为疏松的树枝晶状，最后变为极疏松的颗粒状。从 XRD 分析的物相结果来看，不同 $CaCO_3$ 添加量不影响熔渣含有复合氧化物 $BaTiO_3$、尖晶石型化合物（$MgMn_2O_4$ 和 $MnAl_2O_4$）。随着焊丝药芯中 $CaCO_3$ 含量的增加，自保护药芯焊丝的脱渣性不断下降。

（2）自保护药芯焊丝熔滴过渡形态研究。熔滴过渡在焊接过程中具有重要的意义，它直接影响焊接过程的稳定性、飞溅的大小、焊缝成型的优劣和产生焊接缺陷的可能性。熔滴过渡的形态、过渡的时间、比表面积和温度，对金属与熔渣和气相的冶金反应均有很大的影响。此外，在一定条件下改变熔滴过渡的特性可以调节焊接热输入，从而调节焊缝金属的结晶过程，改变热影响区的尺寸和性能。调整熔滴过渡还可以提高焊接材料的熔化速度。因此，研究熔滴过渡的有关规律对于提高焊接质量和生产率都具有很重要的意义[92]。

Daunt 等[93]提出，在不同焊接电流以及焊接方式下，熔滴过渡不同，主要可分为自由过渡、弧桥过渡和熔渣保护过渡。自由过渡包括滴状过渡、喷射过渡和爆炸过渡。Zhu 等[94]认为，在自保护药芯焊丝的熔滴过渡中，短路过渡与焊接电压有关。当电压低于 10 V 时，焊接电弧就会与熔池接触，即发生了短路过渡。短路过渡的类型对电弧的稳定性和熔滴飞溅性都有很大影响。在研究中还发现，自保护药芯焊丝的熔滴过渡形式有不断弧的桥状过渡、射流过渡和滴状过渡。不断弧的桥状过渡又可分为爆炸过渡和表面张力过渡，爆炸过渡会引起严重的飞溅。

北京工业大学通过对多种自保护药芯焊丝过渡的高速摄影照片的观察、分析，将自保护药芯焊丝熔滴过渡的形态分为 6 类[95]：短路非爆炸附渣过渡、外摆短路过渡、短路爆炸过渡、颗粒过渡、射滴过渡及爆炸过渡。其认为颗粒过渡、射滴过渡是自保护药芯焊丝中两种较理想的过渡形式；颗粒过渡、射滴过渡的比例越高，电弧越稳定，飞溅越小，保护性越好，两种爆炸过渡的比例越大，飞溅越大，电弧越不稳定，飞溅颗粒的大小除与过渡形态有关外，还与爆炸程度、过渡平均时间有关，外摆短路过渡会使电弧稳定性变差；短路非爆炸过渡飞溅小，电弧燃烧较稳定，但对熔滴保护效果较差。各种过渡形态对焊丝工艺性能的影响机理取决于每种过渡的过程和过渡的特征参数。

（3）自保护药芯焊丝焊缝中的氮、氧研究。近 10 多年来，国外对自保护药芯焊丝的研究主要集中在焊缝金属的组织预测和热力学计算上。Francis 等[96]深入研究了硬质合金用自保护药芯焊丝。对于在硬质合金多道焊中，如何获得稳态稀释率的问题，他建立了一种数学模型，通过模型计算和有限元分析，可以获得在任何焊接工艺参数下焊缝金属的稀释率，进而能够确定焊缝金属的化学成分。通过此模型，把焊缝金属表面的耐磨性和焊接工艺参数联系起来，为调整硬质合金表面堆焊层硬度提供了便利。Quintana 等[97]利用热力学模拟研究了自保护药芯焊丝焊接时焊缝金属化合物的形成。研究结果表明，当焊缝中铝含量较高时，AlN 的形成优于 Al_2O_3 和 TiCN 的形成。当 Al 含量小于 0.5% 时，AlN 的形成将停止。而在低铝焊缝金属中，Al_2O_3 和 TiCN 将会先形成。在含铝量很低时，将会生成 Ti_2O_3，随含铝量增加，Al_2O_3 的体积分数增加，当含铝量达到 0.75% 时，Al_2O_3 的形成停止。通过控制 AlN，Al_2O_3 和 TiCN 的形成可进行脱氮脱氧。

（4）自保护药芯焊丝组织和力学性能研究。近年来，许多研究者探究了自保护药芯焊丝中合金元素、组织对焊缝强韧性的影响。Badri 等[98]认为，与其他药芯焊丝相比，自保护药芯焊丝中额外加入了铝、镁、钛、锆等元素，这导致了复杂的沉淀析出相；尖晶石型氧化物的形成会促进氮化钛和氮化锆的生成，但它会阻碍氧化铝富集以及氮化铝长大。通过调整铝、镁、钛、锆等合金元素的比例，能够获得特定的夹杂物，限制夹杂物的大小，从而提高焊缝金属的韧性。在一定范围内，随着焊缝金属中钛和锆元素的增多，形成了独特的核壳结构的夹杂物，促进了铁素体的形核，使焊缝组织中的大角度晶界增多。这使裂纹扩展所受到的阻力增大，韧性提高。Zhao 等[99]在研究 X80 管线钢用自保护药芯焊丝焊缝金属的韧性时发现，焊缝金属的组织是板条状铁素体和 M-A 组元的混合物。其中，链状的 M-A 组织对韧性有很大的影响。而且 M-A 组元中几乎不存在残余奥氏体，大都是马氏体，这导致韧性较低。组织中含有较多奥氏体有利于提高焊接接头的韧性。研究结果表明，当 M-A 组元分布于粗晶区的晶界时，会使冲击功严重降低。Zhang 等[100]研究了自保护药芯焊丝中的夹杂物对组织和韧性的影响。研究结果表明，夹杂物的大小、数量、分布、成分对韧性有影响。尺寸在 $0 \sim 1 \ \mu m$ 的夹杂物有利于针状铁素体的形核，尺寸小于 $1 \ \mu m$ 的夹杂物越多，形成的针状铁素体越多。自保护药芯焊丝中的夹杂物主要是 Al_2O_3，MgO。MgO 比 Al_2O_3 能提供更多形核位置，提高形核率，生成更多的针状铁素体。这是因为 MgO 的熔点（2850 ℃）比 Al_2O_3 的熔点（2050 ℃）高，熔点越高，奥氏体与夹杂物之间的表面能越大，越有利于形核。

刘德臣[101]对管线钢用自保护药芯焊丝焊缝组织及性能进行了研究。研究结果表明，充氢含量增加会导致焊缝冲击韧性降低；多次焊接热循环使晶内的 M-A 组元减少，焊缝冲击韧性得到改善；对 X70 钢焊后进行热模拟，发现随着 $t_{8/5}$ 冷却时间增加，针状铁素体、M-A 组元增多，冲击性能下降。郭纯等[102]研制了一种以 $LiBaF_3$-Al-Mg 为基础渣系的自保护药芯焊丝。熔滴过渡形式为喷射过渡，熔敷金属有较好的低温冲击韧性，-30 ℃冲击吸收功均值为 152 J，实现了较高的强韧性匹配。祝坤[103]研究了锰和铝镁合金对自保护药芯焊丝工艺性能的影响。结果表明，随着锰含量的增加，熔滴颗粒变细，飞溅减少。但锰含量超过 6% 时，熔滴颗粒会变大，且飞溅增多。当铝镁合金含量小于 6% 时，随着铝镁合金含量的增加，飞溅率降低。天津大学的张占伟等[81]研究了 Mn，Ni，Zr 和 Ce 等 4 种合金元素对熔敷金属性能的影响，试验结果表明，Mn 对抗拉强度与屈服强度的影响最大，其次是 Ni，而 Zr 和 Ce 对强度的影响较小。过高的 Mn，Ni 含量会大幅降低焊缝的冲击韧性。随着 Zr，Ce 含量的增加，韧性先升高后降低，并且在 Zr 含量为 0.02% 或 Ce 含量为 0.009% 时，冲击韧性最高。

Bang 等[104-106]对自保护药芯焊丝的低温韧性做了一系列研究。研究结果表明：焊缝镍元素含量为 2% 可以有效避免铝含量过高引起的室温组织出现 δ 铁素体的现象，有利于焊缝低温韧性的提高，韧脆转变温度降低约 50 ℃。对热输入的研究结果表明，1.3 kJ/mm 的热输入有利于再热区比例的提高，再热区的组织主要为细晶铁素体、珠光体组织，可以有效提升冲击韧性。Song 等[107]也对焊接热输入对自保护药芯焊丝熔敷金属低温韧性的影响进行了研究，得到了类似的结论，随着热输入的增加，焊缝组织中针状铁素体和粒状贝氏体的比例减少，多边形铁素体比例增加，且晶粒粗大化，导致韧性下降。

一部分研究者通过添加微合金元素含量的方式改良韧性。参考文献[76]研究结果表明在自保护药芯焊丝中添加适量的锆元素可以促进针状铁素体形成，起到细晶作用，改良熔敷金属强韧性。文献[108]研究发现添加适量的钛和锆元素可以增强脱氧脱氮效果，形成 TiN 和 ZrO_2 夹杂物，促进针状铁素体的形成，改善强韧性。

四、自保护药芯焊丝的缺点

自保护药芯焊丝仍然存在一定的缺点，如焊接过程中烟尘较大、焊接工艺参数适应性低以及接头力学性能难以统一等。这是因为在焊接过程中，各种药粉会发生复杂的化学反应，不可控因素太多，此外，自保护药芯焊丝还存在价格贵、焊丝外表容易锈蚀等问题。近些年来，随着自保护药芯焊丝在高级别管线钢(X80，X90)中的应用，自保护药芯焊丝半自动焊存在的问题也逐渐显露出来，特别是韧性的稳定性问题。韧性值常常有较大的波动，这给石油管道的安全运行带来很大的隐患。因西气东输西三线东段和西段的管道焊接接头冲击功离散性较大，存在韧性不稳定问题，希望尽快解决韧性不稳定这一难题。有研究者认为，这与焊缝金属中数量较多、尺寸粗大的岛状 M-A 组元，以及分布在晶界的链状 M-A 有关，也与焊缝中氮含量过高有关。而大量 M-A 组元的出现，一方面是由于焊材中的 Al 含量高，另一方面是由于母材中存在的淬透性元素，如 Nb，Cr，Mo 等元素含量有关。因此，高钢级管道建设中应谨慎使用自保护药芯焊丝半自动焊。

有关自保护药芯焊丝的韧性研究较多，主要从成分、组织、夹杂物和热输入等方面对韧性做了大量的研究。然而，对于自保护药芯焊丝的韧性稳定性问题，只有少部分研究者做了相关的试验研究。汪凤等[109]发现，Cr 含量较高的焊缝金属韧性不稳定。通过对试样进行彩色金相分析，发现 Cr 含量较高的焊缝组织中有较多链状 M-A 组元，且分布于晶界上，因此认为，M-A 组元是韧性离散的主要原因。中国石油天然气管道科学研究院的尹长华等[110]对自保护药芯焊丝半自动焊焊缝韧性离散性做了试验研究。通过电化学充氢试验，发现在实际焊缝扩散氢含量范围内，随着扩散氢含量的增加，焊缝冲击韧性值下降不明显。通过对焊缝冲击断口进行金相分析，并没有在解理面的起裂位置上发现夹杂物，说明夹杂物不是解理断裂的起裂源，不是韧性离散的主要原因。而对焊缝进行热处理后发现其冲击韧性增大，离散性变小。热处理后，组织中的岛状 M-A 组元减少，因此认为，岛状 M-A 组元是韧性不稳定的主要原因。但热处理也会使组织中的碳化物发生改变，因此 M-A 组元是否会导致韧性的离散还有待研究。

◆◇ 参考文献

[1] 杨天冰,郭瑞杰.长输油气管道焊接技术[J].金属加工:热加工,2008(24): 32-36.

[2] 樊学华,庄贵涛,李向阳,等.长输油气管道焊接方法选用原则[J].油气储运,2014,33(8):885-890.

[3] 赵明,李晴,宋慧琴,等.管线钢管焊接技术的研发现状与发展趋势[J].金属加工:热加工,2022(9):21-25.

[4] 李建军.管道施工焊接的技术现状[J].金属加工:热加工,2008(6):25-30.

[5] 吴立斌.管道焊接技术的发展及对未来的展望[J].电焊机,2004(增刊1): 138-142.

[6] 董文利,浦江,刘仲民,等.长输管道建设中焊接技术的研究[J].中国特种设备安全,2022,38(3):13-16.

[7] 唐伯钢,尹士科,王玉荣.低碳钢与低合金高强度钢焊接材料[M].北京:机械工业出版社,1987.

[8] 崔朝宏.冷轧辊埋弧堆焊药芯焊丝的研究[D].天津:天津大学,2001.

[9] 倪雪辉.金属粉芯自保护堆焊用药芯焊丝的研制[D].湘潭:湘潭大学, 2009.

[10] 王磊.X52 钢焊接接头组织及性能的研究[D].天津:天津大学.

[11] 田志凌,潘川,梁东图.药芯焊丝[M].北京:冶金工业出版社,1999.

[12] 郭俊杰,栗卓新,李国栋,等.金属芯药芯焊丝中药粉粒径对发尘量和电弧

稳定性的影响[J].机械工程材料,2010,34(10):23-24.

[13] 广州锅炉厂.酸性焊条焊接高压容器环缝解剖试验[J].焊接,1969(6):39-48.

[14] 孙德佑.固定管道焊接焊条角度分析[J].油气储运,1989,8(5):54-56.

[15] 黄会强,刘玉双,张亚平,等.海洋工程用超低氢高韧性焊条CJ557HG的研制[J].焊接技术,2017,46(3):56-59.

[16] 薛慧,孔繁荣.X80管线钢低氢焊条根焊技术[J].焊管,2015(11):41-43.

[17] 何少卿,高英平.低氢型药皮焊条[J].机械制造文摘:焊接分册,2012(6):20-23.

[18] 赖向辉.低氢型焊条管道全位置下向焊工艺[J].石油工程建设,1994,20(3):21-23.

[19] 候来昌.低氢型全位置立向下焊条[J].焊接技术,2006(增刊1):35.

[20] 朱丙坤,吴纶发,毕礼宝,等.国产SRE××10系列高纤维素型焊条在管道焊接中的开发应用[J].化工建设工程,2004(4):59-60.

[21] 陈自强,沈风刚.E8016—G超低氢高韧性和接头立向下碱性焊条的研制[J].焊接,1997(7):6-9.

[22] 杨元修.低氢型向下立焊焊条特殊工艺性能的探讨[J].焊接技术,1999,28(3):29-31.

[23] 隋永莉.国产X80管线钢焊接技术研究[D].天津:天津大学,2008.

[24] 薛振奎,隋永莉.国内外油气管道焊接施工现状与展望:第三届21世纪中国焊接技术研讨会论文专刊[C].2001.

[25] 刘彤,胡连海,胡庆福,等.低氢型全位置立向下焊条的熔化特性研究[J].热加工工艺,2016,45(1):189-191.

[26] 李谦益,逯燕玲,朱建国.油气输送管道的焊接施工质量控制[J].焊接技术,2004,33(3):63-66.

[27] 陈学武,王俊英.长输管道向下焊焊接工艺[J].焊接,1999(10):23-33.

[28] 沈风刚,卢学刚,薛锦.高纤维素型焊条立向下焊接工艺性能研究[J].焊接技术,1998,27(5):30-32.

[29] 陈振峰,唐东升,卢明,等.药芯焊丝和纤维素焊条在山岭地区天然气管道焊接中的应用[J].金属加工:热加工,2017(增刊1):78-81.

[30] 张牧阳.长输管道焊接技术的应用思考[J].工程技术研究,2017(5):119-

120.

[31] 路浩,姜爱国.纤维素型焊条下向焊在长输管道施工中的应用[J].内江科技,2011,32(8):117.

[32] 黄德志,于英姿,田丽.西气东输二线工程中的低氢焊条根焊技术[J].电焊机,2009,39(5):116-118.

[33] 李颂宏.实用长输管道焊接技术[M].北京:化学工业出版社,2009.

[34] 聂建航,姚润钢,朱珍彪.管道用高纤维素型焊条的工艺性能优化[J].焊接技术,2013(6):4.

[35] 顾兴俭.长输管道纤维素型焊条焊接常见缺陷及防止措施[J].内江科技,2005,26(5):68.

[36] 万鹏,王振家,戴维新.高纤维素型焊条气孔、涂压性和电弧吹力研究[J].湖北汽车工业学院学报,2002,16(1):19-24.

[37] 郭道厚.纤维素焊条下向根焊应用于工艺管道施工[J].油气田地面工程,2013(1):102.

[38] 周增,刘海云,王志明.长输管道用纤维素焊条工艺性评价[J].电焊机,2010,40(3):64.

[39] 张雪珍.浅析纤维素焊条向下焊焊接工艺[J].科技信息,2009(5):42.

[40] 马庆伟.供热管道纤维素焊条下向焊焊接技术分析[J].机械研究与应用,2008,21(4):26-27.

[41] 汤美安.使用纤维素焊条的下向焊接技术[J].石油化工建设,2005,27(3):41-43.

[42] 李宪政.管道下向焊技术及焊机特点[J].安装,2001(增刊1):24-26.

[43] 刘海云,王勇,王宝.高纤维素型焊条熔滴过渡形态和工艺性分析[J].焊接学报,2000,21(2):51-54.

[44] 许志君,王仁徽.纤维素立向下焊条制造工艺和使用工艺的探讨:第十次全国焊接会议论文集(第1册)[C].2001.

[45] 刘海云,王宝.高纤维素型焊条研究评述[J].太原理工大学学报,1998,29(5):504-507.

[46] 陈自振,邵东旭,李钦.混合型向下焊工艺在成品油管道工程中的应用[J].焊接技术,2007,36(1):31-33.

[47] 赵常庆.浅谈混合型立向下焊焊接工艺的应用[J].太原科技,2004(2):

76-77.

[48] 黄向红.复合型下向焊焊接工艺及操作技术[J].焊管,2011,34(5):60-64.

[49] 李显雪.油田长输管道焊接技术的研究[J].科技与企业,2014(22):85.

[50] 王慧志.浅谈下向焊技术在石油管道焊接中的应用[J].中国科技信息,2008(17):155.

[51] 黄立兵,任延广.药芯焊丝自保护焊下向焊技术的特点及其应用[J].管道技术与设备,2009(4):44-46.

[52] 万丽,葛静华,茹成章,等.小口径管道自保护药芯焊丝半自动下向焊焊接工艺[J].焊接技术,2018,47(8):112-114.

[53] 陈虎,李文武,霍亮.纤维素型焊条根焊+药芯焊丝半自动填盖焊在轮南支干线工程中的应用[J].焊接技术,2015,44(3):58-61.

[54] 丁光柱,李报,李世会,等.纤维素型焊条/药芯焊丝下向焊在热网管道中的应用[J].焊接技术,2020,49(5):70-73.

[55] 孟虎.钢制薄板结构中金属粉芯焊丝焊接工艺研究[D].镇江:江苏科技大学,2018.

[56] 田晓宇.X100管线钢焊接技术研究[D].成都:西南石油大学,2015.

[57] 李洪福.气保护金属粉芯焊丝半自动根焊工艺[J].油气田地面工程,2010,29(8):89-90.

[58] 杨祥海.金属粉芯药芯焊丝管道全自动焊接工艺研究[J].电焊机,2009,39(5):135-138.

[59] 马志才,唐元生.金属粉芯型气体保护焊丝在管道焊接中的应用[J].安装,2008(11):36-38.

[60] 刘硕.大口径油气管道环焊技术的进展及在宝钢的应用[J].宝钢技术,2007(2):35-39.

[61] 喻萍,尹士科.国外金属粉型药芯焊丝简介[J].焊接,2010(2):31-35.

[62] 李建海,陈邦固.新型金属芯药芯焊丝的开发和应用[J].焊接技术,2001,30(3):47-51.

[63] 王皇.金属粉芯型药芯焊丝熔滴过渡及飞溅的试验研究[D].太原:太原理工大学,2012.

[64] 尹士科,王移山.日本药芯焊丝发展动向[J].焊接,2000(10):36-37.

[65] 张文钺.国外焊接材料的发展动态及加快国产药芯焊丝发展的建议[J].

材料开发与应用,2000(1):30-34.

[66] 孟凡刚,陈玉华,王勇.X80钢管道及现场环焊缝焊接技术发展现状[J].石油化工设备,2008(3):44-49.

[67] 闫臣,杨忠惠,刘文虎,等.大口径X80钢管单焊枪自动焊工艺[J].焊接技术,2010,39(12):34-37.

[68] 杨祥海.金属粉型药芯焊丝焊接技术[J].现代焊接,2008(2):28-31.

[69] 王宝,杨林,王勇.药芯焊丝CO_2焊熔滴过渡现象的观察与分析[J].焊接学报,2006,27(7):77-80.

[70] 张富巨,王燕,张晓昱.药芯焊丝电弧焊电弧形态与熔滴过渡行为的研究[J].焊接技术,2004,33(4):11-14.

[71] ALLUM C J.Metal transfer in arc welding as a varicose instability.II.Development of model for arc welding[J].Journal of physics D:applied physics,1985,18(7):1447.

[72] 李海明,王宝,刘富强.CO_2气体保护焊药芯焊丝工艺性分析与评价[J].焊接,2008(9):59-62.

[73] 陈自振,程义远,李天伟,等.X80管线钢药芯焊丝气保护全自动焊焊缝性能研究[J].材料导报,2022,36(增刊2):352-355.

[74] 齐丽华,胡颖,张世杰,等.Mo、Ni元素对X70钢管FCAW-G环焊接头组织性能及形变影响规律研究[J].焊管,2023,46(2):1-5.

[75] ZENG H L,WANG C J,YANG X M,et al.Automatic welding technologies for long-distance pipelines by use of all-position self-shielded flux cored wires[J].Natural gas industry B,2014,1(1):113-118.

[76] AI X Y,LIU Z J,WU D.Study on improvement of welding technology and toughening mechanism of Zr on weld metal of Q960 steel[J].Materials,2020,13(4):892.

[77] LIU D,WEI P,LONG W,et al.Narrow gap space contributes to chemical metallurgy of self-shielded arc welding[J].China welding(English edition),2021,30(3):12-19.

[78] 李平,孟工戈.TiO_2对不锈钢焊条脱渣性的影响[J].焊接学报,2006,27(4):69-72.

[79] 喻萍,潘川,薛锦.氟化物对自保护药芯焊丝焊接工艺性能的影响及熔敷

金属中 P、Si 的控制[J].焊接学报,2004,25(6):69-72.

[80] 张恒铭.自保护药芯焊丝电弧增材修复工艺机理及成型控制[D].兰州:
兰州理工大学,2021.

[81] 张占伟.X80 管线钢用自保护药芯焊丝的研究[D].天津:天津大学,2009.

[82] 张学杰,郭纯,朱官朋,等.管线钢用自保护药芯焊丝发展概况[J].材料开
发与应用,2017,32(4):134-140.

[83] 牛全峰.自保护药芯焊丝的研究[D].武汉:武汉理工大学,2005.

[84] 李坤.几种组分对自保护药芯焊丝工艺性能和熔敷金属韧性的影响[D].
北京:机械科学研究院,2005.

[85] 蒋旻,栗卓新,蒋建敏.自保护药芯焊丝的国内外研究进展[J].焊接,2003
(12):5-8.

[86] 高海军,王晖,刘守恩,等.自保护药芯焊丝工艺在油田工程中的开发及应
用[J].青海石油,2012,30(4):70-73.

[87] 李忠,孙兆荣,隋永莉.自保护药芯焊丝在长输油气管道建设中的应用
[J].金属加工:热加工,2014(12):59-61.

[88] 张智,张文钺,陈邦固,等.药芯成分对自保护药芯焊丝焊缝脱渣性的影响
[J].材料科学与工艺,1997,5(4):40-44.

[89] 栗卓新,蒋建敏,魏琪.熔渣成分对气保护不锈钢药芯焊丝脱渣性影响的
研究[J].材料工程,2003(1):30-33.

[90] 张敏,舒绍燕,芦晓康,等.熔渣成分和微观结构对自保护药芯焊丝脱渣性
的影响[J].焊接学报,2018,39(2):10-14.

[91] 李继红,程康康,舒绍燕,等.CaCO$_3$ 含量对自保护药芯焊丝脱渣性的影响
[J].机械工程材料,2018,42(9):6-10.

[92] LI Z X,LI H,CHEN B G.Study on effects of droplet transfer on operation per-
formance of self-shielded flux-cored wire[J].Chinese journal of mechanical
engineering,2000,36(5):66-68.

[93] DANUT I,LUISA Q.Steps toward a new classification of metal transfer in gas
metal arc welding[J].Journal of materials processing technology,2008,202
(1/2/3):391-397.

[94] ZHU Z,FAN K,LIU H,et al.Characteristics of short-circuit behaviour and its
influencing factors in self-shielded flux-cored arc welding[J].Science and

technology of welding and joining,2016,21(2):91-98.

[95] 栗卓新,皇甫平,陈邦固,等.自保护药芯焊丝熔滴过渡的控制[J].机械工程学报,2001,37(7):108-112.

[96] FRANCIS J A,BEDNARZ B,BEE J V.Prediction of steady state dilution in multipass hardfacing overlays deposited by self shielded flux cored arc welding[J].Science and technology of welding and joining,2002,7(2):95-101.

[97] QUINTANA M A,MCLANE J,BABU S S,et al.Inclusion formation in self-shielded flux cored arc welds[J].Welding journal(Miami,Fla),2001,80(4):98.

[98] BADRI K N,LISA M,MILLS M J,et al.Characterization of weld metal deposited with a self shielded flux cored electrode for pipeline girth welds and offshore structures:2010 8th International Pipeline Conference.[C].2010.

[99] ZHAO M,WEI F,HUANG W Q,et al.Experimental and numerical investigation on combined girth welding of API X80 pipeline steel[J].Science and technology of welding and joining,2015,20(7):622-630.

[100] ZHANG T L,LI Z X,KOU S D,et al.Effect of inclusions on microstructure and toughness of deposited metals of self-shielded flux cored wires[J].Materials science and engineering A,2015,628:332-339.

[101] 刘德臣.管线钢自保护药芯焊丝焊焊缝组织及性能研究[D].成都:西南石油大学,2013.

[102] 郭纯,朱珍彪,张晓,等.自保护药芯焊丝的研制:2013 中国焊接产业论坛论文集[C].2013.

[103] 祝坤.Mn 和 Al-Mg 合金对无渣自保护药芯焊丝工艺性能的影响[D].南京:南京航空航天大学,2013.

[104] BANG K S,KIL W,CHANG W S.Effects of chemical composition on the microstructure and mechanical properties of FCAW-S weld metal containing 2% Ni[J].Metals and materials international,2013,19(2):329-334.

[105] BANG K S,PARK C,JEONG H S.Low heat input welding to improve impact toughness of multipass FCAW-S weld metal[J].Journal of ocean engineering and technology,2014,28(6):540-545.

[106] BANG K S,PARK C.Effects of welding parameters on diffusible hydrogen

contents in FCAW-S weld metal[J].Journal of ocean engineering and technology,2013,27(5):77-81.

[107] SONG S P,LI Z X,LI G D,et al.Effect of heat input on toughness of deposited metal at-40 degrees c of self-shielded flux-cored wire[J].Materials processing technology,2011(291/292/293/294):979-983.

[108] 裘荣鹏.钛和锆元素对自保护药芯焊丝熔敷金属组织和力学性能的影响[J].机械工程材料,2016,40(3):39-42.

[109] 汪凤,范玉然,张希悉,等.自保护药芯焊丝中 Cr 含量对钢管焊缝冲击性能及组织的影响[J].焊管,2014,37(5):58-61.

[110] 尹长华,范玉然.自保护药芯焊丝半自动焊焊缝韧性离散性成因分析及控制[J].石油工程建设,2014,40(2):61-67.

第五章　X65/X70 管道环焊缝实心焊丝研究进展及应用

近年来，我国石油天然气管道工程发展迅速，带动了管线用钢产量的大幅提高。20 世纪 90 年代中期，我国管线钢年总产量仅为 30 万 t，到 2009 年已提高到 700 万 t。与此同时，从管线钢的品质特性来说，我国也已从 20 世纪 80—90 年代初期的铁素体-珠光体微合金管线钢发展到目前的针状铁素体管线钢，完成了第一代产品到第二代产品的转变。随着油气需求的快速增加，油气管道正在向大口径、高压力、高钢级的方向发展[1-5]。在相同输送工况条件下，既能减少管道的焊接时间，也能减少管道的用钢量，从而大幅度降低管道建设成本。X65/X70 级管线钢具有大厚壁、高强度、高韧性、低屈强比、高均匀变形率、高应变硬化指数和耐腐蚀等综合技术特征，满足海洋高压、海流、悬空等复杂环境和深海钢管铺设对强韧性、抗应变、抗压溃、耐腐蚀等综合性能的要求[6-8]，已经在陆地和海洋等复杂环境下得到了大量的应用。本章主要结合 X65/X70 管线钢的应用现状和焊接性分析了 X65 管道和 X70 管道环焊用实心焊丝的化学成分、显微组织、力学性能特征和工艺性能特征，介绍了我国 X65/X70 钢级油气长输管道环焊实心焊丝的研制和应用现状。

◆◇ 第一节　X65/X70 管线钢的焊接性

一、X65/X70 管线钢的工程应用及前景

X65/X70 管线钢级别的管材已经得到了普遍应用，特别是在我国海洋开发的海底管道建设中，X65 管线钢更是得到大量应用。而 X65 管线钢具有良好的抗拉强度和低温冲击韧性，同时具有良好的焊接性能。我国对 X65 管线钢生产

技术的研究已经成熟，并且对 X65 管线钢的焊接工艺研究也相当深入。因此，X65 管线钢在油气管道建设中得到了大量应用，例如从西北管道库都线到广东 LNG 的管道工程中，90% 以上的管材使用的是 X65 管线钢。

在宝钢生产的 X65 管线钢中，其部分成分统计结果显示钢中的含硫量要小于 0.0054%，而碳含量和碳当量也已经控制在 0.05% 之内，而在宝钢生产的 19 万 t 的 X65 管线钢板的屈服强度波动值已经控制在 100 MPa 之内，且其中 99% 以上的数据波动在 75 MPa，这也反映出我国钢厂对于管线钢的生产质量的调控把握得非常精准。

为了进一步提高油气能源的输送效率，大口径、高压力、大输量成为管道工业发展的一个主要趋势。陕京二线、西气东输二线、中亚管线、漠大线、川气东送等工程大量使用了 X70 管线钢。尽管更高强度的 X80 高强度管线钢在西气东输二线全线焊管用量占 63%，但是支干线 4260 km 仍然采用 161.1 万 t 的 X70 管线钢。X65/X70 级高性能海洋油气输送用管线钢，用于制作海洋特别是深海油气输送钢管，是加速海洋资源开采利用和促进能源开发迈向深海的关键原材料之一，作为国家急需产品被列入 863、国家重点研发计划等国家级科研项目。

大口径、高压力、大输量成为管道工业发展的一个主要趋势，高钢级管线钢在未来的管道规划中具有良好的应用前景。随着国内冶金技术装备水平的提高，我国管线钢生产企业逐渐增多，管线钢系列产品质量和级别逐渐提高，部分管线钢产品已达到国际先进水平，X80 针状铁素体型管线钢已获得大规模工业应用。管线钢轧制工艺现在已经成熟应用的有 TMCP，HTP，HOP 等技术。几种技术各有长处，应加强工艺优化研究，加大产品开发生产的力度，以经济的手段生产出高质量的产品。未来的管线用钢将朝更高级别、更大输送压力的方向发展。各企业在开发更高级别管线钢的同时还应该将工作重心放在如何使 X65/X70 管线钢的生产工艺、质量更稳定、高效上。此外，抗大变形、耐酸性腐蚀及抗应力腐蚀等性能也是未来管线钢发展的关注重点。

二、X65/X70 管线钢的焊接性

X65/X70 管线钢，作为长距离输送石油、天然气用的专用钢管，在输送线上起着承受油气压力、温度变化和腐蚀介质的作用，同时受所通过地带各种自然与人为因素的影响，使用中可能发生各种意想不到的安全性问题。因此在管

道焊接施工中，除要求较高的管道接头强度之外，还要求较高的接头低温韧性和优良的焊接性。合理选择焊接材料显得十分重要。

表5-1列出了焊缝金属强度匹配类型与接头焊接性的一般关系。可以看出，等强度匹配方式的工艺焊接性不是很好，施工条件要求严格，施工成本较高，虽然接头的抗脆断性能比较优良，但由于HAZ软化区未受到高强焊缝的拘束，不发生三轴拉应力强化效应，无助于降低管线钢HAZ软化的影响。高强度匹配方式的工艺焊接性更差，施工条件要求更严格、更复杂，施工成本更高，焊接质量稳定性难以保证。虽然接头的抗脆断性能存在两种不同观点，但由于HAZ软化区受到高强焊缝的拘束，会产生所谓三轴拉应力强化效应，有助于降低管线钢HAZ软化的影响。低强度匹配方式的工艺焊接性得到改善，施工条件也改善，施工成本降低。虽然接头的抗脆断性能易于改善，但由于HAZ软化区未受到高强焊缝的拘束，不发生三轴拉应力强化效应，亦无助于降低管线钢HAZ软化的影响[9-15]。

表5-1　焊缝金属强度匹配类型与接头焊接性的关系

焊缝强度匹配类型	接头实际抗拉强度	工件预热温度	接头抗裂性	施工条件及成本	接头抗脆断性能	对管线钢HAZ软化的影响
等强度匹配	高于母材强度	预热温度较高	存在裂纹倾向	施工条件严格，成本较高	比较优良	无助于降低软化的影响
高强度匹配	更高于母材强度	预热温度高	存在裂纹倾向	施工条件严格，成本高	观点1：比较差；观点2：比较好	有助于降低软化的影响
低强度匹配	略低于母材强度	降低50~70℃	接头抗裂性提高	施工条件改善，成本降低	易于改善	无助于降低软化的影响

◆ 第二节　X65管线钢实心焊丝研究进展及应用

X65管线钢在海底管道铺设焊接施工的过程中，焊接工艺主要有三种：手工电弧焊、半自动焊以及全自动焊。手工电弧焊是最早采用的焊接工艺方法，焊接过程中使用纤维素焊条，采用大电流进行多层多道焊接。手工电弧焊的操作灵活，适应性强，但是劳动强度太大，焊接效率低下。半自动焊接工艺是我国目前主要的海底管道焊接工艺。半自动焊接采用了自保护药芯焊丝进行焊接，焊接效率较手工电弧焊提高了近 4 倍。全自动焊接工艺目前应用还不广泛，由于其良好的焊接接头质量稳定性和适应性，全自动焊接工艺将会成为将来海底管线钢焊接的主要工艺。全自动焊接工艺采用实心焊丝进行焊接，在大口径、大壁厚的管道焊接中具有非常高的焊接效率[16-18]。

由于 X65 管线钢的特殊组织，焊接时对环境的温度和湿度有较高要求，在低温环境下对 X65 管线钢进行焊接时，必须对 X65 管线钢焊前预热。而在环境湿度超过一定值时，则不允许进行焊接施工。通过合理的改善焊接接头的设计，并且恰当调整焊接工艺参数，稍微提高焊接的热输入，从而控制层间温度在 80 ℃以上，这样不仅确保了焊接接头的性能，同时能够降低外界低温环境的不利影响。而在潮湿环境下进行焊接时，则应在焊前预热和控制层间温度的基础上，采用自保护药芯焊丝进行半自动焊接，这样才能够保证焊接接头质量[9, 11]。

一、X65 管线钢环焊缝的焊丝特征

1. 气体保护焊实心焊丝的优点及应用

管线钢的焊接常采用熔化极气体保护焊，从根本上来讲，气体保护焊的操作工艺如果要得以顺利完成，则必须依赖相应的焊接材料。在目前现存的各类焊接材料中，实心焊丝占有相对较高的比例[19-21]。

对于气体保护焊来讲，通常可以将其分成焊枪、焊接电源、送丝系统、冷却水系统以及供气系统几类关键部分。相比于其他种类的焊接工艺，气体保护焊本身具备相对更优的熔池以及电弧可见性，从而便于实现对焊接参数的灵活调整与及时调整。与此同时，气体保护焊的整个操作流程并不会带来较多焊渣，进而省略了后续的清理焊渣操作，整个施工流程具有简便性的特征。由于受到热量集中的影响，处于保护电流下的电弧就会受控于较小的焊件变形幅度，并且表现为较小的熔池与较快的焊接操作速度。在目前的现状下，气体保护焊已经被运用于自动化以及机械化的多种工业领域，并且还能适用于现阶段的机械化焊接。例如，针对熔点较高且具有较强活泼性的合金与其他金属，运用上述保护焊工艺能够达到最优的工艺操作水准。此外，如果有必要在室外进

行焊接操作，那么应当增设必要的挡风设施，以便于妥善保护焊接气体[3, 22-23]。

2. 实心焊丝现存的工艺缺陷与推广问题

随着自动化焊接技术的飞速发展，实心焊丝的操作工艺已经能适用于焊接操作领域，并且还会带来突显的焊接工作效益。目前，关于气体保护焊并没能真正达到最优的工艺操作水准，并且仍然表现为亟待改进的焊接工艺要点[20-21, 24]。具体而言，关于气体保护焊运用于焊接各类金属结构仍然呈现如下工艺难题。

（1）相对单一的焊丝品种。从现状来看，国内厂商仍然局限于二氧化碳气体作为最基本的焊接保护气体，因而呈现较为单一的焊丝种类。同时，运用单一焊丝种类也不利于增强金属本身具备的疲劳荷载强度。对于混合气体的富氩焊接操作，通常都会选择特定种类的焊丝。但是相比于国内，美国等较多国家都已能够选择含有硅元素或者锰元素的多种焊丝来完成金属焊接。因此，在实践中，关键在于拓展可供选择的焊丝品种。由于采用单一的二氧化碳气体保护焊时有飞溅大、焊缝成型凸起等缺点，在承受疲劳载荷的金属结构件或焊缝外观质量要求高的合作产品焊接中大多采用富氩混合气体保护，一般只能选用ER50-6焊丝。而美国ER70S-2和日本YGW15焊丝除锰、硅含量较低外，还添加了锆、钛和铅等脱氧剂，在焊接时对钢板表面锈蚀、杂质不太敏感。因此，在富氩混合气体保护焊时，选用ER70S-2和YGW15焊丝比较合理。随着行业大厚板结构的日趋增多，应研制适用于大规范焊接的碳钢焊丝（如日本的YGW11、锦泰公司的JM-58）[19-21]。

（2）高强钢、耐热钢等焊丝生产厂家少。近年来，随着企业产品结构的调整，焊接金属材料范围由常见的Q235钢、Q345钢向高强度钢（如Welten 80C，40CNi2Mo等）、高韧性钢、耐热钢（如15CMoR，13MI-NiMONbR，21CrMo10等）等领域拓展，而国内这类焊丝的生产厂家极少，往往存在焊丝质量不稳定、供货周期长、价格高、不能满足生产要求等问题，有的特殊钢种的焊丝仍依赖进口。在实际生产中，对于以上钢种的焊接，只得选用进口焊丝或改变焊接工艺方法。

（3）忽视研发专用性的有色金属焊丝。近些年，航天技术正在日益呈现迅速演变的趋向。对于现阶段的航天领域，焊接操作的侧重点应当在于航天发射塔架的焊接处理。但是从现状来看，国内仍然欠缺有色金属焊丝作为上述焊接操作的基本保障，而目前现有的实心焊丝也没能达到最佳的翘距、抗拉强度与表面质量。

因此可以得知，当前关于有色金属制成的焊丝应当着眼于全面研发，确保能够从源头入手，以显著提升目前现存的焊丝质量，并且最终达到保证金属焊接基本质量的目的[24-25]。

(4)镀铜层不均匀、结合力差、易掉铜屑、易生锈、保存时间短。焊丝经过送丝轮时会有铜屑掉落，严重的大片脱落，堵塞导丝管，工人只得经常用压缩空气吹导丝管，清除铜屑。

焊丝锈蚀主要是基体与镀铜层界面生锈。有的焊丝刚发到厂，表面就发现锈蚀。有的存放一段时间后发现锈蚀，能保存半年的焊丝不太多。可见，焊丝镀铜质量有待进一步提高。

焊丝镀铜质量问题一直制约着国内气体保护焊丝生产规模的发展与应用。因此，一是要确定合理的工艺参数；二是要加强镀铜前处理，提高除锈去脂能力；三是解决镀铜剂、润滑剂、光亮剂、拉丝模的质量问题。如国外的润滑剂易清洗，防锈，焊接时飞溅小。拉丝模为旋转式，这样可避免焊丝表面拉痕，减小焊丝的椭圆度[20-21, 24]。

(5)焊接工艺本身的性能亟待提升。实心焊丝在现存的金属焊接中占有显著地位，然而除选择合适的焊丝以外，目前还需致力于优化焊接工艺。这是因为现存的金属焊接工艺尚未真正达到应有的工艺完善性，因此阻碍了气体保护焊的迅速发展。对于多数国产焊丝而言，焊丝本身并未达到优良的适用性、焊缝成型性与稳定性。如果要将实心焊丝广泛应用于焊接生产，那么针对规模较大的金属焊接操作仍无法予以满足。

(6)大力研制开发非镀铜焊丝。非镀铜焊丝是应用纳米技术和现代金属间化合物胶体涂层技术对焊丝表面进行新型涂层处理。它与传统镀铜焊丝比较，具有电弧稳定、飞溅较小、成型美观、防锈能力强、烟雾毒性和污染小、成本低等优点，目前在日本、美国等工业发达国家已有迅速取代镀铜焊丝之势[22-23, 26-27]。国内的锦泰、三英、猴王等企业已研制、生产这种焊丝。2003—2006 年，太原重型机械集团有限公司开始推广应用非镀铜焊丝，取得了一定效果。但由于焊丝质量不太稳定没能大规模使用，主要表现为导电性能较差、送丝不太稳定、导电嘴磨损严重等。因此，焊丝生产厂家今后还需不断研究、开发、掌握非镀铜焊丝制造技术，改进提高产品质量，以满足实际生产要求[19-21, 24-25]。

3. 用于 X65 管线钢的实心焊丝

可用于 X65 管线钢环焊缝的实心焊丝有 JM-58 焊丝、JM-60 焊丝、ER70S-6 焊丝等，可以通过焊丝向焊缝中过渡有益的合金元素，提高焊缝成型质量等。

（1）JM-58 焊丝。JM-58 焊丝具有以下优良特性。

① JM-58 焊丝为碳钢 GMAW 实心焊丝，一般以 $100\%CO_2$ 为保护气，适用于大电流 GMAW 焊接。

② 在焊丝中加入 Ti 有助于细化晶粒，并减小飞溅。

③ 具备卓越的焊接工艺性能。电弧稳定，飞溅小，适用于大电流焊接。焊丝的出丝位置偏移很小，尤其适用于需要焊缝精确定位的管道或机器人焊接。

④ 具有卓越的送丝性。独特高效的生产工艺带来了清洁的焊丝外观、非常均匀的镀铜层及润滑剂涂层。确保了送丝中更小的摩擦力与更良好的导电效果，减少了镀铜层脱落现象。

⑤ 均匀的润滑剂涂层可为焊丝提供更佳的抗锈蚀性。

JM-58 焊丝的力学性能如表 5-2 所示。

表 5-2　JM-58 焊丝的力学性能

熔敷金属	屈服强度/MPa	抗拉强度/MPa	延伸率	-30 ℃下 CNV 冲击韧性/J
AWS 标准值	≥400	≥480	≥22%	—
JM-58	480	570	29%	73

JM-58 焊丝推荐的焊接工艺如表 5-3 所示。

表 5-3　JM-58 焊丝的推荐焊接工艺

直径/mm	推荐电流范围/A
0.8	50-180
0.9	60-200
1.0	70-220
1.2	80-350
1.4	120-420
1.6	180-550

（2）JM-60 焊丝。JM-60 焊丝的力学性能如表 5-4 所示。

表 5-4　JM-60 焊丝的力学性能

熔敷金属	热处理状态	屈服强度/MPa	抗拉强度/MPa	延伸率	−30 ℃下 CNV 冲击韧性/J
AWS 标准值	—	—	≥550	—	—
典型值	焊态	500	600	27%	103

JM-60 焊丝推荐的焊接工艺与 JM-58 焊丝相差不大,如表 5-3 所示。

（3）ER70S-6 焊丝。ER70S-6 气体保护焊丝是一种表面镀铜实心焊丝,具有优良的焊接工艺性能,电弧稳定,飞溅少,熔敷效率高,适合于各种位置的焊接。ER70S-6 是 AWS 美国焊接协会标准,相当于我国 ER50-6 镀铜实心低合金钢焊丝。该焊丝属于抗拉强度 ER50 系列低合金钢焊丝,用于 Q235 低碳钢、Q345 低合金结构钢等黑色金属焊接,可以使用二氧化碳气体进行焊接,或氩气+氧气、氩气+二氧化碳气体、氩气+氧气+二氧化碳气体进行 MAG 焊。钛金属属于有色金属,工件较薄时采用 TIG 直流钨极氩弧焊焊接。厚度较大可以采用 MIG 熔化极氩弧焊焊接。钛金属焊接根据母材具体牌号,需要匹配相对应的钛合金焊丝作为焊接填充物焊接。钛金属较为活泼,氩气作为保护气体,且纯度必须大于 99.99%。滞后送气时间必须大于 10 s。对焊接人员操作技术、焊接参数选择、焊机输出特性等要求较高。

二、X65 管线钢环焊焊丝的应用

1. 不同环境压力下 X65 管线钢焊接接头的组织及硬度

选用 JM-58 实心焊丝对 API X65 管线钢进行模拟高压干法水下焊接,对不同环境压力条件下(0.1,0.3,0.5,0.7 MPa)焊接接头的显微组织及硬度进行测试,分析环境压力对焊接接头组织和性能的影响。

我国有 85% 以上新增石油产量来自海洋。目前,我国海底管线系统多采用 X65 管线钢,且大部分管道已经服役多年,即将面临更换及维护问题。面对大量水下构件的维护以及水下作业时海水和水压的考验,发展水下焊接技术刻不容缓。目前,常用的水下焊接方法有干法焊接、湿法焊接等。进行干法焊接时,焊接部件较大范围处在气相环境中,干法焊接优缺点比较明显,其优点是适用于深水、高质量的焊接,其缺点是排水设备价格比较昂贵。根据工作压力大小不同,干法焊接通常又分为高压干法焊接和常压干法焊接。水下高压干法焊接则是在水下建立的一个半封闭的操作舱内进行,焊接前利用稍高于外界水压的高压气体将水从操作舱底部挤出,从而能够在此高压气体中进行干法焊接[13, 16-18, 28-30]。

进行水下高压干法焊接时，其气室中的压力比工作水深所处的压力稍大。高压干法焊接接头焊接质量好，目前已成为主要的水下焊接技术之一。随着水深增加，焊接舱内的环境压力也随之增加，而高压环境对焊接的电弧特性、冶金特性、焊接工艺，以及焊接接头的组织性能的影响尚不完全清楚。在压力模拟舱内模拟高压干法水下焊接工况，对在不同环境压力条件下采用熔化极气体保护焊（GMAW）焊接的 X65 管线钢焊接接头的显微组织和硬度进行测试，分析探讨环境压力的变化对焊接接头组织和性能的影响，以便了解 X65 管线钢水下干式 GMAW 焊接接头的组织和性能，为制定合理的焊接工艺提供实验基础[13, 16-18, 28-30]。

（1）试验材料及试验方法。试验所用 API X65 管线钢的化学成分见表 5-5。采用福尼斯 CMT 3200 多功能焊机，在氩气和二氧化碳混合气体保护下，采用熔化极气体保护焊在压力模拟舱内模拟高压干法水下焊接，具体焊接过程见参考文献[16]。采用直径 1 mm 的 JM-58 焊丝，其化学成分一同列于表 5-5。采用 GMAW 焊接时，固定焊接电流为 135~155 A，电压为 22~25 V，保护气体流量为 18~20 L/min，焊丝杆伸长 10~12mm。焊接分别在 0.1, 0.3, 0.5 和 0.7 MPa 的环境压力下进行。

表 5-5　X65 钢母材及焊丝成分（%）

材料	C	Si	Mn	P	S	V	Nb	Ti	Cu	Fe
API X65	0.15	0.45	1.60	0.02	0.01	0.05	0.05	0.06	—	余量
JM-58	0.15	0.65	1.85	0.03	0.03	—	—	0.18	0.12	余量

将焊接接头磨光、抛光、制备成金相试样，再用 4%硝酸酒精溶液腐蚀，然后利用 GX71 型 OLYMPUS 金相显微镜观察焊接接头的焊缝、熔合线、热影响区以及母材的显微组织。采用 HV120 型维氏硬度计测量焊接接头不同区域的维氏硬度，载荷为 10 kg。在焊接接头截面距离下边缘 2 mm 处测量硬度，硬度测量位置分布如图 5-1 所示。每间隔 1 mm 取一个硬度测量点，共测量 30 个点，焊缝中心处的测量点标记为 15。

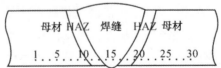

图 5-1　焊接接头硬度测量位置分布示意图

（2）试验结果及分析。图 5-2 为不同环境压力下焊接接头的宏观形貌。母材区、焊缝区和热影响区边界清晰可见，接头形貌随着环境压力的变化而不同。在常压（0.1 MPa）下焊接接头成型良好，没有裂纹、气孔、夹渣等缺陷。而在0.3 MPa 压力下，成型的焊接接头在填充焊道的熔合区开始出现两处很细小的气孔。在 0.5 MPa 压力下成型的焊接接头的填充焊道处存在多种焊接缺陷：侧边未融合、层间未融合、气孔等缺陷主要集中在填充焊道，焊缝根部有一大气孔，盖面焊道未出现焊接缺陷。在 0.7 MPa 压力下成型的焊接接头出现的缺陷有侧边未融合、层间未融合，以及盖面焊道上比较多的气孔。

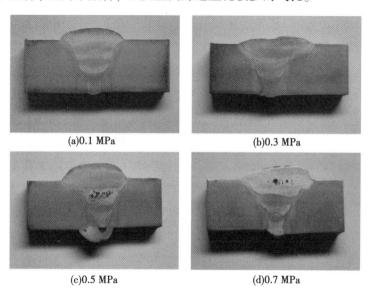

(a)0.1 MPa　　　　　　　　　　(b)0.3 MPa

(c)0.5 MPa　　　　　　　　　　(d)0.7 MPa

图 5-2　不同环境压力下 GMAW 焊接 X65 钢焊接接头的宏观形貌

图 5-3 为 X65 管线钢母材的光学显微组织。X65 管线钢母材主要由铁素体、珠光体和上贝氏体组成。其中，准多边形铁素体的体积分数较大，并出现了针状铁素体以及少量珠光体和上贝氏体。晶粒多为不规则非等轴状晶，且尺寸不一，见图 5-3（a）。图 5-3（b）为高倍光学金相显微组织，可以看出典型的上贝氏体的羽毛状特征。准多边形铁素体位错密度较高，具有位错亚结构，以及较高的强度和韧性。因此，细小的针状铁素体和不规则的准多边形铁素体会使 X65 钢拥有优秀的强度和韧性（屈服强度为 448~600 MPa，抗拉强度为 531~758 MPa）[15, 31]。

图 5-4 是 X65 管线钢在不同环境压力下 GMAW 焊接打底焊道的显微组织。由于焊接热输入较低，焊接的速度较快，因此焊接熔池的冷却速度较快。在焊

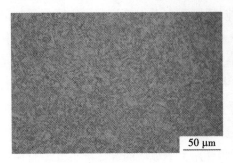
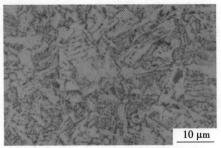

(a)低倍组织   (b)高倍组织

图5-3 X65钢母材的显微组织

接时，所用焊丝的成分与母材接近，含碳量均比较低，因此不同环境压力下焊缝组织主要为铁素体加少量的珠光体和上贝氏体。组织的宏观形貌均为柱状晶，呈细条状或块状的先共析铁素体沿柱状晶边界析出。图5-4(a)清楚地显示了焊缝中具有典型羽毛状特征的上贝氏体组织。不同环境压力下焊缝的组织并没有明显差异。X65管线钢的含碳量低，并且由于碳、锰元素的固溶强化作用，焊缝凝固所形成的奥氏体基体在冷却过程中相变为铁素体和珠光体。相变形成的铁素体组织通常沿原奥氏体边界产生。所以，这种铁素体组织的晶粒较粗大，呈柱状晶分布。打底焊缝以等轴晶粒为主，晶粒较小，原因是打底焊缝承受了上层焊缝的热处理作用，因而形成的组织主要是晶粒较小的铁素体以及少量珠光体。由于在高温条件下碳在铁素体中的固溶度比常温下大，所以铁素体中过饱和的碳以碳化物的形式存在[27, 31-32]。

图5-5(a)为热影响区中完全重结晶区的光学显微组织。该区域金属在焊接加热过程中经历了相变重结晶过程，铁素体和珠光体转变为奥氏体，在冷却过程中又经历了一次相变重结晶过程，由奥氏体转变为铁素体和珠光体。连续两次相变重结晶过程的作用，使该区域的组织得到明显细化，且晶粒大小均匀。故完全重结晶区由晶粒均匀而细小的铁素体和珠光体组成。图5-5(b)为焊接接头熔合区的光学显微组织。熔合区在焊接过程中经历了熔化与凝固的过程。熔合区的微观组织主要由针状铁素体和晶界相(先共析铁素体和魏氏体)组成。熔合区中焊缝与母材结合得很不规则，使分界面变得参差不齐。熔合区的尺寸小，但其化学成分与组织性能很不均匀，因而对焊接接头的强度及韧性造成很大影响[11]。

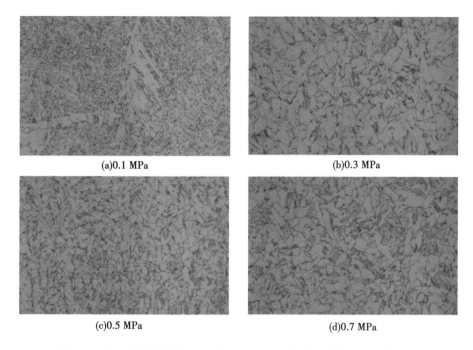

(a)0.1 MPa

(b)0.3 MPa

(c)0.5 MPa

(d)0.7 MPa

图 5-4　不同环境压力下 X65 管线钢 GMAW 焊接打底焊道的显微组织

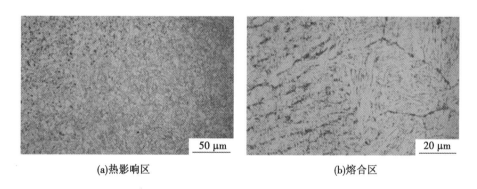

(a)热影响区

(b)熔合区

图 5-5　GMAW 焊接 X65 管线管线钢热影响区和熔合区的组织

图 5-6 为不同环境压力下 GMAW 焊接 X65 管线钢焊接接头打底焊道的硬度分布曲线。HAZ 有两种明显不同的组织——粗晶区和细晶区。其中，细晶区的组织主要是晶粒均匀而细小的铁素体和珠光体，而粗晶区的组织主要是粗大的铁素体、珠光体以及马氏体。热影响区组织分布的不均匀性造成硬度分布也不均匀。细晶区的硬度值略高于母材，而粗晶区的硬度值更高，但仍略低于焊缝。不同环境压力下的焊接接头的硬度分布相同，大致表现为从母材到热影响区有所升高，到焊缝处继续升高，再到热影响区下降一些，最后下降到趋于母

材。而焊缝处硬度稍高于母材。

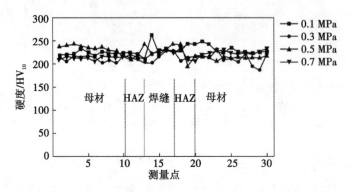

图 5-6　不同环境压力下 GMAW 焊接 X65 管线钢焊接接头打底焊道硬度分布曲线

2. 深水 SCR X65 管线钢环缝无衬垫全自动 GMAW 焊接接头疲劳行为

钢悬链线立管(steel catenary riser, SCR)代表国际深海平台立管技术的发展方向，具有以下优势：与柔性立管相比，成本更低；与顶张力立管相比，对浮体运动有较大适应性；能适用于高温高压工作环境。因此，SCR 取代柔性立管和顶张力立管成为深水开发的首选立管形式。焊接技术是 SCR 建造的核心技术。区别于传统立管，SCR 焊接在坡口准备、焊接、焊缝成型、接头性能等方面都有严格要求，而其焊接技术开发及其工程应用在中国尚属空白领域。深水平台的浮体运动会产生很大的交变载荷，必然导致 SCR 的疲劳问题，尤其环焊缝部位更是疲劳寿命的最薄弱环节。因此，对 SCR 进行焊接工艺开发和疲劳性能研究具有十分重要的意义。采用自主开发的深水 SCR X65 管线钢环缝无衬垫全自动 GMAW 焊接工艺进行 SCR 环缝焊接(使用 ER70S-6 气体保护焊丝)，并开展焊接接头的疲劳试验，将疲劳试验结果与 API RP 2A-WSD—2014 对 SCR 疲劳性能的要求进行比较，证明所采用的焊接工艺能满足标准要求[11-15]。

试验采用标称外径为 355.0 mm、标称厚度为 19.1 mm 的 X65 管线钢。X65 管线钢的化学成分和力学性能如表 5-6 和表 5-7 所示。

表 5-6　API X65 管线钢化学成分(%)

C	Si	Mn	P	S	V	Nb	Ti
≤0.04	≤0.45	≤0.18	≤0.02	≤0.01	≤0.06	≤0.05	≤0.06

表 5-7 API X65 管线钢力学性能

抗拉强度/MPa	屈服强度/MPa	屈强比	延伸率	0 ℃冲击吸收功/J
535	450~570	≤0.90	21%	≥40

采用无衬垫全自动 GMAW 焊,焊接材料为 ER70S-6,焊丝直径为 1.0 mm,保护气体为 80%Ar+20%CO_2,焊接工艺参数如表 5-8 所示。

表 5-8 焊接工艺参数

焊层	电流/A	电压/V	送丝速度/(m·s^{-1})	焊接速度/(mm·min^{-1})	焊接时间/min	热输入/(kJ·mm^{-1})	层间温度/℃
根焊	180	14	7.1	380	2.80	0.38	60
填充	230	23	11.1	508	11.17	2.20	100
盖面	130	24	6.6	406	10.15	2.82	160

通过对 X65 管线钢环缝无衬垫全自动 GMAW 焊接接头开展疲劳试验,通过对疲劳结果进行分析,可以得到以下结论。

(1)X65 管线钢环缝无衬垫全自动 GMAW 焊接接头在高、中、低 3 个应力水平下的疲劳寿命最低值和平均值均高于 API RP 2A-WSD—2014 标准的要求。

(2)由于根部焊缝成型优于盖面焊缝成型,疲劳断裂以盖面焊缝焊趾断裂为主。

(3)在部分试件盖面焊缝焊趾处存在微咬边缺陷,根部焊缝存在微小未熔合缺陷,尺寸均小于 100 μm。

典型的盖面焊缝焊趾起裂和根部焊缝焊趾起裂如图 5-7 所示。图 5-8 为典型的疲劳断口形貌,图 5-8(a)焊趾存在长度约 130 μm、最大深度约 30 μm 的咬边缺陷,图 5-8(b)存在深度约 50 μm 的未熔合缺陷。

(a)盖面焊缝焊趾起裂

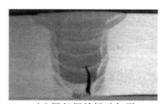
(b)根部焊缝焊趾起裂

图 5-7 疲劳试样断裂位置

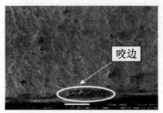 

(a)盖面焊缝焊趾起裂疲劳断口　　(b)根部焊缝焊趾起裂疲劳断口

图 5-8　疲劳断口

3. X65 管线钢焊接接头耐腐蚀性能研究

针对长输管线钢在输油过程中焊接接头腐蚀严重的情况，分别采用 PAW 焊打底+MAG 焊填充、盖面以及 TIG 焊打底+MAG 焊填充、盖面的方法对国产 X65 管线钢进行焊接，并将所得到的焊接接头与 X65 管线钢上的 SAW 焊接接头进行比较。

试验母材采用国产 X65 管线钢供货为热轧态。TIG 焊与 MAG 焊均用林肯 MIG 300 焊机，焊丝均为林肯 ER70S-6。PAW 焊采用飞马特 ULTIMA 150 等离子焊机。

对比 3 种焊接方法所得到的焊接接头在显微组织、硬度上的差别，并通过三电极电化学研究方法和 SSCC 试验，评价了不同焊接接头的耐腐蚀性能。结果表明，采用 PAW 焊打底的焊接接头组织均匀细小，SSCC 敏感性最低，耐腐蚀性能最好；TIG 焊打底的焊接接头显微组织与母材相近，耐腐蚀性能稍差于 PAW 焊打底的焊接接头；而 SAW 焊的焊接接头晶粒较粗大，裂纹敏感性稍高，耐腐蚀性能最差。

4. ER70S-6 实心焊丝在研究 X65 管线钢焊接接头的疲劳行为中应用

焊接管道钢接头的疲劳性能在很大程度上取决于焊根质量，而焊接所用的焊材(焊丝、焊条等)的性能又会影响焊根质量。Han 等[33]研究了焊接工艺对 X65 管线钢焊接接头的疲劳行为的影响。母材选用 API X65 管线钢(外径为 457 mm，厚度为 28.6 mm)，其显微组织主要由针状铁素体和准多边形铁素体组成，因此具有高强度和高韧性。焊接坡口采用 U 形窄间隙坡口，焊接时装配间隙控制在 0.5 mm 以内。X65 管线钢采用多层和多道次焊接，背衬层采用 CMT 或 GMAW 焊接，填料和覆盖层使用 GMAW 焊接。使用直径为 1.0 mm 的 ER70S-6 焊丝，在 82%Ar+18%CO_2(20 L/min)的流量下进行焊接。焊接工艺参数如表 5-9 所示。

表 5-9　焊接工艺参数

焊接工艺	电流/A	电压/V	焊接速度/ （mm·min⁻¹）	保护气流量/ （m·min⁻¹）	热输入/ （kJ·mm⁻¹）
CMT	190	12.0	420	6.0	0.33
GMAW	169	19..5	500	8.5	0.40

　　Han 等采用有限元分析（FEA）、扫描电子显微镜（SEM）、电子背散射衍射（EBSD）和透射电子显微镜（TEM）等实验与分析手段，比较研究了冷金属过渡（CMT）背衬工艺和气体保护金属电弧焊（GMAW）背衬工艺的 X65 管线钢焊接接头的疲劳行为。由于焊根部应力集中低和 CMT 产生的微观结构的综合作用，CMT 接头的疲劳寿命提高了约 67%。此外，均匀分布的针状铁素体和晶界铁素体阻止了 CMT 接头的裂纹扩展，提高了疲劳扩展寿命。由此可知，ER70S-6 实心焊丝可以用于 CMT 以及 GMAW 焊接 X65 管线钢，且具有优良的使用性能[33]。

◆◇ 第三节　X70 管线钢实心焊丝研究进展及应用

　　西气东输工程需要应用大量高性能 X70 管线钢及其配套焊接材料。管线钢焊缝应具有高强度高韧性，焊缝中主要杂质元素 S，P 的含量须保持在较低的水平。高性能管线钢必须有高性能的埋弧焊、气保焊及手工焊焊接材料相匹配。管线钢为控轧控冷钢，为了保证焊缝金属的高韧性，焊缝金属必须具有合适的化学成分。现代管线钢焊缝一般采用 C-Mn-Si 合金系，以 Ti，B 微合金化，促使焊缝产生细针状铁素体。根据不同强度要求，适当加入 Ni，Mo，Cr 等合金元素。

　　经过前几年的研制和开发，目前我国 X70 管线钢的实物水平为抗拉强度大于 600 MPa、-20 ℃平均冲击功大于 200 J、钢材硫含量小于 0.005%。针对高强度高韧性的 X70 管线钢焊接工艺，中国石油天然气集团有限公司已开展大量工作，使管道焊接与国际先进水平接轨，改变过去大量采用纤维素焊条焊接管接头的工艺，采用埋弧焊、实心焊丝气体保护焊和自保护药芯焊丝半自动焊。中国石油天然气管道局曾收集了国内外 69 种焊接材料进行比较试验，发现目前国产焊丝中大部分产品不能配套，最终选用了进口钢盘条在国内加工的实心焊丝和国外的自保护药芯焊丝[24, 34]。

一、X70 管线钢焊接工艺与焊材

X70 管线钢是一种微合金高强度管线钢，起源于 20 世纪的 70 年代的国外。冯志平等通过对巴西管线建设中 X70 管线钢的自动焊工艺的系统分析，进行了优势对比和特性探究，以便改进我国的管线自动焊焊接施工工艺，提高我国管线建设技术[25]。

1. 我国管线钢焊接工艺

20 世纪 70 年代初，大庆作为全国石油的主要支撑，是全国石油的主要来源，但是石油运输却是一个极大的困扰。国家急需建成大口径长输管道。该管道设计管径为 720 mm，钢材选用 16MnR，埋弧螺旋焊管，壁厚为 6~11 mm。焊接工艺方案也有所改变。

20 世纪 80 年代初，手工向下焊工艺逐渐进入了人们的视野，被大量运用。较之传统的向上焊工艺，新的向下焊具有更为突出的优势，主要表现在速度快、质量高、节省材料。这种技术在管道环焊缝焊接中被大量运用和推广，并得到人们的一致认可。

20 世纪 90 年代初，自保护药芯焊丝半自动手工焊又诞生了，它的问世解决了一个高难度的问题，即具有强大的野外作业抗风能力，同时兼备了焊接效率高、质量好且稳定等一系列优势，发展到现在成为最为主要的管道环焊缝焊接方式，是目前为止最先进的技术。

近几十年来，我国的经济飞速发展，管线建设进程也加快了，以往的自动焊工艺无论是效率还是技术方面都不能满足需要。因此，改进新的技术，开发新的全自动管道环焊工艺，以适应不断发展的管线建设，是当今管道事业的重点。

2. 国外自动焊工艺

（1）焊前准备。

① 焊接材料及设备选择。国外自动焊接工艺的先进功能主要依赖焊接材料和设备选择的科学性，从管材到焊丝都有明确规定。设备是由美国 CRC-EV-ANS 公司提供的一整组，主要包括 2 台液压坡口机，1 套内焊机和 4 套外焊机。

② 焊接温度控制。传统的焊接技术是需要预热的，X70 工艺在保证环境温度大于 0 ℃，空气相对湿度小于 80% 的前提下是可以不预热的，提高了工作效率。

③ 坡口形式。与以往的坡口形式不同的是，X70 管线焊接工艺采取现场加工坡口，对口不留间隙，坡口加工尺寸偏差仅为 ±0.381 mm 和 ±1.5°。

（2）焊接工艺参数。焊接工艺的正常运作需要有既定的参数为依据。具体参数确定为：根焊时保护气体为 75%Ar+25%CO_2，热焊和填充焊时保护气体为 100%CO_2，盖面焊时保护气体为 75%Ar+25%CO_2。

（3）工艺特点。

① 为了保证随后的外部自动焊中的坡口形状，简化自动焊接过程中的自动焊机操作的调整工作，内部根焊完成后不需要进行清根处理，以减少因坡口形状不规则而造成的各种缺陷。

② X70 管线钢焊接对冲击韧性有较高的要求，为了达到冲击韧性的要求，目前国内使用的各种焊接工艺都需要采取预热和道间控制最低温度的方式进行施工。而 CRC-EVANS 公司提供的管线自动焊工艺在开始焊接前不需要进行预热，而且道间温度最高不超过 90 ℃，省去了焊口预热的工序，大大提高了 X70 管线钢的焊接施工工效，同时降低了施工成本。所以，该工程选用的焊接工艺不需要预热就可获得具有优良力学性能的焊接接头。

（4）焊接工艺评定。任何焊接工艺在运用之前都必须进行系统的工艺评定。而所有评定必须是权威公司之下的，通常情况下是根据 CRC-EVANS 公司提供的基本数据，在指定技术人员的指导下，为了保证工程焊接施工质量，必须严格按照 *Welding of Pipelines and Related Facilities*（API STANDARD 1104—2021）的要求，进行系统的评定。

（5）X70 管线钢全位置自动焊焊接施工。经过权威的技术评定，X70 管线钢全位置自动焊焊接是符合标准并可以全力推广的新技术，它的自动超声波检测合格率在 98% 以上。

① 焊接施工保证措施。CRC-EVANS 公司不是简单地进行设备的买卖交易，而是逐步拓展到通过总结以往使用该公司的管线自动焊设备的经验和教训，为客户提供成套焊接服务。为了保证整体服务质量，该公司在设备输出的同时会分派 2 名技术人员进行现场技术指导，以便所有具体焊接操作工艺参数的考核和测量，都通过专业人员进行处理。这样就相对减轻了实际焊接技术操作人员的压力，节省人力资源，提高工作效益。

② 焊接施工效率。综合考量了每个不同口径的钢管，焊接的耗时再加上减少预热和道间保温工序，以及清根打磨等一系列因素。经过数据对比和分析，

采用管线全位置自动焊比采用焊条电弧焊提高效率至少 60% 以上。这一项研究数据足以证明 X70 管线钢焊接技术大大地提高了施工效率[19-21, 34]。

（6）国外管线自动焊的优势。国外的焊接技术在保障措施方面具有优势。巴西的措施是不需要实际的操作人员自己进行设备参数调整的，厂家直接配备相关的技术人员现场调整。

巴西管线建设存在一个极大的优势，就是不必进行预热，内部根焊完成后可以不再进行传统的清理工作。焊接完成之后还可以检测出焊接质量。这项技术的各项指标都是满足我国焊接的标准的，可以对我国的管道事业起到促进作用[25]。

所以，我们要在国外成功案例上吸取经验，把国外的先进技术纳为己用，适当地参考国外自动焊成功应用的经验，再结合我国内部的发展现状和具体操作实践，逐步解决国内使用管线自动焊工艺过程中存在的问题。在 X70 管线钢自动焊工艺过程中，高效实心焊丝的研发与应用是十分迫切的，同时引进和培训大量专业人才，进行专业技术开发和研制，改进我国的管线自动焊焊接施工工艺，不断地促进我国管线建设的发展。给未来的石油和资源运输奠定基础[19-21, 24-25]。

二、X70 管线钢环焊焊丝应用

1. 高性能管线钢焊接材料研制

武钢集团有限公司具有现代化的冶炼、高线轧制设备和技术，在开发高性能管线钢的同时，开展了高性能，低 S，P 管线钢焊接材料的研制工作。高韧性管线钢焊丝经过多年试制，取得了宝贵的经验，开发的 WQ-1，WGX 1 埋弧焊丝，其韧性达到了较高水平。其中，WER 60 用于 X65 及 X70 管线钢的焊接，焊接接头具有较好的综合性能。H 08GX 为手工焊条钢芯，S 的质量分数小于或等于 0.005%，As 等杂质元素也控制在较低水平。采用 WQ-1、WG X1 焊丝及气保焊丝 WER 60 对板厚为 11 mm 的 X70 管线钢进行了焊接性能试验。试验结果表明，焊缝具有高韧性，焊接接头强度及冲击韧性等性能均满足管线钢焊接技术条件[19]。

武钢集团有限公司开发的高强度高韧性管线用钢是一种控轧控冷微合金化低合金钢，具有较低的碳当量和抗裂纹敏感指数值，采用 V，Nb，Ti 微合金化，利用这些元素的 C，N 化物进行弥散强化和细晶强化，从而保证钢材具有足够的强度和良好的焊接性。近年来，提高焊缝中细针状铁素体含量已成为一种提高焊缝金属强度和韧性的方法，而焊缝中细针状铁素体的获得主要受两个因素影响：其一是焊接工艺条件，其二是焊缝中合金元素的含量。对于厚度在 11 mm以下的管线钢，采用埋弧焊时一般可以不开坡口或只开较小坡口焊接。由于西气东输管线壁厚增加到 14.6 mm，无论采取什么焊接方法，焊接时均需要开坡口，这样焊缝金属中焊接材料所占比重增加，焊接材料对焊缝性能的影响程度也增加[19-21, 24-25, 34]。

用于 X65 管线钢环焊的实心焊丝，一般也都可以用于 X70 管线钢的环焊缝焊接。比如 WER 60 焊丝用于 X65 以及 X70 管线钢的焊接时，能够使焊接接头具有良好的性能。WER 60 焊丝的化学成分如表 5-10 所示，热敷金属的力学性能如表 5-11 所示[14, 26]。

表 5-10　WER 60 焊丝热敷金属的化学成分

C	Si	Mn	P	S	Ni	B	Ti
0.08%	0.16%	1.10%	0.008%	0.004%	0.64%	微量	微量

表 5-11　WER 60 焊丝热敷金属的力学性能

WER 60 焊丝力学性能	焊丝直径/mm	抗拉强度/MPa	屈服强度/MPa	延伸率
规定值	0.8~1.2	≥450	≥550	≥17%
实际值	1.2	520	550	24%

2. X70 管线钢的气体保护焊试验研究

为了满足我国"西气东输"工程需求，武钢集团有限公司配合 X70 钢的开发，开展了自行研制的 WER 60 焊丝与 X70 管线钢的焊接试验工作，对 X70 管线钢的气体保护焊接头性能与组织进行了探讨[21]。

（1）试验材料与试验方法。试验材料选用武钢生产的 X70 热轧管线钢，钢板厚度为 10.3 mm，气体保护焊丝采用武钢技术中心开发研制的 WER 60 焊丝，试验钢板和焊丝熔敷金属（80%Ar+20%CO$_2$）的化学成分与力学性能如表 5-12、表 5-13 所示。

表 5-12　X70 管线钢化学成分（%）

试验材料	C	Si	Mn	P	S	Mo	Cu	Ni
X70	0.06	0.25	1.46	0.012	0.003	0.22	0.22	0.2
WER 60 熔敷金属	0.08	0.16	1.10	0.008	0.004	—	—	0.64

表5-13 X70管线钢力学性能

试验材料	抗拉强度/MPa	屈服强度/MPa	延伸率	-20 ℃冲击吸收功/J
X70	570	650	31%	227
WER 60熔敷金属	520	550	24%	194

(2)焊接工艺。按照西气东输管线钢焊接技术条件,采用单边V形坡口,坡口角度为60°,坡口钝边为1 mm。WER 60焊丝直径为1.2 mm,采用80%Ar+20%CO_2的保护气体,焊接电流为200 A,电弧电压为26 V,焊接速度为25 cm/min,保护气体流量为18 L/min,层间温度控制在(150±10)℃[21]。

(3)试验结果。按照西气东输管线工程焊接试验规范要求,对气体保护焊试样进行了力学性能试样制取和力学性能试验。焊接接头横向拉伸试样均断裂于基材,焊缝方向平行和垂直轧向的试板的焊接接头平均抗拉强度分别为685 MPa和655 MPa,与X70管线钢横向和纵向拉伸强度相对应。焊接接头在正、反冷弯试验时,$D=5$ t,180°和$D=2$ t,120°两种条件下均无裂纹产生,弯曲性能均高于API标准要求,表明X70管线钢气保焊接头具有优良的塑性。

X70管线钢气体保护焊的焊缝金属主要为针状铁素体和少量的先共析铁素体组织,WER 60高韧性气体保护焊丝在成分设计上,加入微量的Ti、B元素,使焊缝组织中先共析铁素体组织的生长受到抑制,促进大量细小的针状铁素组织形成,从而使焊缝具有优良的低温冲击韧性。热影响区中的过热区主要为贝氏体组织,在晶界含有少量的针状铁素体,对提高热影响区的韧性有利[21, 24-25, 35]。

X70管线钢的气体保护焊试验表明,选用高韧性WER 60焊丝,采用富氩气体保护,焊接工艺性良好,焊接性能满足工程要求。

3. X70海底管线钢全自动焊工艺及氢致开裂行为研究

中国海洋石油集团有限公司上海分公司、海洋石油工程股份有限公司的相关研究人员,结合X70海底管线的焊接特点,开发了一种全自动熔化极气体保护焊(AUTO GMAW)焊接工艺。通过焊接接头力学性能测试,验证该工艺满足 *Submarine Pipeline Systems*(DNV-OS-F101—2013)标准要求:焊接接头显微组织分析结果表明,焊缝各微区显微组织均未见异常,焊接接头试样均通过氢致开裂试验[36]。

大直径、高强度、高韧性及大输送量是长距离海底油、气输送管道的发展方向。因此，X70，X80，X100级这些具有高强度、高韧性的海底管线用钢得到了快速发展，具有广阔的应用前景。国外在1970年左右开始研究应用X70级海底管线用钢，这是一种微合金高强度管线钢，多采用控轧控冷工艺，组织以针状铁素体为主，强度和韧性优异，焊接性良好[13, 16-18, 24-25, 35-38]。

全自动熔化极气体保护焊焊接效率高、质量高，劳动强度低。国内已在X52，X60，X65等较低强度级别海底管线的焊接施工中成功应用。然而，X70及更高强度级别的海底管线的焊接作业仍采用传统的手工焊、半自动焊方法，因此，开发全自动焊工艺是X70海底管线焊接技术的发展趋势，具有重要工程应用价值。张树德等[36]研究了X70海底管线的全自动熔化极气体保护焊焊接工艺，通过力学性能试验、金相试验及HIC试验，对X70海底管线的全自动焊接工艺、焊接接头的组织及抗氢致开裂能力进行了探讨[12, 19-21, 24, 34]。

（1）焊接工艺。采用全自动熔化极气体保护焊工艺，选用法国Serimax公司的Saturnax 05双头双焊炬全自动焊接系统。该系统硬件由焊接电源（Miller XTM350）、焊接机头（双焊接机头，左右各一个）、电子控制单元（ECU）、输送供气系统、遥控盒和行车轨道等组成。系统可由Orwel Suite Rev 2.1.3.3软件设定和调节ECU面板内的焊接参数，同时，ECU具有焊接参数反馈、自动参数调节和监控功能，可实现海底管线的窄间隙全位置焊接。

海管母材级别选用国产X70，满足API SPEC 5L标准要求，规格为762 mm（直径）×28.6 mm（宽度），其化学成分见表5-14，力学性能见表5-15。

表5-14 国产X70管线钢的化学成分（%）

试验材料	C	Si	Mn	P	S	Cr	Cu	Ni
X70	0.04	0.20	1.66	0.003	0.002	0.14	0.13	0.40

表5-15 国产X70管线钢的力学性能

试验材料	抗拉强度/MPa	屈服强度/MPa	延伸率	冲击吸收功/J	剪切比	硬度/HV$_{10}$
X70	585	515	59%	331	80%	最大260

焊接材料的选择通常应用高强度匹配原则，同时考虑到全自动焊设备对焊丝规格有一定要求，焊丝直径一般为1.0 mm。经大量试验确定的焊接工艺参数见表5-16。焊接前应将坡口清理干净，无油污。焊前预热温度为80 ℃，道间温度应严格控制不超过250 ℃，焊接用保护气体应满足EN 439标准，为50% CO_2+50%Ar，焊接材料采用SUPRAMIG焊丝，直径为1.0 mm，极性为直流正接。

表 5-16　国产 X70 管线钢焊接工艺参数

焊层	气体流量/(L·min⁻¹)	焊接电流/A	焊接电压/V	焊接速度/(cm·min⁻¹)	热输入/(kJ·min⁻¹)
根焊层	50~60	250~280	24~25	95~110	0.45~0.65
热焊层	50~60	220~240	24~26	95~110	0.45~0.65
填充层	50~60	220~240	24~26	60~80	0.45~0.65
盖面层	50~60	190~200	23~25	60~80	0.35~0.50

（2）焊接接头力学性能。根据 *Submarine Pipeline Systems*（DNV-OS-F101—2013）标准的要求，对焊缝进行了力学性能试验，包括宏观腐蚀试验、硬度测试、弯曲试验、冲击试验和拉伸试验。对焊缝试件进行宏观腐蚀，腐蚀后焊道分层清晰，如图 5-9 所示。焊缝层间及侧壁熔合良好，焊缝余高适当，背面成型良好，未发现任何缺陷，质量合格。

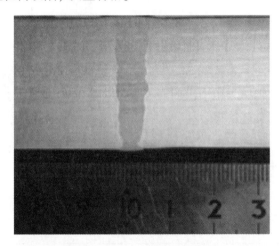

图 5-9　腐蚀后焊缝宏观形貌

熔化极气体保护焊易产生未熔合，需进行侧弯试验验证其弯曲性能。侧弯试件压头直径选用 50 mm，弯曲 180°后，试样弯曲后均未产生明显裂纹等缺陷，结果可接受。

全焊缝屈服强度和抗拉强度均高于母材值，符合标准要求。冲击试验温度分别为-10，-20，-30，-40 ℃，分别取焊缝中心、熔合线、熔合线+2 mm 和熔合线+5 mm，根部焊缝中心以及根部熔合线，冲击试验结果如图 5-10 所示。试验冲击值均高于标准（平均值 45 J、最低值 38 J）的要求，结果合格，焊缝接头具有良好的低温冲击韧性。

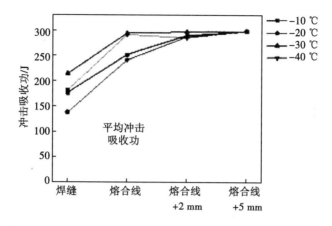

图 5-10　冲击试验结果

对试件的焊缝金属、热影响区、母材进行了显微硬度测试。由图 5-11 可见，硬度最高值出现在焊缝区，约为 220 HV_{10}，小于 325HV_{10}，说明所采用的焊接工艺是符合要求的。

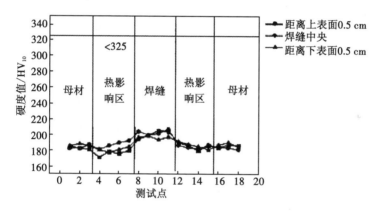

图 5-11　硬度测试结果

(3)焊接接头显微组织的特点。使用 OLYMPUS-GX51 金相显微镜进行显微组织的观察分析，主要分析 X70 海管焊接接头焊缝、热影响区和母材 3 个不同区域的微观组织，腐蚀试剂为 5%的硝酸酒精溶液。

焊接接头的微观组织如图 5-12 所示。母材组织为多边形铁素体加上黑色的珠光体[图 5-12(a)]。热影响区细晶区由于在焊接热循环过程中经受了正火作用，组织为细小的铁素体+珠光体[图 5-12(b)]。热影响区粗晶区为铁素体+珠光体[图 5-12(c)]。上部焊缝和根部焊缝的组织均为铁素体+珠光体及少量贝氏体[图 5-12(d)和 5-12(e)]。相比上部焊缝，根部焊缝由于承受了上

层焊缝的热处理，得到了组织较小的铁素体。从整体上看，焊接接头各区组织
均未见过热组织。

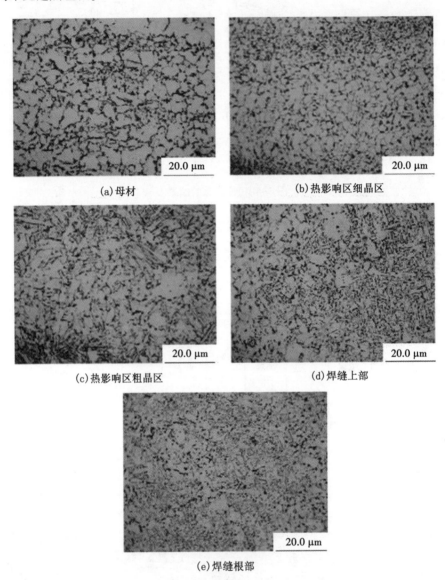

图 5-12　焊接接头的显微组织

（4）焊接接头抗氢致开裂性能。参照标准 *Evoluation of Pipeline and Pressure Vessel Steels for Resistance to Hydrogen-Induced Cracking*（NACE TM 0284—2016）对焊缝进行 HIC 试验，3 个样品的 HIC 试验分别在 3 个位置进行，即 2 个母材 A

和 C，1 个焊缝 B。试验结果：HIC 敏感性指标 R_{CS}，R_{Cl}，R_{Ct} 均为 0。以其中 1 个试样为例，试验后试样的宏观及金相照片如图 5-13 所示，焊接接头试样没有发生明显的氢致开裂，未发现氢鼓泡现象。

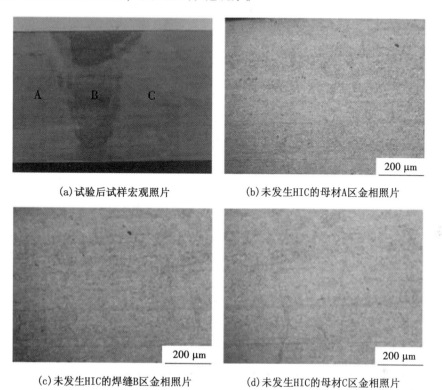

(a)试验后试样宏观照片　　　　(b)未发生HIC的母材A区金相照片

(c)未发生HIC的焊缝B区金相照片　　　　(d)未发生HIC的母材C区金相照片

图 5-13　试样 1 在 HIC 试验后的宏观及金相照片

4. X70 管线钢熔合区裂纹与焊接工艺的关系

孙咸等探讨了 X70 管线钢中熔合区裂纹与焊接工艺的关系。结果表明，在小铁研试件中出现的沿熔合线分布的裂纹属于氢致冷裂纹。当冷裂纹三要素集中于 X70 管线钢熔合区的粗晶区时，该区域成为接头的薄弱环节，极易形成裂纹。在裂纹影响因素中，熔合区组织特性是裂纹产生的必要条件，应力水平和氢的分布特征则是充分条件。焊接工艺与裂纹的关系实质上反映的是焊缝中氢和应力与裂纹间的关系。工程上常用焊缝中残留的扩散氢量最小化、不足以引发氢致冷裂纹的"焊缝金属低氢化"综合工艺，使用合适的实心焊丝就是一个很好的方案[35-38]。

（1）ER70S-6 实心焊丝在 X70 管线钢小铁研试验中应用。试验采用 LIN-

COLN ER70S-6 实心焊丝、BOHLER E6010 电焊条、BOHLER E8010 电焊条三种焊接材料进行对比。

X70 管线钢的焊缝组织为针状铁素体+少量贝氏体等，HAZ 组织为贝氏体+铁素体+细小珠光体。经过对比分析之后可以发现，采用 LINCOLN ER70S-6 实心焊丝的焊接接头的抗开裂能力明显优于 BOHLER E6010 和 BOHLER E8010 电焊条。

（2）不同焊接工艺下 X70 管线钢对接环焊缝对比。表 5-17 列出了 X70 管线钢管道施工用焊接工艺方法及填充材料。可以看出，X70 管线钢焊接过程中有多种可供选用的焊接施工工艺，看起来比较复杂，但归纳起来有以下几个值得强调的技术环节。

① 环缝的打底焊（根焊）技术。必须确保在根焊中不产生焊接裂纹等缺陷，为此尽量选用低氢焊接材料、100 ℃ 以上的工件预热温度（均匀、热透）。

② 根焊结束后在 10 min 内必须进行热焊、填充和盖面焊接，为的是延长 t_{100}，控制或降低接头的冷却速度，有利于焊缝中扩散氢的逸出，防止冷裂纹的产生。

③ 焊材与母材强度匹配问题。对于根焊，一般选用低强匹配焊接材料，为的是改善接头的工艺焊接性，防止冷裂纹产生。对于填充和盖面焊缝，需要选用高强匹配焊接材料，一方面使接头的安全系数更高，另一方面利用高强匹配产生的所谓三轴拉应力强化效应来降低 HAZ 软化的影响（尽管 X70 管线钢 HAZ 软化现象没有 X80 管线钢明显）[39]。诚然，整个过程中离不开高超的操作技术和严格的技术规程和管理制度。与具有固定场地及设备条件的工厂制作环境不同，施工现场的管线铺设是在 5G 水平固定全位置的条件下进行的。工程上常用双人对称、从 12 点位到 6 点位向下焊工艺。焊接位置和方法决定了所用工艺及焊材必须具备如下特点：首先，电弧稳定、穿透力强，熔合性、反面成型性，以及脱渣性等工艺性能良好。其次，抗气孔性、抗裂性等焊接性必须较好。对于填充和盖面焊缝，除了良好的工艺性，更多考虑的是接头的力学性能需要符合有关技术标准要求[35]。

表 5-17 X70 管线钢管道施工用焊接工艺方法及填充材料

焊接工艺方法	根部焊道材料		热焊道材料		填充焊道材料		盖面焊道材料		工艺适应性评价
	牌号	直径/mm	牌号	直径/mm	牌号	直径/mm	牌号	直径/mm	
纤维素型电焊条打底焊+低氢焊条填充、盖面组合工艺	E6010	4	E8010	4	E8018, E9018	4	E8018, E9018	4	①灵活简便、适应性强；②管道预热 100 ~ 150 ℃，劳动条件差；③焊缝扩散氢影响接头性能；④纤维素焊条需被低氢焊材取代
内焊机或外焊机打底焊+GMAW 自动焊填充、盖面组合工艺	ER70S-G	0.9	ER70S-G	0.9	ER70S-G	0.9	ER70S-G	0.9	①效率高、质量好，劳动条件改善；②配套装备成本高、占地面积大；③管口质量要求高，抗风能力差，适应性较差
纤维素型焊条（或低氢焊条）打底焊+自保护药芯焊丝半自动填充、盖面组合工艺	E6010	4	E71T8-Ni1	2	E71T8-Ni1	2	E71T8-Ni1	2	①熔敷效率高，适应性强；②焊缝韧性离散性较大，纤维素焊条打底时焊缝扩散氢影响接头性能，应用受限制

表5-17(续)

焊接工艺方法	根部焊道材料		热焊道材料		填充焊道材料		盖面焊道材料		工艺适应性评价
	牌号	直径/mm	牌号	直径/mm	牌号	直径/mm	牌号	直径/mm	
STT RMD 打底焊+自保护药芯焊丝半自动填充、盖面组合工艺	JM58（ER70S-G）	1.2	E71T8-Ni1	2	E71T8-Ni1	2	E71T8-Ni1	2	①根部焊道质量好，熔敷效率高，适应性强；②焊缝韧性离散性较大，应用受限制
金属粉芯药芯焊丝半自动打底焊+自保护药芯焊丝半自动填充、盖面组合工艺	MT76	1.2	E71T8-Ni1JH8	2	E71T8-Ni1JH8	2	E71T8-Ni1JH8	2	①根部焊道质量好，熔敷效率高，适应性强；②打底焊抗风能力差；③焊缝韧性离散性较大，应用受限制

　　(3)X70管线钢对接环缝焊接工艺选用原则。鉴于在X70管线钢熔合区裂纹形成过程中，当组织因素和应力水平相同时，焊缝中的含氢量是裂纹产生的决定因素，归纳出了X70管线钢焊接的焊缝低氢化工艺选用原则。所谓焊缝低氢化工艺，是从焊接材料、工艺方法等多方面入手，控制进入焊缝金属的水分，同时使已进入焊缝中的氢尽快逸出的综合工艺措施。该工艺选用原则的特点如下：一是比较适应X70管线钢焊接方法的多样性；二是体现配套工艺的人性化和可操作性。力求做到：方法可靠、配合默契、综合考虑、多措并举。针对不同的地形、气候、腐蚀介质、工期要求，以及经济指标等条件，在选用工艺方法时既要着眼于优质、高效、自动化焊接方法，又要考虑可能的技术经济指标。譬如，在山区、交通困难地段作业时，可以考虑采用灵活简便、适应性强的焊条电弧焊工艺；而在条件相对较好的地段，则可以采用优质、高效、自动化电弧焊工艺。在工艺方法确定之后，还必须选择正确的焊接材料，以及严格的工程检验和管理制度等，以顺利圆满完成X70管线钢焊接的施工任务。总之，

X70 管线钢焊接工艺原则的坚持,需要针对不同项目量身定制、多措并举,以形成有效快捷的焊接工艺。

◆◇ 参考文献

[1]　隋永莉.油气管道环焊缝焊接技术现状及发展趋势[J].电焊机,2020,50(9):53-59.

[2]　长输油气管道环焊技术和对管线钢的要求:石油天然气用高性能钢技术论坛:油气开采、储运的战略需求对钢铁材料的新挑战会议论文集[C].北京:中国金属学会,2011.

[3]　杨晓飞,王丽威,刘博,等.应用于海底管道的新型实心焊丝全自动焊接工艺开发[J].金属加工:热加工,2019(6):62-64.

[4]　FEDOSEEVA E M,YAZOVSKIKH V M.Properties and structure formation in welded joints when welding steel X65 by different technologies[J].Metallurgist,2016,60(1/2)69-75.

[5]　高伟,杨帆.X65 管线钢焊接接头耐腐蚀性能研究[J].石油机械,2009,37(12):1-4.

[6]　焦向东,朱加雷.海洋工程水下焊接自动化技术应用现状及展望[J].金属加工:热加工,2013(2):24-26.

[7]　张伟卫,熊庆人,吉玲康,等.我国管线钢生产应用现状及发展展望:2010年全国轧钢生产技术会议论文集[C].北京:中国金属学会,2010.

[8]　MAJUMDAR J D.Underwater welding-present status and future scope[J].Journal of naval architecture and marine engineering,2006,3(1):38-47.

[9]　刘安峥,文宇,黄峰,等.水下焊接技术研究与应用的新进展[J].科技信息,2012(1):150,104.

[10]　HEEDMAN P J,RUTQYIST S P,SJOSTROM J A.Controlled rolling of plates with forced-water cooling during rolling[J].Metalstechnology,1981,8(1):352-360.

[11]　丁扬.X65 管线钢高压 GMAW 工艺研究[D].哈尔滨:哈尔滨工业大学,2014.

[12]　张莉,张玉凤,霍立兴,等.X65 管线钢焊接接头抗开裂性能及止裂性能

［J］.天津大学学报,2004(4):341-344.

［13］ 王瑜,黄继强,薛龙,等.不同环境压力下 X65 管线钢焊接接头的组织及硬度［J］.铸造技术,2016,37(10):2193-2196.

［14］ 孙咸.X80 管线钢焊接材料的选择及其应用［J］.电焊机,2019,49(1):1-9.

［15］ 许可望,刘永贞,栾陈杰,等.深水 SCR X65 管线钢环缝无衬垫全自动 GMAW 焊接接头疲劳行为［J］.中国海洋平台,2019,34(1):96-99.

［16］ 续明,陈勇,刘丰,等.水下焊接技术在海洋工程中的应用和发展［J］.中国造船,2013(增刊1):190-194.

［17］ LABANOWSKI J,FYDRYCH D,ROGALSKI G.Underwater welding-a review［J］.Advances in materials science,2008,8(3):11-22.

［18］ FOSTERVOLL H,AUNE R,BERGE J O,et al.Remotely controlled hyperbaric welding of subsea pipelines:6th Pipeline Technology Conference［C］.2011.

［19］ 黄治军,缪凯,王玉涛,等.高性能管线钢焊接材料研制［J］.焊管,2005(1):12-15.

［20］ 赵海鸿,尹长华,黄福祥,等.西气东输用 X70 钢的自动焊焊接工艺［J］.焊接技术,2004,33(3):20-21.

［21］ 缪凯,黄治军,刘吉斌,等.X70 管线钢的气体保护焊试验研究［J］.武汉工程职业技术学院学报,2004,16(1):15-17.

［22］ 于增广,谢成利,周创佳,等.实心焊丝混合气保焊与药芯焊丝气保焊的使用成本比较研究［J］.焊接技术,2018,47(9):161-163.

［23］ HASHEMI S H,MOHAMMADYANI D.Characterisation of weldment hardness,impact energy and microstructure in API X65 steel［J］.International journal of pressure vessels and piping,2012,98:8-15.

［24］ 郑照东.X70 管线钢焊接工艺研究［J］.焊管,2001(6):9-13.

［25］ 冯志平,李自力.自动焊工艺在巴西管线建设中的应用［J］.焊接技术,2009(3):58-60.

［26］ 宋月,陈朝晖,杜春雨,等.无镀铜焊丝生产工艺装备及未来发展趋势［J］.金属制品,2020,46(5):1-3.

［27］ SHANMUGAM S,MISRA R D K,HRTMANN J,et al.Microstructure of high strength niobium-containing pipeline steel［J］.Material science and engineering A,2006,441(1/2):215-229.

［28］ 朱家雷,俞建荣,焦向东,等.水下焊接技术研究和应用的进展[J].焊接技术,2005,34(4):1-3.

［29］ AZAR A S,AKSELSEN O M.Analytical modeling of weld bead shape in dry hyperbaric GMAW using Ar-He chamber gas mixtures[J].Journal of materials engineering and performance,2013,22(3):673-680.

［30］ 薛龙,焦向东,周灿丰,等.水下干式高压焊接试验系统研究[J].中国机械工程,2006,17(9):881-884.

［31］ AKSELSEN O M,FOSTERVOLL H,AHLEN C H.Mechanical properties of hyperbaric gas metal arc welds in X65 pipeline steel[J].International journal of offshore & polar engineering,2010,20(2):110.

［32］ MOTOHASHI H,HAGIWARA N,MASUDA T.Tensile properties and microstructure of weld metal in MAG welded X80 pipeline steel[J].Welding international,2005,19(2):100-108.

［33］ HAN Y D, ZHONG S F,PENG C T,et al.Fatigue behavior of X65 pipeline steel welded joints prepared by CMT/GMAW backing process[J].International journal of fatigue,2022,164:107156.

［34］ 吴立斌.抗大变形 X70 管线钢焊接技术研究[D].成都:西南石油大学,2015.

［35］ 孙威.X70 管线钢熔合区裂纹与焊接工艺的关系[J].机械制造文摘(焊接分册),2019(1):14-21.

［36］ 张树德,吕旭鹏,刘永贞,等.X70 海底管线钢全自动焊工艺及氢致开裂行为研究[J].焊接技术,2014,43(11):33-36.

［37］ 杨成哲.X70 管线钢焊接工艺研究[J].知识经济,2012(10):101.

［38］ FELBER S.Welding of the high grade pipeline-steel X80 and description of different pipeline-projects[J].Welding in the world,2008,52(5/6):19-41.

［39］ LOPEZ H F,BHARADWA R.The role of heat trating on the sour gas resistance of an X－80 steel for oil and gas transport[J].Metallurgical materials transactions A.1999(9):2419-2428.

第六章　高钢级管线钢环焊缝实心焊丝研究进展及应用

随着社会技术进步和人类对石油和天然气需求量的急剧增加，长输管道在向着大口径、长距离、高压力、高钢级方向发展，管线钢型号也从 X52，X65，X70 逐渐发展为更高强度的 X80，尤其是近年来国内中俄东线、西气东输四线的管道建设，主线路管线钢型号均为 X80。在国内管道建设过程中，环焊缝的焊材绝大多数均采用国外的进口实心焊丝，国内研制的高等级管线钢实心焊丝与进口焊丝相比仍然存在较大的差距，本章重点介绍实心焊丝的发展和设计，为高钢级油气长输管道环焊实心焊丝的开发及应用提供参考。

◆ 第一节　高钢级管线钢

一、高钢级管线钢的发展及应用

油气运输管线材料的发展经历了很长的发展过程，在进入 21 世纪后，平均每年全球新建的天然气管线里程为 121.6 万 km，新建原油管线里程达 2000 ~ 3000 km。早在 1926 年，美国石油学会(American Petrolium Institute，API)颁发的 API 5L 标准中仅包括三个碳素钢级，发展到今天，API 5L 标准已经更新到第 46 版，标准中已经包括 A25，A25P，A，B，X42，X46，X52，X56，X60，X65，X70，X80，X90，X100，X120 15 个钢级，高强度是管线钢的发展趋势[1]。高钢级管线钢在 20 世纪末在国外开始投入使用：1994 年，德国开始将 X80 级管线钢用于天然气管道的建设上；1995 年，加拿大也开始将 X80 级管线钢投入使用；2002 年，TCPL 在加拿大建成了第一条 X100 钢级的 1km 试验段，其中管径为 1219 mm，壁厚为 14.3 mm；2004 年，埃克梦美孚公司采用与日本新日铁合作研制的 X120 钢级焊管，在加拿大建成了全球第一条 X120 钢级输送管道[2]。

国内管线钢的发展起步较晚，在管道的数量和质量上与工业比较发达的国家相比还存在很大差距。20 世纪 90 年代建设的陕京一线管道采用 X60 管线钢，管道外径为 660 mm，输送压力为 6.4 MPa；21 世纪初建成的西气东输一线工程采用了更高强度的 X70 管线钢，管道外径达到 1016 mm，输送压力提升至 10 MPa；2010 年，西气东输二线管道工程在国际上首次大规模应用 X80 管线钢，管道外径为 1219 mm，输送压力达到 12 MPa；目前，国际陆上长输管道的钢级已从 X70 发展到 X80。从 2003 年开始，在我国和北美陆续新建了 3 条 X80 天然气长距离输送管道，大大推进了 X80 钢级在陆上长输管道的应用[3]。新建的 X80 天然气长输管道均大量采用了螺旋焊管，提高了管道的经济性和竞争力。在不到 10 年的时间里，我国天然气长输管道钢级从 X70 发展到 X80，赶上了国际先进水平。2020 年，中俄东线管道工程大规模应用 X80 级、外径为 1422 mm 的高钢级、大口径钢管，设计输送压力为 12 MPa，设计年输量达到 380×10^8 m^3，标志着中国 X80 管线钢的生产和应用达到国际先进水平。就全球已经建成和正在建设的天然气高压长输管道而言，不论钢级、长度、管径、壁厚，还是输送压力，中俄东线工程都堪称世界之最[4]。

二、高钢级管线钢的合金成分设计

管线钢的合金成分设计主要经历了 3 个阶段[5]：20 世纪 50 年代，主要采用 C-Mn 钢和 C-Mn-Si 钢等普通碳素钢，钢级为 X52 及以下；20 世纪 60—70 年代，在 C-Mn 钢的基础上添加了微量 V，Nb 合金元素，采用热轧与轧后热处理等工艺，提高了管线钢的强韧综合性能，开发出 X60，X65 管线钢；20 世纪 80 年代至今，主要采用 Nb，V，Ti，Mo，Cr，Ni，B 等元素微合金和多元合金化的设计思路，通过 TMCP 等新工艺技术，开发出强韧综合性能优良的 X70，X80 管线钢，并已实现批量生产与工程应用。现代管线钢合金成分设计的基本特征包括低碳或超低碳、Mn 固溶强化、Nb/V/Ti 微合金化、多元合金化等。

低碳或超低碳设计显著提高了管线钢的焊接性能，且有利于获得高韧性及良好的成型性，但碳含量降低将带来强度的下降，需通过合金设计和工艺优化等进行弥补。研究结果表明，碳含量并非越低越好，当碳含量小于 0.01% 时，受间隙碳原子减少和焊接热循环后 Nb(C，N)沉淀析出影响，将造成晶界弱化，导致焊接热影响区发生局部脆化。因此，为使管线钢获得良好的综合性能，其较为合理的碳含量范围为 0.01%~0.05%。目前，管线钢的合金成分设计正向着超低碳、超洁净、微合金化及多元合金化的方向发展，高纯净冶金技术、TMCP、ACC、HOP 等工艺技术的进步促进了管线钢合金成分设计的优化与创新[6]。

三、高钢级管线钢的显微组织

针状铁素体(AF)是现代高强度管线钢的典型显微组织。20 世纪 70 年代初，国外学者将在稍高于上贝氏体的温度范围，通过切变相变和扩散相变而形成的具有高密度位错的非等轴铁素体定义为针状铁素体。管线钢中的针状铁素体实质是由粒状贝氏体与贝氏体铁素体组成的复相组织。研究结果表明，针状铁素体具有不规则的非等轴形貌，在非等轴铁素体间存在 M-A 组元，铁素体晶内具有高密度位错。AF 管线钢通过微合金化和控轧控冷技术，利用固溶强化、细晶强化、析出强化、亚结构强化等多种强化机制综合效应，获得良好的强度和低温韧性。此外，由于针状铁素体板条内存在高密度位错，且易产生多滑移，AF 管线钢具有连续屈服行为、高塑性及良好的应变强化能力，可减少包申格效应造成的强度损失，确保制管成型后的强度满足规范要求。

据相关研究和应用报道，超低碳贝氏体(ULCB)钢是 21 世纪最有发展前景的钢种之一[7]。与低合金高强度钢相比，ULCB 钢的碳含量通常低于 0.05%。ULCB 钢在具有超高强度和高韧性的同时，还可满足严苛环境或条件下的现场焊接要求，已广泛应用于天然气管道、大型舰船、大型工程机械、海洋平台等领域。针对海底管道的工程需求，国内外钢铁企业在针状铁素体钢的成分和工艺基础上，开发出了 ULCB 管线钢。ULCB 管线钢的成分设计考虑了 C，Mn，Nb，Mo，B，Ti 的最佳组合，可在较宽的冷却速度范围内形成完全贝氏体组织。通过合金成分的优化和 TMCP 工艺的改进，ULCB 管线钢的屈服强度为 700 ~ 800 MPa，目前已成功开发出 X100 钢级的超高强度 ULCB 管线钢产品。ULCB 钢的组织特征与传统贝氏体钢差别较大，其显微组织为粒状贝氏体、板条贝氏体、M-A 组元等多相混合组织。研究结果表明，高强度 ULCB 钢理想的显微组织是无碳化物贝氏体、板条马氏体及下贝氏体，组织强化、细晶强化是其主要强化机制[8]。

贝氏体-马氏体组织是 X120 超高强度管线钢的典型显微组织之一，主要由下贝氏体和板条马氏体组成,且均以板条的形态分布,板条内具有高密度位错。在下贝氏体板条内,与贝氏体板条长轴成55°~65°角平行分布着具有六方点阵的碳化物。马氏体板条内的碳化物呈魏氏组织形态,残余奥氏体分布在马氏体板条间。贝氏体-马氏体X120管线钢在成分设计上选择了C-Mn-Cu-Ni-Mo-Nb-V-Ti-B的合理组合,屈服强度大于827 MPa,低温-30 ℃夏比冲击吸收能量大于230 J,该合金设计方案利用了B对相变动力学的影响,添加微量硼(0.0005%~0.0030%)可显著抑制铁素体在奥氏体晶界上形核,在使铁素体转变曲线右移的同时将贝氏体转变曲线扁平化,使超低碳微合金管线钢在TMCP低温轧制(终冷温度小于300 ℃)和加速冷却(冷却速率大于20 ℃/s)工艺条件下,获得理想的下贝氏体-马氏体组织和高强韧性[9]。

四、高钢级管线钢的焊接工艺发展

目前,中国长输管道的钢管规格开始趋向大口径(达到1422 mm)厚壁化(达到30.8 mm),在这种趋势的引导下,长输管道安装焊接方法则经历了传统药皮焊条和手工钨极氩弧上向焊—单焊炬熔化极活性气体保护半自动下向焊和单焊炬埋弧自动焊—高纤维素型和铁粉低氢型焊条下向焊—自保护药芯焊丝半自动下向焊和熔化极活性气体保护单焊炬下向或上向自动焊、闪光对焊—熔化极活性气体保护多焊炬下向自动焊(如双焊炬自动外焊机、8焊炬自动内焊机等)和多焊炬埋弧自动焊(如双丝埋弧焊)的发展历程。相信在不久的将来,野外移动式高效多联管工作站、单弧多丝焊、激光复合焊、电子束焊、窄间隙气体保护焊、弧焊机器人也会逐步渗透到长输管道施工领域当中,实现长输管道焊接技术的重大变革[10]。

依托焊接方法的不断变革,焊接设备历经了从传统的弧焊变压器旋转式直流弧焊机—磁放大器式直流焊机—可控硅整流式直流焊机—脉冲式直流焊机—逆变式直流焊机—波控式直流焊机—人机对话式焊机的发展历程,相应产品也不断推陈出新,可靠性变得更高且逐渐国产化[11]。

焊接材料则历经了传统的酸性与低氢型上向焊焊条—低强度埋弧焊与活性气体保护焊用实心焊丝—纤维素型与铁粉低氢型下向焊焊条—低钢级自保护与气保护药芯焊丝、高强度埋弧焊实心焊丝—高强度自保护药芯焊丝与活性气体保护焊用实心焊丝的发展历程。焊接材料的品牌和钢级不断多样化,工艺性能与使用性能也更趋于优良,国产焊材的质量也日趋可靠。中国目前长输管道常用的焊接方式统计如表 6-1 所示[12]。

表 6-1　长输管道常用焊接方式统计表

序号	管径 Φ/mm	常用焊接方式	常用焊材
1	Φ<DN300	GTAW，SMAW	纤维素焊条、低氢焊条、低合金钢焊丝
2	DN300≤Φ<DN800	SMAW，FCAW	纤维素焊条、低氢焊条、自保护药芯焊丝
3	Φ≥DN800	SMAW，FCAW，GMAW	纤维素焊条、低氢焊条、自保护药芯焊丝、低合金钢焊丝、金属粉芯焊丝

在长输管道施工中，各种焊接方式的优缺点及适用范围统计如表 6-2 所述。

表 6-2　长输管道常用焊接方式优劣及适用范围统计表

序号	焊接方式	优点	缺点	适用范围
1	GTAW	设备费用低、无焊渣药皮、焊缝内成型好	焊接效率低、需要保护气、抗风能力差	阀室、站内等工艺管件焊接
2	SMAW	设备费用低、易于掌握、焊接环境要求低	焊接效率低	严重受限空间作业、抢险作业
3	FCAW	设备费用低、易于掌握、焊接环境要求低、焊接效率较高	焊缝质量不稳定	地势平坦、弯头弯管较少地段
4	GMAW	焊接效率极高，焊缝成型美观	设备费用高	地势平坦、弯头弯管较少地段

◆ 第二节　高钢级管线钢环焊缝焊丝特点及制备

一、高钢级管线钢环焊实心焊丝特点

2018 年中国焊接材料(黑色)产量 415 万 t，比 2017 年增长 1.97%。其中焊条 156 万 t，气体保护实心焊丝 180 万 t，药芯焊丝 35 万 t，埋弧焊焊接材料 44 万 t[13]。实心焊丝作为焊接材料的主要品种之一，在汽车、石油、建筑等诸多行业取得了广泛的应用，随着自动化、半自动化、智能化焊接技术的广泛应用，实心焊丝的需求量将会持续快速增长。与其他焊丝种类相比，实心焊丝有助于达到相对较高的焊接生产效率，并且还能缩减焊接操作的总体成本。在目前看来，实心焊丝已经能适用于多种多样的焊接生产流程，尤其是针对较厚的钢板而言。经过焊接操作以后，应当能获得优良的焊接质量。由此可见，实心焊丝由于具备自动化以及机械化的显著优势，因此可以有效防控焊接变形[14]。

但是不应忽视，实心焊丝运用于现阶段的焊接操作也表现了某些工艺缺陷。具体而言，如果选择了实心焊丝，那么通常都很难转变现有的焊接操作区域，其根源在于无法顺利延长送丝软管，并且在涉及露天的焊接操作时，运用实心焊丝还应当增设必要的焊接气体保护。反之，如果没能增设气体保护，那么金属气孔将会因此而产生。除此以外，实心焊丝还容易受到焊丝质量或者送丝机构的影响，进而阻碍送丝操作，并且妨碍焊接成型。

在高强钢焊接时，如果采用"等强匹配"的原则，即保持熔敷金属与母材具有相当的强度值，这时熔敷金属的韧性往往不足，容易产生脆性断裂；如果采用"低强匹配"原则，也就是焊缝金属强度值达到母材的87%，就能够保证与母材等强，且能够满足焊缝对韧性的要求，以利于提高抗冲击能力、抗裂性，也可以称之为等韧原则[15]。

根据《焊接用钢盘条》（GB/T 3429—2015）中的牌号对照，适用于高钢级管线钢环焊缝焊接的 ER80S，ER90S，ER100S，ER120S 系列焊丝对应的钢号有 H10MnSiNi，H05Mn2Ni2Mo，H08Mn2Ni2Mo，H08Mn2Ni2Mo 等，钢号中字母 H 代表此钢为焊接用钢，H 后的数字表示钢中含碳量，合金元素后数字代表该元素在钢中的质量百分比，若小于 1.5% 则不标出。例如，H10MnSiNi 代表该钢含碳量为 0.1%，主要合金元素有 Mn，Si，Ni，并且它们的质量百分比均小于 1.5%，而 H08Mn2Ni2Mo 则表示该钢中碳含量为 0.08%，Mn，Ni 含量为 2%，Mo 含量小于 1.5%。

对焊丝钢要求的最大特点是必须保证焊丝焊接的焊缝质量、焊缝的力学性能和拉拔工艺性能合格。决定焊缝性能的关键因素是焊接原材料的化学成分，同时为保证焊丝性能均匀，铸坯不允许有严重的成分偏析。在市场对焊接用钢的质量要求中，化学成分的控制是最主要的也是最关键的，钢水脱氧度、可浇性以及连铸坯的表面气孔率是生产过程中控制的核心。一般要求焊丝钢化学成分均匀、稳定，同时要求气体含量低，氧化物和硫化物夹杂少。

含氧量减少，氧化物夹杂的含量必然随之降低，能大大提高钢的冷拔性能及焊条的质量和性能，另外，钢水在氧含量高时铸坯会产生皮下气泡等缺陷，严重影响轧制及钢丝的冷拔性能。

碳元素是钢中的主要元素，当含碳量高时，钢材的硬度和强度都将明显增加，同时塑性又会降低。在焊接的过程中，碳元素还能具有一定的脱氧效力，焊接过程中产生的电弧高温能够促使碳元素与氧发生氧化反应，生成二氧化碳和一氧化碳气体，产生的气体可以将电弧区与熔池周边的空气相互隔离，以防止空气中的氮、氧、氢等各类有害气体元素对熔池产生不良影响，减少焊缝金属中氮、氧、氢的含量。但是如果钢中碳含量过高，其反应将更加剧烈，这又会引起更大的飞溅进而产生气孔。同时，含碳量过高也会造成焊条制作时拉拔性能急剧下降，容易出现拉断现象[16]。

Mn 和 Si 是主要合金元素，可提高焊丝钢盘条及其拉拔后焊丝的抗拉强度；但 Mn，Si 含量增加，易使炼钢过程中钢中夹杂物含量增多，同时在连铸胚凝固过程中也易产生偏析，出现带状组织，过高的 Mn，Si 含量也会提高盘条及焊丝的拉拔强度，导致盘条拉丝过程中模具磨损加剧。因此，Mn，Si 含量应在合适范围，以保证盘条具有合适的抗拉强度及较高的断面收缩率。一方面，Mn 的存在能够起到脱硫效果，利于减少杂质元素。一部分 Mn 会固溶于 γ 晶粒内，另一部分会形成锰碳化合物，这两部分均利于提高熔敷金属的强度。另一方面，Mn 会降低 B_s 及 M_s 温度，而且 B_s 下降幅度大于 M_s，当这两种相变温度区间存在交集时，易于促进贝氏体形成，降低塑韧性[17]。而 Si 是炼钢过程中有效的脱氧元素，也是常用的固溶强化元素。低合金钢焊丝中 Si-Mn 系焊丝能够使熔敷金属强度最高达到 850 MPa。Si 含量过低脱氧效果差，Si 含量过高则易导致熔敷金属生成坚硬的 M-A 组元，使强度硬度提高，而韧性下降。焊接高温易于造成合金元素烧损，而 Si 的存在有利于保护 Mn 元素，防止过分烧损。Cao 等发现 Si 能减少焊缝组织中先共析铁素体的生成，并促进 LB 及 LM 生成[18]。

随着熔敷金属中 Mo 含量增加，Mo 对先共析铁素体的抑制作用加强。高强度级别的熔敷金属以贝氏体和马氏体为主要组织构成，因此，Mo 元素是控制组织形貌、优化熔敷金属组织构成的重要元素。但 Mo 元素含量过高会显著恶化韧性，通常在很窄范围内起到较好的韧化作用。

Cr，Ni 有利于促进熔敷金属组织中贝氏体形成。Cr 对熔敷金属 γ-α 转变温度有强烈影响，因此，Cr 含量的变化与熔敷金属组织类型转变有密切关系[19]。熔敷金属强度随 Cr 含量增加而提高，但韧性下降。奥氏体稳定化元素 Ni 对强度影响较小，但对于 1000 MPa 级别的高强焊材，需要提高 Ni 元素含量来提高熔敷金属低温冲击韧性。Ni 元素含量过高时熔敷金属组织中易出现贝氏体。

钢中的 S，P 均属有害元素。P 有很强的固溶强化作用，使钢的强度和硬度显著提高，但也大幅降低钢的韧性，特别是低温韧性；P 还具有严重的偏析倾向，形成的有害组织能降低钢的塑性，使钢的拉拔性能变差。S 的最大危害是引起钢热脆，焊接过程中 S 在焊接应力的作用下可能会引起结晶裂纹。同时，S 在钢中能形成低熔点化合物，造成 C，Mn 等严重偏析，导致焊接过程中焊缝出现裂纹。因此，为保证焊接性能，应将 S，P 含量控制在合理水平。

焊条钢主要是用作制造各类焊条、焊丝的原材料，其钢材盘条需要经过焊条生产企业拉拔深加工后达到焊芯的外径要求，这就要求焊条钢生产企业生产出来的盘条产品必须具有很好的拉拔性能，盘条钢材务必具有良好的塑性、冷加工性能和通条性(即均匀性)。为了保证盘条的质量性能，要求钢水具有很好的纯净度，尤其是钢中不小于 40 μm 的大型夹杂物要求尽可能少。大型夹杂物是影响焊条钢拉拔深加工的主要危害之一，影响高钢级管线钢焊接用钢铸坯质量的夹杂物主要有三种：第一种为硅酸盐球状夹杂和 SiO_2 夹杂物，这类夹杂物主要为钢水氧化的氧化产物；第二种夹杂物是复杂的硅酸盐夹杂，此类夹杂物为钢水脱氧产物和氧化产物的结合物(或者是融合物)；第三种是硫化物复相或双相夹杂物与硅酸盐，此类夹杂物的产生机理是因为低硅低碳类钢的含氧量高，导致 S 在钢中的溶解度下降，在钢水凝固结晶过程的开始便沉淀生成[20]。由于钢水的脱氧产物(硅酸盐)的析出与硫化物的析出几乎是同时进行的，所以就产生了此类硫化物与硅酸盐的复合夹杂物。当钢水氧含量较高且硅含量极低时(如 Si 的质量分数 0.01%)，钢中将产生数量较多的锰铁氧化物夹杂物。大型夹杂物又以第一种最多，第二种和第三种相对较少[21]。

我国已成为全球钢材、焊接材料生产和消耗量最多的国家，但高效率和高技术含量的焊材产品所占比例依然较小。我国焊材产业与发达国家之间的差距不是在产量上，而是在科研水平上，包括生产装备、检测技术、产品研发等方面存在差距。国内焊接材料工艺及装备开发应用起步较晚，国内技术研发主要以国外技术及装备为导向。

二、高钢级管线钢实心焊丝生产流程

实心焊丝生产流程主要有两个部分：一是钢厂冶炼生产出焊接用钢；二是焊丝厂商对钢厂提供的钢材进行处理，最终生产出焊接用的实心焊丝。目前，世界各国采用的炼钢方法主要是转炉(氧气顶吹转炉为主)炼钢和电炉炼钢两种。① 转炉炼钢：转炉(底吹转炉、顶底复合吹炼转炉、氧气顶吹转炉侧吹转炉、)炼钢是利用铁水中的碳、硅、锰、磷元素与氧反应放出的热量来进行冶炼的，不用从外部进行加热。目前，每年全世界大约有 70% 的钢都是利用转炉(碱性氧气转炉)生产出来的。虽然近年电炉炼钢技术发展迅速，使高炉–转炉长流程模式受到了不小的冲击，但长流程炼钢由于有铁矿石资源丰富、钢水纯净高等诸多优势，在世界上转炉炼钢工艺仍然占据最主要的地位[22]。② 电炉炼钢：电炉炼钢是一直以外部电力供能作为冶炼所需热源进行炼钢生产的一种短流程模式。目前，电弧炉炼钢和感应炉炼钢是最常用的电炉炼钢生产技术，其中电弧炉冶炼又是电炉炼钢的主要生产方式，我们日常中所提及的电炉一般都是指电弧炉。电炉炼钢可以全部用废钢作为入炉原料，也可以添加部分热铁水(热铁水比例一般不超过 40%)，电炉主要生产的钢种是那些对化学成分和性能质量要求较高的钢材，比如航海用耐腐蚀钢、航天用特殊钢以及高端轴承钢等品种。

目前，国内焊接用钢的主流工艺是转炉+连铸+高速线材工艺，以国内某钢厂生产焊接用钢为例，生产高钢级管线钢焊接用钢的主要流程为：铁水+废钢—转炉冶炼—90 吨钢包吹处理—LF 精炼处理—连续浇筑 150 mm 断面方坯连铸机—铸坯切割—热送至全连续式高线生产线—精整—检验—入库[23]。

冶炼过程中需要注意的内容如下。

(1)脱氧合金化。当钢水倒炉的终点碳低于 0.04% 的时候，加 Si-A1-Ba 复合脱氧剂脱氧，同时配加适量的铝块进行终脱氧，利用钢包吹氩及喂丝等脱氧处理；如果冶炼终点碳不小于 0.06%，可以大幅降低钢水的氧化性，这样的控制手段有利于提高钢水的质量、增加合金的回收效率。由于铝块脱氧的时候烧损率大、利用回收率不高，因此，生产过程中使用了铝锰铁作为新型复合脱氧剂，生产数据结果显示该复合脱氧剂不仅脱氧效果好，同时还具有稳定钢中 Mn 的回收率的功能，试验生产钢中的气体含氧量与加铝块脱氧相比还降低了 25×10^{-6}[24]。

(2)精炼控制。LF 钢包炉精炼后的焊丝钢成品含硫量波动幅度小于非 LF 钢包炉生产的焊丝钢成品含硫量波动幅度，且钢的平均硫含量低于 0.009%，钢中气体的含氧量将降低 30×10^{-6}。可以说如果使用钢包精炼对提高焊丝钢的质量控制是非常有益的[25]。

实心焊丝气体保护实心焊丝可以分为镀铜和无镀铜[26]。镀铜焊丝工艺技术及设备于 20 世纪 80 年代被引入中国，镀铜焊丝生产工艺是在处理后的焊丝表面镀一层铜，目的是增强焊丝防锈能力、与焊嘴接触处的导电性能以及减少与送丝软管、焊嘴的摩擦力。经过数十年发展，镀铜焊丝工艺及设备都非常成熟，镀铜焊丝也因其优越的导电性能、防锈能力、润滑性能等得到广泛的应用，市场占有率在 90% 以上。无镀铜焊丝于 21 世纪初期才被中国市场认知，日本神户制钢于 2000 年开始生产销售表面特殊处理的无镀铜 SE 焊丝，2007 年该焊丝的销售量占公司销售总量的 32%，成为神户制钢主要焊接材料品种之一；瑞典伊萨于 2010 年开始在中国市场销售伊萨 OK Aristo Rod TM 无镀铜实心焊丝产品，该焊丝适用于半自动焊、自动焊和机器人焊接等，使焊接材料技术跨越到一个新阶段。无镀铜焊丝作为一种高效、优质、环保、低成本的新型焊接产品逐渐兴起。在日本、美国等工业发达国家，无镀铜焊丝使用比例均在 30% 以上。无镀铜焊丝在生产中省去了镀铜工艺，利用表面涂层替代原有镀铜层，使焊丝在导电、防锈、润滑等方面满足焊接工艺要求。无镀铜焊丝在生产及使用过程中节能环保，极大改善了工作环境。但与镀铜焊丝相比，国内无镀铜焊丝工艺及装备技术还不够成熟，存在导电、防锈、润滑等质量缺陷，影响生产效率；进口国外焊丝，价格昂贵，增加了生产成本，因此无镀铜焊丝并未被中国市场广泛接受[27]。

传统的镀铜焊丝生产活动中含有酸碱洗工序，生产过程中产生大量含有酸碱及铜离子的废水、废酸。为适应环保要求，镀铜焊丝的新工艺虽然摒弃了酸碱洗工序，但镀铜过程仍需使用硫酸铜及硫酸，镀铜废液处理不好也会污染环境。而且，在镀铜焊丝施焊操作中，一部分铜会进入焊缝，降低焊缝的力学性能，尤其是降低低温冲击韧性和延伸率；另一部分铜会氧化成铜微粒，逸散于空气中，对操作者健康造成危害。根据德国金属制造业健康与安全委员会编制的《在焊接及相关工艺过程中的有害物质》描述：近 95% 的焊接烟雾来自填充金属。因此，焊丝表面镀铜不可避免地大量进入焊接烟尘，成为烟尘中的主要有毒物质。焊工吸入过量含铜烟尘可引起金属铜烟雾热急性综合征，铜盐能引起肠胃功能紊乱，引发溶血和肝、肾损害，直接对焊工身体造成损害。

与传统镀铜焊丝相比，无镀铜焊丝具有防锈能力强、电弧稳定、飞溅小、烟雾毒性和污染小等优点。无镀铜焊丝的生产仍采用了镀铜焊丝的无酸碱洗清洗技术，采用环保涂层取代镀铜层，不仅导电、防锈、润滑等方面的性能较好，而且节能环保、可降低生产成本。

无镀铜焊丝作为一种新型、环保的焊接技术，在日本、美国等工业发达国家已被广泛应用。国外无镀铜焊丝生产过程已实现"零"排放，消耗量占实心焊丝总消耗量的30%以上，并呈逐年上升趋势。随着国内对环保的要求日益严格，国内焊丝生产企业普遍看好无镀铜焊丝的应用前景[28]。结合国外的先进经验，国内焊丝生产及装备制造企业针对绿色环保无镀铜焊丝生产工艺及装备开展了大量的研发工作，清洗技术、涂层材料及涂层设备等技术难题也已取得突破性进展，有些厂家已经开始批量生产无镀铜焊丝，该产品正逐渐被用户接受。无镀铜焊丝简化了生产流程，且生产过程中不产生"含有酸、碱成分"的废水和废气，降低了水电消耗量，减少厂房面积，节能环保。虽然无镀铜焊丝的部分焊接性能暂时还无法与镀铜焊丝媲美，但生产效率高、焊接成本较低，工作环境更清洁，无镀铜焊丝必将是未来焊接技术发展的方向。绿色环保无镀铜焊丝生产工艺及装备的研发，对国内焊接材料行业发展具有重要的意义。

钢厂连铸得钢坯后，轧制为盘条即可供货给焊丝生产厂商，由焊丝厂商进行下一步处理，传统的无镀铜焊丝生产工艺流程为：盘条—机械剥壳或酸洗—粗拉—退火（必要时）—精拉（定径）—表面处理（电解、机械等）—表面涂层（物理或化学）—烘干—成品层绕包装[29]。目前，国内外无镀铜焊丝生产工艺探索多集中在精拉工艺（拉丝润滑剂为固体），然后采用物理或化学方法在焊丝表面涂覆一种特种涂层（纳米技术、表面改性、防锈剂等），以此来改善焊丝送丝性、抗锈性以及导电性，但预期效果较差。另外，由于市场上通用的固体润滑剂的成分多为硬脂酸盐型，焊丝表面附着的残余润滑剂难以去除，容易导致 C，H，O 等微量化学元素含量超标，熔焊金属扩散氢含量超标，易生锈等问题。

在拉拔的中间退火道次时，将表面残余物清洗干净。在成品焊丝的最后一道需要使用大变形率（20%左右）以及采用水溶性的溶液对焊丝进行浸泡，同时使用低速拉拔及液态润滑液，以得到表面比较光亮的焊丝；在强度及变形可以满足的前提下，成品道次使用聚晶脂模具，防止焊缝熔敷金属增氢倾向。根据这一想法，国内学者提出一种新型无镀铜光亮焊丝表面处理工艺流程为：盘条—酸洗—粗拉—退火—精拉、减径—电解清洗—精拉、定径（抛光）—高压水清洗—气封吹干—成品层绕包装。该方案采取电解酸洗+电解碱洗+蒸馏水漂洗组合方式来清除精拉工序残余的拉丝粉，电解电流控制在（150±5）A，以防止不干净或过酸洗（表面粗糙、麻点、表面渗氢等），为下道抛光工序提供良好的表面质量状态。而高压水清洗则是采用水溶性液体润滑剂，采取高压水清洗方式对焊丝进行清洗。通过设计特殊的喷嘴、喷头等清洗模块，使用高压泵打出高压水，并经过一定管路到达喷嘴，然后利用喷嘴、喷头内孔面积的变化(增压)使高压水聚集起来，再把高压低流速的水转换为高压高流射速的水流，然后水流以很高的冲击动能喷出，连续不断地作用在被清洗的焊丝表面，对拉丝粉进行击碎、剥离冲刷，从而使焊丝表面的拉丝粉及其他污物脱落，最终达到清洗效果，由此达到光亮焊丝的目的[30]。

◆◇ 第三节　高钢级管线钢环焊缝用实心焊丝

一、X80 管线钢环焊缝用实心焊丝

目前，全球使用 X80 管线钢的在役管道约为 $3×10^4$ km，是使用最广泛的高强度管线钢。X80 管线钢环焊缝焊接工艺发展分为焊条电弧上向焊、焊条电弧下向焊、自保护药芯焊丝半自动下向焊及自动焊等阶段。目前，主要采用以下两种工艺：①熔化极气体保护下向自动焊根焊、填充及盖面，该工艺具有效率高、劳动强度低、焊接过程稳定、适合流水作业等优点；②纤维素型焊条下向电弧焊根焊和自保护药芯焊丝下向半自动电弧焊填充盖面，该工艺具有操作灵活、全位置成型好、熔敷效率高等优点，但环焊缝冲击韧性离散性较大，且适用于高钢级的自保护药芯焊丝产品生产难度增加。北美等地区目前主要采用第一种自动焊工艺，我国西气东输二线建设过程中主要采用第二种半自动焊工艺，中俄东线等管道建设正全面推广第一种自动焊工艺。在 2013 年西气东输三线(西段)第三标段的施工中，管道局进行了超过 200 km 的 0.8 系数试验段的焊接，该段管线全部采用接近 X90 钢的钢管材质。经过管道局廊坊焊接培训中心的多次焊接试验，最终确定当时中国主流的 STT 根焊+半自动药芯焊丝的焊接工艺不能满足该段管材的焊接需要。由于半自动焊接采用半自动药芯焊丝焊接的所有焊口的力学性能均不能满足要求。最后，经过多次试验，最终确定了该段管线全部采用全自动焊(GMAW)和手工焊(SMAW)焊接。根据最终结果，自动焊 AUT 测合格率比较理想，RT 检测合格率较低，手工焊焊接不仅 RT 检测合格率较低，且施工效率极其低下[31]。

目前，X80 自动焊时采用较多的实心焊丝为 ASME 和 AWS 标准中的 ER80S 系列焊丝，包括 ER80S-Ni1，ER80S-D2，ER80S-G 等，标准中对 ER80S

系列焊丝化学成分要求如表 6-3 所示，常用的 X80 管线钢用气保护实心焊丝有林肯电气公司的 ER80S-Ni1，JM-68，JM-60，伯乐公司生产的 NiMo1-1G 等。

表 6-3　AWS 5.28 中 ER80S 系列实心焊丝化学成分要求

AWS 类别	质量百分数						
	C	Mn	Si	Ni	Cr	Mo	Cu
ER80S-B2	0.07~0.12	0.40~0.70	0.40~0.70	0.20	1.20~1.50	0.4~0.65	0.35
ER80S-B3L	0.05	0.4~0.7	0.4~0.7	0.20	2.3~2.7	0.9~1.2	0.35
ER80S-B6	0.10	0.40~0.70	0.50	0.60	4.5~6.0	0.45~0.65	0.35
ER80S-B8	0.10	0.40~0.70	0.50	0.50	8.0~10.5	0.80~1.20	0.35
ER80S-Ni1	0.12	1.25	0.4~0.8	0.80~1.10	0.15	0.35	0.35
ER80S-Ni2	0.12	1.25	0.4~0.8	0.15	—	—	0.35
ER80S-Ni3	0.12	1.25	0.4~0.8	3.00~3.75	—	—	0.35
ER80S-D2	0.07~0.12	1.6~2.1	0.15~0.5	0.15	—	0.4~0.6	0.50

ER80S 系列实心焊丝多选择 Fe-Mn-Ni-Mo-Cr 合金系，同时加入 Ti，B 等微量合金元素，综合利用固溶强化、弥散强化、细晶强化提高焊缝金属强度，利用微合金元素析出相和位错亚结构强韧化效应，保证焊缝金属韧性。焊缝金属低温韧性与焊缝金属的组织有很大关系。研究结果表明，低合金高强钢理想的焊缝金属组织应含有较多针状铁素体，这是因为针状铁素体具有大角度晶界和高密度位错，其互锁结构使裂纹很难扩展，从而提高焊缝金属的强度和冲击韧性。例如：焊缝金属中加入 Ni 和 Mo 元素可使焊缝金属连续冷却转变曲线向右移动，推迟了先共析铁素体的形成，而有利于针状铁素体的生成。但是若焊缝金属中添加的微量元素过多，即使使焊缝金属的抗拉强度和屈服强度提高，也降低了低温韧性。Mn，Si 元素是实心焊丝中常加入的合金元素，两种元素均可提高焊缝金属的强度。焊缝金属中 Mn 元素可以与 S 元素形成 MnS 化合物进入熔渣而排除在焊缝金属之外，从而使焊缝金属中没有足够的 S 元素与 Fe 元素形成 FeS 杂质，抑制热裂纹的形成。但是，Mn 元素的加入量过高和过低都会对焊缝金属的强度有不良影响，同时会降低焊缝金属冲击韧性。Si 元素也可提高高强管线钢焊缝金属强度，但焊缝金属中 Mn 和 Si 之间会相互影响，只有合适的 Mn/Si 比例才会在提高强度的同时改善冲击韧性，单纯提高 Si 元素含量会影响焊缝金属的冲击韧性[32]。

Ti，B，Al，Nb 等元素均可作为微合金元素加入焊缝中，主要用来改善焊缝金属的低温冲击韧性。在焊缝金属中，Ti 元素一方面通过氧化作用，起到净化焊缝的作用,另一方面形成弥散分布的含 Ti 氧化物,作为针状铁素体的形核中心,增加焊缝金属针状铁素体含量,提高冲击韧性。在焊缝金属晶界处,B 原子可以起到抑制先共析铁素体析出、利于晶内针状铁素体形成的作用,但焊缝金属中 N 元素的存在消耗了晶界 B 原子的数量,因此利用 Ti 元素的固氮作用来保证晶界 B 原子的量。高强钢焊缝金属中 Al 元素可以形成 Al_2O_3 和 AlN,若 Al 氧化物尺寸较小,呈弥散分布,则有利于成为针状铁素体形核质点,增加焊缝金属中针状铁素体含量;当形成较大尺寸的氮化物 AlN 时,其会对基体起到割裂作用,增加裂纹倾向。焊缝金属中含有适量的 Nb 元素时,其碳化物 NbC 在晶界起到拖曳作用,能够限制晶粒尺寸的长大,因而对提高焊缝金属的强度和韧性有利[33]。

采用实心焊丝自动焊时,高钢级管线钢焊缝金属中可能出现的组织有先共析铁素体、侧板条铁素体、针状铁素体、贝氏体和马氏体。其中,从改善 X80 管线钢环焊缝金属强韧性的角度,认为理想的组织应该含有较多针状铁素体。

当焊缝金属冷却到 650~850 ℃,会沿原奥氏体晶界析出细条状或块状先共析铁素体,因此先共析铁素体为高温转变产物,有时候也把先共析铁素体称为晶界铁素体(PF)。先共析铁素体在晶界的析出状态与焊缝金属合金成分和冷却速度有关,在一般情况下,在焊缝金属中先共析铁素体为脆性相,会降低屈服强度和焊缝金属的韧性。当焊缝金属冷却到 650~750 ℃时,会沿着奥氏体晶界向晶内形成侧板条铁素体,侧板条铁素体同样为高温转变产物,呈现锯齿状,长宽比约为 20:1。侧板条铁素体板条间为平行排列,类似于魏氏体组织,因此有时也将侧板条铁素体称为魏氏体铁素体。侧板条铁素体和先共析铁素体均为焊缝金属在高温阶段的产物,对冲击韧性有不利影响。当焊缝金属冷却到 B_s ~600 ℃时,在焊缝金属晶内会生成针状铁素体组织。针状铁素体为中温转变产物,在原奥氏体晶内以碳氮化物或氧化物等复杂夹杂物质点为核心形核和长大。针状铁素体本身具有细化晶粒作用,相邻铁素体之间的位相差大,同时具有高密度位错和相互交错的互锁结构,可有效阻止焊缝金属中裂纹扩展,呈现出高的冲击韧性和强度。虽然焊缝金属中 C 元素含量较低,但如果合金元素含量较高,在一定的条件下也可能出现马氏体组织。但是低合金高强钢焊缝金属中 C 元素和各合金元素含量较低,因此形成的马氏体为低碳马氏体,即板条马氏体,在原奥氏体晶粒内部形核长大,板条之间呈一定角度,每条板条内部具有高密度位错,因此使得焊缝金属强度高,塑性和韧性也较高,综合性能优良。

当焊缝金属冷却到 M_s~550 ℃，组织中会出现中温产物贝氏体。按照贝氏体转变温度和转变产物特征不同，有上贝氏体和下贝氏体。其中，上贝氏体转变温度为 450~550 ℃，呈羽毛状从原奥氏体晶界处析出，硬度高、塑性差，会恶化焊缝金属韧性；下贝氏体转变温度为 450 ℃~M_s，呈黑色针状在奥氏体晶粒内部形核并长大，对焊缝金属的塑性和韧性有利。当化学成分合适时，焊缝金属在上贝氏体形成温度以上连续缓慢冷却，还可以在原奥氏体晶界或晶内会形成所谓粒状贝氏体组织。其特征是在块状铁素体的基体上弥散分布着粒状的 M-A 组元，粒状贝氏体能提高焊缝金属的强度和塑韧性[34]。

综上所述，管线钢焊缝金属的组织对其力学性能影响较大，而焊缝金属组织又与合金元素的种类和数量，夹杂物的种类、数量和分布状态，以及焊缝金属的冷却速度有关。因此，合金元素是影响焊缝金属组织和性能最重要的因素。

有学者[35]采用小试样常规拉伸、示波冲击和宽板拉伸的试验方法，对比实心焊丝 GMAW 自动焊和 GTAW+FCAW-G 组合自动焊时环焊缝接头的强度、韧性和应变能力。两种焊接工艺见表 6-4 和表 6-5。

表 6-4　X80 管道 GMAW 全自动焊工艺

焊道	焊炬	焊丝		保护气体		极性	电流/A	电压/V	送丝速度 /(m·min⁻¹)	焊接速度 /m·min⁻¹
		型号	直径 /mm	Ar：CO_2	流量					
根焊	单	ER80S-G	0.9	4：1	20~36	DCEP	150~230	19~24	8.80~11.0	0.62~0.74
热焊	双	ER80S-G	1.0	0：1	20~36	DCEP	176~265	19~36	8.80~11.0	0.45~0.63
填充	双	ER80S-G	1.0	4：1	20~36	DCEP	150~235	20~27	7.60~11.0	0.29~0.51
盖面	双	ER80S-G	1.0	4：1	20~36	DCEP	100~150	20~27	5.40~7.20	0.27~0.56

表 6-5　X80 管道 GTAW+FCAW-G 组合自动焊工艺

焊道	焊丝		保护气体		极性	电流/A	电压/V	送丝速度 /(m·min⁻¹)	焊接速度 /m·min⁻¹
	型号	直径 /mm	Ar：CO_2	流量					
根焊	ER55-Ni1	2.5	1：0	9~18	DCEN	141~190	10~16	—	50~110
热焊	E91T1-K2MJ	1.2	4：1	20~36	DCEP	147~212	21~25	5.04~6.10	160~220

表6-5(续)

| 焊道 | 焊丝 | | 保护气体 | | 极性 | 电流/A | 电压/V | 送丝速度/(m·min⁻¹) | 焊接速度/m·min⁻¹ |
	型号	直径/mm	Ar：CO₂	流量					
填充	E91T1-K2MJ	1.2	4：1	20~36	DCEP	165~250	21~27	5.30~7.70	130~220
盖面	E91T1-K2MJ	1.2	4：1	20~36	DCEP	150~250	20~36	5.25~6.35	140~220

根据全焊缝金属和管体纵向拉伸试验结果，GMAW 全自动焊工艺的焊缝金属的屈服强度和抗拉强度均高于管体纵向的，环焊缝接头为高强匹配；FCAW-G 组合自动焊工艺的焊缝金属的屈服强度略高于管体纵向屈服强度，而抗拉强度与管体纵向的抗拉强度几乎相等，所形成的环焊接头为等强匹配。在拉伸载荷下，GMAW 全自动焊、FCAW-G 组合自动焊两种工艺环焊缝接头的板状试样均断于管体母材，其抗拉强度分别为 690 MPa，699 MPa。但是在众多的管道焊接及验收标准中，如《钢质管道焊接及验收》(GB/T 31032—2023)、*Welding of Pigelines and Related Facilities*(API 1 STANDARD 1104—2021)通过焊接接头常规拉伸试样的颈缩断裂位置和抗拉强度来判断焊缝是高匹配或低匹配。当试样断裂在焊缝或熔合线位置时，要求其抗拉强度不小于钢管的名义抗拉强度；当试样断裂在母材位置时，要求其抗拉强度不小于钢管名义抗拉强度的95%。对于 X80 管道环焊缝接头，如果试样在焊缝或熔合线位置断裂，则抗拉强度应大于 625 MPa；如果试样在母材位置断裂，则抗拉强度应大于母材的验收标准。因此，采用 GMAW 全自动焊和 FCAW-G 组合自动焊工艺所焊接的 32.1 mm 厚 X80 钢管环焊接头，其拉伸强度均满足管道焊接验收标准。

冲击试样断裂过程分为三个阶段：裂纹萌生阶段、裂纹稳定扩展阶段和裂纹失稳扩展阶段。A_{k1} 表示试样的裂纹萌生所消耗的能量，它主要与试样的应力集中情况(如缺口尖锐度)和试样表面状态有关。裂纹扩展能可以很好地反映材料的韧脆变化倾向，它包括裂纹稳定扩展能和裂纹失稳扩展能。裂纹稳定扩展能 A_{k2} 主要反映裂纹稳定扩展和失稳裂纹萌生的难易程度，是试样缺口根部裂纹萌生后进行扩展所消耗的能量，是评价材料韧性高低的依据之一。而裂纹失稳扩展能则反映了试样最后失稳断裂过程中的能量消耗，其值较小。与焊缝相比，32.1 mm 厚 X80 管体在−20 ℃下具有较高的裂纹萌生能量和裂纹稳态扩展能，其韧性很好。虽然 GMAW 全自动焊缝的裂纹萌生能 A_{k1} 和裂纹稳定扩展

能 A_{k2} 略高于 FCAW-G 组合自动焊缝的值,两种工艺的焊缝平均冲击吸收能量在 $-20\ ^{\circ}\mathrm{C}$ 下分别达到了 168, 134 J, 但从两种工艺得到的韧脆转变温度曲线来看, 采用 GMAW 自动焊工艺得到的焊缝及其热影响区的韧脆转变温度低于 FCAW-G 组合自动焊。

在环焊缝根焊熔合线处, 用电火花加工了长度为 50 mm, 深度为 3 mm 的人工缺陷, 采用宽板拉伸试验获得含缺陷环焊接头的应变容量, 从而进一步研究两种自动焊工艺的 32.1 mm 厚 X80 管道环焊缝的性能。根据两种自动环焊缝接头的宽板拉伸试验结果, GMAW 全自动焊和 GTAW+FCAW-G 组合自动焊接头的平均拉伸应变容量分别为 6.0%, 3.5%, 两种自动焊工艺下的环焊缝接头的拉伸应变容量均远高于水网地区服役管道的设计轴向应变需求量 0.23%, GMAW 全自动焊的可靠程度更高。

有学者[36]研究了不同焊丝厂商的 X80 级实心焊丝的性能差别, 对比了 ES-AB, Thysseb-K Nova-Ni 和 Bohler NiMo1-1G 三种焊材的环焊缝性能差别, 根焊和填充、盖面焊均使用 $75\%\mathrm{Ar}+25\%\mathrm{CO_2}$ 作为保护气。结果表明, ESAB 的韧性最好, $-10\ ^{\circ}\mathrm{C}$ 的 CTOD 值为 0.3 mm, 但是强度最低, 屈服强度为 608 MPa, 抗拉强度为 669 MPa, 而 Bohler 的 CTOD 值最小, 为 0.25 mm, 但是强度很高, 屈服强度达到 704 MPa, 抗拉强度达到 756 MPa, ESAB 焊丝采用的合金系为 C-Mn-Si-Ti, 而 Bohler 采用的合金系为 C-Mn-Si-Ni-Mo-Ti。

目前, X70 和 X80 管线钢的金相组织主要为针状铁素体型组织。这种钢的焊接性能、断裂韧性、抗硫化氢应力腐蚀、抗氢致开裂等方面的性能比铁素体-珠光体型管线钢好得多。对于 X100 管线钢来说, 基体为粒状贝氏体并分布着一定量的 M-A 组元, 要求在高强度下仍具有合适的韧性。近年来, 针对西气东输四线及五线支线工程将大量使用 X90 管线钢, X90 也提上了议事日程。X90 则以准多边形铁素体、板条贝氏体为主, 具有高的强韧性及低的屈强比、韧脆转变温度, 抗拉强度可达 800 MPa, 在韧性方面性能优于 X100, 因此在使用上将有着广阔的前景[37]。

X90 管线钢环焊缝焊接焊时, 常采用的焊接工艺与 X80 类似, 半自动焊采用手工电弧焊打底, FCAW-G 进行填充与盖面, 全自动焊通常采用 GTAW 打底, GMAW 或者 SAW 填充及盖面焊。既可以采用 ER80S 系列焊丝, 此时焊缝强度略低于母材, 属于低强或者等强匹配, 此时焊缝强度降低, 但是韧性优良。此外, 还可以使用 ER90S 和 ER100S 系列实心焊丝, 与 ER80S 系列相比, 其强度更高,焊缝与母材属于高强匹配。有学者[38]尝试采用 GTAW 进行打底,将 ER100S-G 作为打底焊材料,而填充和盖面焊则是用埋弧焊代替,拉伸试验表明在这种焊接工艺下,焊缝金属屈服强度达到 700 MPa,抗拉强度则达到 833 MPa,夏比冲击实验表明−20 ℃下焊缝金属冲击功约为 120 J,强韧性十分优良。

二、X100 管线钢环焊缝用实心焊丝

当前,国外高钢级管线钢管研发活动十分活跃,研究重点集中在 X100 钢级管线钢上。超高强度管线钢管的开发可能在 X100 级别取得重大突破性进展。当前,X100 钢管的开发已从单纯试制几根 X100 强度级别的钢管发展到 5 km 以上的试验段,同时将环焊缝焊接作为开发的一个重点,环缝焊接工艺也已基本解决。

目前,国内外已对 X100 钢管的应变时效和拉伸/压缩应变容量进行了大量研究,取得了很大进展,当前开发的 X100 钢管已能适合基于应变的设计,X100 钢管应用另一个关键问题——止裂也取得良好进展,接近了实际应用的水平。同时,X100 螺旋焊管的开发也取得很大进展,接近了实用要求。虽然目前国外已经成功建设了多条 X100 试验段,但是迄今为止所有的管道试验段都没有真正在 X100 的设计应力工况下运行,建设试验段的目的集中在管道的设计、施工技术的考核和改进上,对钢管强度、韧性和可靠性的考核都主要依靠实验室试验和试验场试验(全尺寸爆破试验、试验场试验段考核)。

从 2005 年起,我国已进行了如下超高强度(X90,X100 和 X120 级)管线钢管的实物开发;2006 年试制成功 X100 JCOE 直缝埋弧焊钢管;2007 年试制成功 X90 JCOE 直缝埋弧焊钢管;2007 年试制成功 X120 JCOE 直缝埋弧焊钢管;2010 年试制成功 X100 螺旋埋弧焊钢管。目前,超高强度管线钢管在中国的开发已大大缩小了我国在此领域与西方先进国家的差距。在当前的 X100 管线钢主流焊接研究方向中,尽管采用不同的全自动焊机或电源,但无例外的都采用 GMAW 的焊接方式。同时,考虑到长输管道的特殊性,如需要进行各种穿越、爬坡、沟下受限空间作业等,还必须提供其他辅助的焊接工艺,用于作业环境恶劣情况下的焊接。

全自动焊接将是大口径长输管道将来的主流焊接方式,GMAW 采用的焊丝主要为满足《气体保护电弧焊低合金钢焊丝和填充丝标准》(AWS A5.28)标准

中 ER100S 的实心焊丝，国内外主要焊接材料厂商均有类似产品。由于 X100 管线钢强度较高，减少焊缝开裂是一个重要方向，因此，实心焊丝经常采用低碳设计，减少焊缝开裂倾向。

有学者[12]对比了实心焊丝全自动焊、实心焊丝半自动焊接与手工电弧焊焊接 X100 环焊缝工艺区别，全自动焊采用的实心焊丝有两种，一种是伯乐公司的 ER100S-G，另外一种为国产 CHW-100GX 实心焊丝，打底、填充、盖面均为气保护全自动焊接。环焊时发现两种焊丝的焊接性差异较大。进口焊丝的可焊性好，飞溅小，电弧柔和，而国产焊丝飞溅大、熔池难以控制，因此最终选择伯乐公司生产的 ER100S-G 进行试验。无损检测证明全自动焊接得到的环焊缝满足要求。半自动焊环焊缝也是采用伯乐公司生产的 ER100S-G 实心焊丝，STT+实心焊丝气保焊进行打底、填充以及盖面，与全自动实心焊丝焊接相比，由于坡口形式不同，其焊接层数与道数更多。经过检测，焊缝金属性能满足要求。手工电弧焊接环焊缝则采用国内大西洋公司生产的 CHE 757 GX 焊条，由于其成分中含有的各类合金元素含量较高，导致焊接过程中熔池流动性较强，易于熔合。

有国外学者[39]研究了采用一系列实心焊丝，在热输入为 0.8 kJ/mm，预热和层间温度分别为 100 ℃ 和 150 ℃，不同的焊接工艺下，所得到的环焊缝的性能区别，最终发现保护气采用 82.5%Ar+12.5CO_2+5%He 时，要比采用氩气与二氧化碳混合气或者纯二氧化碳环焊缝性能更好。此外，还研究了不同合金成分的焊丝对焊缝力学性能的影响，采用了 ER100S-G 系列的两款实心焊丝，主要合金成分分别为 0.5Ni-0.5Mo-0.5Cr 和 1.0Ni-0.3Mo，采用 GMAW 焊接方式，热输入为 0.4 kJ/mm，焊前预热温度为 100 ℃，层间温度控制在 120 ℃ 左右，对环焊缝力学性能进行了分析与研究，发现 0.5Ni-0.5Mo-0.5Cr 实心焊丝对应的环焊缝焊缝金属屈服强度为 791 MPa，抗拉强度为 833 MPa，延伸率为 14.9%，而采用 1.0Ni-0.3Mo 实心焊丝焊接得到的环焊缝焊缝金属屈服强度为 841 MPa，抗拉强度为 888 MPa，延伸率为 20.5%。为了衡量两种环焊缝的抗开裂能力，采用-10 ℃ 下的 CTOD 值进行研究，研究结果为 0.5Ni-0.5Mo-0.5Cr 实心焊丝得到的环焊缝焊缝金属和热影响区 CTOD 值均小于 1.0Ni-0.3Mo 实心焊丝得到的。由此可知，采用主要合金为 1.0Ni-0.3Mo 的 ER100S-G 系列焊丝焊接可以得到力学性能更为优异的环焊缝。

为了研究不同强度实心焊丝的性能，有学者[35]采用两种强度级别的实心焊丝进行环焊缝焊接，一种焊丝为 ER100S-1，主要合金系为 0.07C-1.8Mn-1.7Ni-0.4Mo，另一种焊丝为 ER120S-1，主要合金系为 0.1C-1.9Mn-2.3Ni-0.4Mo。环焊缝焊接工艺为以 85%Ar+15%CO_2 为保护气，脉冲 GMAW 方法进行打底焊接，采用 STT 技术进行打底与填充焊，根据环焊缝熔敷金属拉伸试验，ER100S-1 焊丝得到的屈服强度为 752 MPa，抗拉强度为 814 MPa，当保护气为纯 CO_2 时，环焊缝熔敷金属屈服强度为 759 MPa，抗拉强度为 787 MPa。尽管使用纯 CO_2 不会降低屈服强度，但是抗拉强度降低了 27 MPa。此外，冲击韧性也从 204 J 降低到 73 J，这也意味着采用 85%Ar+15%CO2 作为保护气体可以得到更好的低温韧性。而 ER120S-1 在 85%Ar+15%CO_2 作为保护气时，屈服强度为 1028 MPa，抗拉强度为 1111 MPa，与母材强度差距太大，此时焊缝金属 −20 ℃冲击功为 80 J，韧性也可以满足要求。

三、X120 管线钢环焊缝用实心焊丝

有关最高级别的 X120 管线钢的研究最早记录于 1993 年，由埃克森美孚公司着手开发，随后其在 1996 年与日本公司合作联合开发。2004 年埃克森美孚公司采用新日铁生产的 X120 管线用钢建成了世界上首条 X120 管线示范段[40]。2006 年新日铁建设了 X100 和 X120 高级别管线钢生产体系，并于 2008 年 3 月实现了 X120 级钢管的工业化生产。目前为止，国外能够生产 X120 管线钢的企业有新日铁、住友、浦项等，X120 管线钢的研发与生产还需进一步完善。我国宝山钢铁股份有限公司于 2005 年开始了 X120 管线钢的研发工作并于 2006 年试制成功，成为当时世界上第四家能够生产 X120 管线钢的企业，2007 年宝山钢铁股份有限公司生产的 X120 管线钢，无论是化学成分，还是力学性能都满足国际标准，为 X120 管线钢进入工程化应用奠定了一定的基础。2010 年首钢集团有限公司也成功研制出超高强度的 X120 管线钢，不过目前为止，我国有能力生产 X120 管线钢的仅有宝山钢铁股份有限公司、首钢集团有限公司、济钢集团有限公司、太原钢铁集团有限公司等少数几家企业。

目前，对于 X120 高级别管线钢的研究主要集中在焊接性能、生产工艺以及力学性能的提升。管线钢的自身成分对其焊接性能影响很大，而其中的碳元素对焊接性能的影响尤为重要。目前管线钢中碳含量的多少通常被认定为可焊接性能的重要指标。除了管线钢本身的化学成分，良好的焊接性能需要匹配的焊接材料，X120 选用的焊接材料在具有高强度的同时还应具有良好的韧性，最

早期的焊接材料由日本的新日铁公司开发，其合金成分以 Mn-Mo-Ni-B 为主，目前我国对于焊接材料的研究也已取得一定进展，开发出了 Mn-Ni-Mo-Cr，Mn-Mo-Ni-Ti 和 Mn-Ni-Mo 系超低碳贝氏体气保护焊丝等具有高屈服强度的焊接材料。X120 级别管线钢环焊缝主要采用的实心焊丝为《气体保护电弧焊用钢低合金钢焊丝和填充丝标准》（ASW A5.28）中的 ER120S 系列焊丝。国外有学者研究了在不同工艺、不同焊丝条件下 X120 环焊缝性能差别，最终发现在脉冲电流熔化极气体保护焊下，采用实心焊丝可以获得更好的性能[41]。

还有学者[42]研究了脉冲熔化极气体保护焊工艺焊接 X120 管线钢环焊缝的氢致裂纹敏感性，研制了一种实心焊丝，主要合金元素及其质量分数含量为：0.065% 的 C、0.7% 的 Si、2.2% 的 Ni、0.2% 的 Cu、0.2% 的 Cr、0.6% 的 Mo。采用 GMAW 焊接方式进行打底、填充及盖面，通过 Y 形坡口和插销试验来衡量其冷裂纹敏感性，通过测量焊缝金属扩散氢含量来说明氢与裂纹敏感性的关系。最终发现预热可以减少冷裂纹产生，并得出冷裂纹不会产生的最低预热温度，最终发现当预热温度达到 150 ℃时，焊缝扩散氢含量会低于 5 ml/100 g，此时裂纹基本不会产生。

◆ 参考文献

[1] 张斌,钱成文,王玉梅,等.国内外高钢级管线钢的发展及应用[J].石油工程建设,2012,38(1):1-4.

[2] 李鹤林.油气输送钢管的发展动向与展望[J].焊管,2004,8(6):1-11.

[3] 潘家华.全球能源变化以及管线钢发展趋势[J].焊管,2008,31(1):9-11.

[4] 刘宇,张立忠,高维新.管线钢的历史沿革及未来展望[J].油气储运,2022,41(12):1355-1362.

[5] 王春明,鲁强,吴杏芳.管线钢的合金设计[J].鞍钢技术,2004(6):22-28.

[6] 彭云,宋亮,赵琳,等.先进钢铁材料焊接性研究进展[J].金属学报,2020,56(4)601-618.

[7] 高惠临.管线钢合金设计及其研究进展[J].焊管,2009,32(11):5-12.

[8] 王建泽,康永林,杨善武.超低碳贝氏体钢的显微组织分析[J].机械工程材料,2007,31(3):12-16.

[9] 徐荣杰,杨静,严平沅,等.高强度超低碳贝氏体钢显微组织电镜研究[J].

物理测试,2007,25(1):10-14.

[10] 尹长华,薛振奎,刘文虎.国内外长输管道常用焊接工艺基本情况综述[J].石油工程建设,2010,36(1):42-47.

[11] 尹长华,高泽涛,薛振奎.长输管道安装焊接方法现状及展望[J].电焊机,2013,43(5):134-141.

[12] 李益平.X100高强管线钢半自动实芯焊焊接工艺研究[D].西安:西安石油大学,2016.

[13] 李连胜.中国焊接材料行业发展概述及未来发展思考[J].机械制造文摘(焊接分册),2019(4):1-8.

[14] 邹朴.金属结构中气体保护焊实心焊丝的应用研究[J].中国金属通报,2019(1):151.

[15] RAUCH R,KAPL S,POSCH G,et al.High strength low alloy steel weldments with accommodated qualities to the base metal[J].BHM Berg-und hüttenmännische monatshefte,2012,157(3):102-107.

[16] 张天理,武雯,于航,等.合金元素对高强钢焊缝金属贝氏体形成及力学性能影响的研究进展[J].中国机械工程,2021,32(14):1743-1756.

[17] 栗卓新,温培银,李国栋,等.一种X90/X100管线钢用高强度金属芯埋弧焊丝及其制备方法:201510406117.4[P].2015-07-10.

[18] CAO R,CHAN Z S,YUAN J J,et al.The effects of silicon and copper on microstructures,tensile and charpy properties of weld metals by refined X120 wire[J].Materials science & engineering A,2018,718:350-362.

[19] CAI Y,LUO Z.Effect of heat chrome element on microstructure and mechanical properties of high-strength steel electrode weld[J].Weldedpipe and tube,2015,38(6):20-25.

[20] 吴成宾.重钢低碳低硅钢可浇性研究[D].重庆:重庆大学,2008.

[21] 梁福彬,刘新生.ML08Al冷镦钢连铸坯中夹杂物的研究[J].炼钢,2007(6):28-31.

[22] 杨婷.我国转炉炼钢技术发展现状与趋势[N].世界金属导报,2015-04-21,(B03).

[23] 李碧春,章金楠,周远华,等.H08A焊接用钢盘条生产与实践[J].重钢技术,2002(3):13-20.

［24］ 龚波.达钢 H08A 焊条钢炼钢生产工艺开发与实践［D］.西安：西安科技大学,2018.

［25］ 尚世震.超低磷钢冶炼生产实践［D］.沈阳：东北大学,2020.

［26］ 信国松.实心焊丝脱脂除锈一步法表面处理工艺研究［J］.金属制品,2019,45(4):29-31.

［27］ 宋月,陈朝晖,杜春雨,等.无镀铜焊丝生产工艺装备及未来发展趋势［J］.金属制品,2020,46(5):1-3.

［28］ 单忠德,刘丰,孙启利.绿色制造工艺与装备［M］.北京：机械工业出版社,2022.

［29］ 王礼银,黄肇信,王庆贤,等.ER50-6 盘条生产工艺研究［J］.金属制品,2004,30(2):34-36.

［30］ 朱珍彪,马明亮,聂建航.高强钢用气保焊丝光亮拉拔工艺研究与实践［J］.材料开发与应用,2020,35(4):81-85.

［31］ 张圣柱,程玉峰,冯晓东,等.X80 管线钢性能特征及技术挑战［J］.油气储运,2019,38(5):481-495.

［32］ 武丹.合金元素对 Q960 钢焊缝金属强韧化作用机理研究［D］.沈阳：沈阳工业大学,2020.

［33］ YURIOKA N, KOTECKI S N. Microstructure/mechanical property relationships of submerged arc welds in HSLA 80 steel［J］.Welding journal,1989,68(3):112-120.

［34］ 崔忠圻,覃耀春.金属学与热处理［M］.2 版.北京：机械工业出版社,2007.

［35］ BRUCE B, RAMIREZ J, JOHNSON M. Welding of high strength pipelines：Proceedings of international pipeline conference［C］.2004.

［36］ 何小东,丁小军.高钢级油气输送管道环焊缝双丝焊接技术的应用［J］.钢管,2007,36(3):33-37.

［37］ 黄少波.X90 管线钢焊接技术研究［D］.成都：西南石油大学.2016.

［38］ NAGAYAMA H,HAMADA M,MRUCZEK M F,et al.Developmentof welding procedures for X90-grade seamless pipes for riser applications：proceedings of the 2012 9th international pipeline conference［C］.2012.

［39］ CAIZLEY D. The welding of high strength steels for transmission pipelines［D］.Bedford：Cranfield University,1999.

［40］ FU P F,ZHANG Q. Investigation on steelmaking dust recycling and iron ox-
　　　ide red preparing［J］.International journal of minerals,metallurgy,and materi-
　　　als,2008,15(1):24-28.

［41］ FAIRCHILD D P,MACIA M L,BANGARU N V,et al.Girth welding develop-
　　　ment for X120 linepipe:proceedings of the thirteenth(2003)International off-
　　　shore and polar engineering conference［C］.2003.

［42］ MACIA M L,FAIRCHILD D P,KOO JY,et al.Evaluation of hydrogen crack-
　　　ing suspetibility in X120 girth welds:proceedings of international pipeline
　　　conference［C］.2004.

第七章　管线钢环焊缝氢脆

随着越来越多高浓度 H_2S 油气田被发现和开采，在含有 H_2S 油气介质环境中，会发生电化学反应，阴极析出氢原子。H_2S 的存在会抑制氢原子结合为氢气，从而使氢原子进入管线钢基体中，导致氢脆及 H_2S 环境下的裂纹。因此对管线钢的抗 H_2S 性能提出更高要求。

此外，随着"双碳"目标指导的能源结构转型，在此背景下，氢能作为一种具有绿色、灵活、燃烧性能好、能量高等优势的可再生能源被逐步推广使用。已有研究对比了几种常用氢气运输方式，证明了管道输氢是实现氢气大规模、长距离、安全且高效运输的最优途径。但建设新的输氢管道成本投入太大，有观点提出将氢气掺入现有的天然气管道进行输送，以节约建设成本。但是天然气管道掺入氢气后会导致管道、焊接接头、密封材料等发生氢脆，恶化其力学性能，这对管道的安全输送带来了新的问题与挑战。本章介绍了现有研究的氢脆机理，并归纳、总结出影响抗氢脆性能的因素，同时提出氢脆防止措施。

◆◇ 第一节　氢脆机理

氢能具有绿色、清洁、环境友好和经济可行性等特征，是未来理想能源体系的基石之一[1]。氢是一种优异的能源载体，可以直接作为燃料，作为电能的补充，与几乎所有可再生能源互为利用，从而弥补太阳能、风能等可再生能源间歇性的不足。随着氢能生产效率的不断提高，对化石燃料作为能源的依赖性进一步降低。预测显示，到 2050 年，氢能的利用可满足全球 18% 的能源需求，并且每年可减少 60 亿 t CO_2 排放[2]。同时，氢能运输可以和现存的天然气基础设施适配，并能够代替电能而应用于高温环境的工业生产[2-3]。此外，表 7-1 显示了各种燃料的含能量数值，计算表明，1 kg 氢储能高达 120 MJ，是传统燃料的 2 倍以上。大规模利用氢能可带来多种收益,包括降低石油使用需求、保证能源安全以及最大程度地利用可再生能源从而实现可持续发展。因此,氢的利用为当今世界能源挑战与全球气候变化问题的解决提供了切实可行的解决方法。

表 7-1 不同燃料含能量数值比较[4]

燃料种类	能量/($MJ \cdot kg^{-1}$)	
	低热值	高热值
气态氢	119.96	144.88
液态氢	120.04	141.77
天然气	47.13	52.21
液化天然气(LNG)	48.62	55.19
原油	42.68	45.53
液化石油气(LPG)	46.60	50.14
普通汽油	43.44	46.52
普通柴油	42.78	45.76
甲醇	20.09	22.88
乙醇	26.95	29.84

建立配套的氢气输送系统是连接生产端与消费端的关键,也是发展规模氢能经济的重要一环[5]。管道运输高压氢气具有高效、经济的特点,尤其在长距离、大需求量情况下,管道运输比货罐等其他运输方式具有更大的优势(表 7-2)。此外,通过管道输送氢气的另一大优势在于,可以利用现存的天然气管网直接适配于中/低压氢气的输送,从而显著降低运输成本,避免建设特定氢气管道的巨大投资[6]。氢能的运输有多种方式,包括普遍使用的低温液氢罐、小规模使用的加压氢气罐、适用于成熟市场和规模应用的氢气管道以及其他涉及氢载体的储运方式,各种方式均有其优缺点。虽然管道能够大规模、有效地运输高压氢气,但管线建设的初期投资和时间成本很高[7]。目前,天然气管网相对完善,并且天然气管道对于中、低压氢气运输的安全通常比较乐观,因而采用天然气和氢气混输被普遍认为是一种可行的氢气运输方案,国内已经有一些掺氢或纯氢管线在运行阶段。

表 7-2 氢能不同运输方式下成本与效益比较[8]

运输方式	状态	运输能力	总成本/[美元 · $(kg \cdot 100 \ km^{-1})^{-1}$]	效率
管线	气态	100000 kg/h	0.1~1	99.2%/100 km
低温罐车	液态	4000 千克/车	0.3~0.5	99%/100 km

表7-2(续)

运输方式	状态	运输能力	总成本/[美元·$(kg \cdot 100\ km^{-1})^{-1}$]	效率
船舶	液态	10^7千克/船	1.8~2	99.7%/day
高温罐车	气态	400 千克/车	0.5~2	94%/100 km

  Pinchbeck 和 Huizingl 在 2010 年建议,出于安全考量,对于不同运输条件,应设置不同的氢气比例上限:对于 0.8 MPa 天然气管道,氢气占比不应高于10%;对于燃气炉,上限占比应为12%;居家使用氢气占比应控制在18%以下。2013 年,Altfeld 等提出,10%可以作为氢气占比上限,但不同的运输项目之间可能存在差异,因此需要实际分析。Melaina 等认为,现存天然气管道系统中掺入 5%~15%的氢气不会对居家应用、公众安全和管道带来风险。总体而言,利用现存的天然气管道进行天然气/氢气混输,是目前规模化利用氢能的可行方案之一。首先,10%以下的氢气混输占比在技术上完全可行,并且不会增加泄漏/失火风险,不会降低管道疲劳寿命;其次,天然气/氢气混输有助于大幅度降低专用氢气管道的初始投资,从而具有较高的经济可行性,还可以大大缩短开始规模、利用氢能的时间;最后,天然气/氢气混输有助于对现存天然气管道的进一步利用,并且可以提高民众对氢的认可与接受程度。现阶段纯氢气管道的建设仍然处于初始阶段,例如,美国现存的 2600 km 纯氢气管道主要位于大规模消费端附近,如精炼厂和合成氨工厂。因此,目前应主要考虑通过天然气与氢气混输,在控制成本的前提下将氢引入能源市场[9-11]。

  一直以来,高压氢气管道发生氢脆从而导致管道失效是一个普遍受到关注的话题。氢原子可以在多种环境,包括高压氢气环境中进入管线钢,引起钢的脆性增加、产生裂纹等氢致失效现象。氢原子在进入管线钢后[12-15],可以在晶体点阵中扩散,也可以被非金属夹杂物、空穴、晶界、位错、第二相颗粒等缺陷(也称为氢陷阱)捕获,从而产生局部氢富集,引发裂纹或者产生氢鼓泡[16],以及管线钢机械性能(如硬度和延展性等)的改变。高压气体环境中的氢致失效研究不仅可极大丰富相关学科的基础科学知识,而且对保障氢气管道与能源运输安全具有重要的现实意义。氢原子能够在多种服役环境中被引入管线钢,包括腐蚀、焊接、热处理、阴极保护以及高压氢气环境。

  自 1875 年 Joheson 首次根据稀酸浸泡后的屈曲试验提出了金属氢脆的概念后[17],100 多年来,人们仍然未能对氢脆发生机理形成统一的认识。一般认为,氢脆始于氢原子在金属(例如钢)中氢陷阱周围的聚集和偏析,对金属基体的原子键合力或者位错运动产生影响。氢脆通常在宏观上表现为材料力学性能的退化(如韧性和塑性下降等)和断裂形式的变化(如在不含氢的环境条件下发生的韧窝型塑性断裂转变为脆性准解理型或沿晶断裂),使处于载荷条件下的金属发生"脆化"[18]。淬火低碳钢在充氢后在弹性变形阶段会突然发生脆性断裂,断口形貌显示明显的沿晶特征;临界退火样品的屈服强度则未发生明显变化,但延伸率明显降低[19]。此前大都认为金属氢脆敏感性随着慢应变速率拉伸实验(slow strain rate tensile, SSRT)中应变速率的降低而增大,但试验结果表明,在高压氢气(13.8 MPa)环境中应变速率对 X100 管线钢的力学性能影响不大[20]。有研究指出,在较高应变速率下,X80 管线钢充氢后并未出现明显的氢脆现象,然而预应变的钢经过充氢则出现延伸率显著降低[21]。这意味着氢原子与应变产生的位错发生交互作用,并在氢脆中起重要作用。宏观力学性能测试通常表明,氢对高强管线钢(例如 X80 钢)的弹性变形行为和屈服强度影响不大,但微纳尺度的力学测试(例如纳米压痕以及微悬臂弯曲实验)结果表明,高含量的氢原子可以通过限制位错以及晶格内部金属原子的运动,使显微弹性模量和显微硬度提升,从而导致钢的脆化,这在电化学充氢产生较大的氢浓度梯度的情况下特别显著。Wasim[22]等认为,氢原子所导致的微裂纹、孔洞以及泡会使金属基体原子结合能减小,从而不均匀地降低显微硬度。需要注意的是,随着管线钢强度的提高,氢脆敏感性会显著增大[23]。

氢脆发生除会引发金属材料机械性能改变外,也会导致氢致开裂现象,这是一种裂纹萌生和发展的氢致失效形式。一般来说,含有较高缺陷、位错密度以及硬化结构的金属(例如高强管线钢)具有更高的氢致开裂敏感性[24]。氢致开裂的基本过程如下:氢原子在金属内部扩散时,被氢陷阱捕获并发生局部聚集,由于内压升高、解离作用和促进局部塑性等机理,产生裂纹形核,通过裂纹尖端的应力集中以及氢在应力作用下的进一步偏析,裂纹发生扩展,最终导致材料开裂。诱发氢致开裂的临界应力会随着氢含量的升高而降低。金属氢致开裂敏感性和多种因素有关,包括合金组分、微观组织冶金缺陷(如夹杂物)和服役环境等,不同因素之间会存在交互作用[25]。CHENG 认为管线钢在裂纹尖端存在的应力集中、氢原子富集和阳极溶解之间,存在交互作用,这种作用可以加速裂纹扩展[26]。

除氢原子之外,氢分子可以在金属内部形成,也可能引发氢致失效。氢原子在进入金属后,在扩散过程中被不可逆氢陷阱(例如金属原子空穴)捕获,会产生局部聚集，并复合产生氢分子。由于氢分子无法在金属内部扩散，其含量会随着时间增加而增加，最终会产生高达数十万标准大气压的局部超压，导致金属发生氢鼓泡并失效[27]。

在早期腐蚀疲劳研究中，阳极溶解机理被普遍用于解释裂纹的起裂与扩展行为。但是，随着研究机理的不断完善，最近发现在含氢环境中，氢脆对金属的影响起着至关重要的作用，且随着钢强度的提高，其氢脆敏感性也随之升高。氢脆(hydrogen embrittlement, HE)机制认为氢对腐蚀疲劳裂纹的影响主要体现在以下几个方面：① 阴极反应产生的氢原子吸附于金属-腐蚀介质界面的活性区域，降低其表面能，促进了裂纹的萌生；② 氢原子可以扩散至金属基体内部，并被位错、晶界和夹杂等捕获，造成局部区域氢浓度的升高，进而造成金属基体的脆化；③ 当氢浓度达到临界值，局部的黏结强度降低和位错运动受阻，导致微裂纹的萌生，如图7-1所示。氢会影响金属材料的强度、延展性、

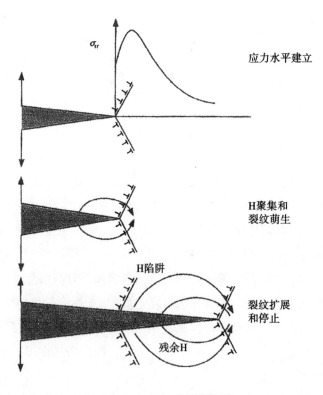

图 7-1　氢促进开裂机理图

硬度等力学性能，从而造成腐蚀疲劳裂纹的萌生扩展机制的复杂性[28]。目前，在含氢环境下，虽然氢原子对腐蚀裂纹的影响机制还存在争议，但是大量学者认为只要环境中存在氢，那么氢就会影响疲劳裂纹扩展及结构的疲劳寿命。

尽管氢脆的研究已有几十年的探索历程，大量研究学者致力于寻求合理的含氢环境下钢的失效机制，并提出了多种氢脆机制，但是截至目前，关于氢脆机理仍然存在分歧。目前主要的氢脆机制包括氢压理论、氢增强局部塑性、氢致弱键理论、氢诱导相变、氢增强应变诱导空位形成和吸附诱导位错发射及混合机制。另外，大量研究结果表明，两种或两种以上机制组合能够更好地解释氢脆现象。

（1）氢压理论（hydrogen pressure）。如果金属材料内部存在缺陷（如晶界、夹杂、第二相界面等），在充氢过程中进入的氢原子就会在缺陷处聚集，复合成氢分子，同时周围晶格中的氢浓度下降，浓度差导致氢原子从远处向气泡处扩散，另外氢气泡会产生应力梯度，基于应力诱导扩散机制，氢原子不断聚集在气泡周围，从而使氢压逐渐增大。当内部压力达到材料的屈服强度时，则会造成塑性变形，产生氢鼓泡现象，当压力进一步升高达到材料的断裂韧性时，则会发生开裂。典型的氢压裂纹包括钢中的白点、无外加应力充氢时产生的微裂纹以及在 H_2S 溶液中产生的微裂纹等[29-30]。

（2）氢增强局部塑性（hydrogen-enhanced localized plasticity，HELP）。氢增强局部塑性理论是基于氢的存在引起位错迁移率增加，进而产生氢脆现象。HELP 理论认为氢对位错的弹性应力场具有屏蔽作用，从而提高位错迁移率和局部滑移速度[31-34]。位错迁移率的增加是位错与周围的类柯氏氢气团的各种相互作用，以及由此产生的对弹性相互作用的影响而导致的。HELP 理论最初是 Beachem 于 1972 年提出[35]，随后 Robertson 和 Sofronis 团队对此做了大量的研究工作，并完善了 HELP 理论[36-38]。通过原位透射电子显微镜（TEM）[38]、等温应力松弛试验[39]和单轴拉伸试验[40]观察到氢可以促进位错运动。HELP 机制可以用来解释氢致裂纹萌生和扩展阻力降低的现象，HELP 机制如图 7-2 所示，局部塑性变形发生在氢浓度高的区域，在局部塑性变形区发生微孔洞的合并，最终造成裂纹扩展。

氢促进位错运动的原因主要有两个。第一个原因是位错核周围的氢气团改变了位错的应力场，并通过产生屏蔽效应和改变位错与障碍物（如第二相、溶质原子和其他位错）的相互作用能来影响位错运动[41]，这更适用于刃型位错。

相互作用能的降低使位错能够在较低的应力下发生迁移，增大了其迁移率。第二个原因是基于热力学分析发现与位错分离的氢降低了位错的形成能[42]，从而导致位错扭结对的成核速率提高[43]，这适用于所有类型的位错。假设扭结对的形成是限制位错运动的关键步骤，那么较高的成核速率将导致位错迁移率的增加。

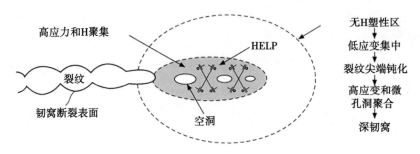

图7-2　HELP机制示意图[44]

注：图中包括微空洞的合并过程，在高的氢浓度处发生并促进塑性局部化

（3）氢致弱键理论（hydrogen-enhanced decohesion，HEDE）。HEDE机制（图7-3）是基于间隙氢可以通过原子晶格的膨胀降低晶格点阵上原子键结合力的假设，当金属中局部区域达到足够高的临界氢浓度时[45]，韧脆转变突然发生，这种依赖氢浓度的氢脆机制也被称为氢诱导脱聚（hydrogen-induced decohesion，HID）[46]。1926年，Pfeil等通过观察含氢环境下单晶和多晶铁的脆性断口，首次提出这一假设[47]。Gerberich等用HEDE机制解释了在含氢环境下裂纹尖端张开角增加的现象[48]。Wang等基于密度泛函数理论的嵌入原子方法（EAM）研究了含氢环境不同类型Fe晶界和自由表面热力学平衡中的能量[49]。结果发现，在充氢条件下，晶界的内聚能下降37%，这一结果支持氢诱导的脱黏作用。另外，近几十年来，利用位错力学和连续介质断裂力学，发展了许多基于HEDE理论的模型，这些模型在模拟断裂韧性和裂纹扩展速率等方面被证明是有效的。HEDE机制已被用来解释高强度钢中脆性沿晶断口的特征；然而到目前为止，氢致弱键机理仍然没有通过直接的试验方法得到验证。目前验证HEDE机制的研究主要通过原子模拟方法，发现随着氢含量的增加，材料原子内聚力降低。

（4）氢诱导相变（hydrogen-induced phase transformation，HIPT）。面心立方结构（FCC）的合金（如奥氏体不锈钢）在充氢过程中，过饱和氢会造成材料表层

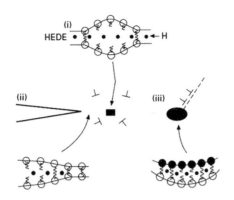

图 7-3　HEDE 机制示意图[50]

注：其中包括由于晶格中的氢(ⅰ)、吸附的氢(ⅱ)和颗粒-基体界面上的氢(ⅲ)削弱了原子间键，从而导致原子拉伸分离[50]

结构的变化，这种现象被称为氢诱导相变。相变包括两种类型：氢化物形成和氢致马氏体的转变。Shih 等通过原位透射的方法对氢环境下钛合金的断裂行为进行研究，发现在低应力下，即低速裂纹扩展阶段，应力诱导的氢化物形成和解理机制占主导作用，氢化物的存在降低了裂纹尖端的局部应力强度，因此裂纹扩展需要外部应力的不断增加。当局部应力强度超过氢化物断裂的临界应力强度时，会发生氢化物的反复形核、生长和解理断裂[51]。目前，对于氢化物的形成机理基本上不存在争议。氢致马氏体相变包括面心立方结构的 γ 相转变为密排六方结构的 ε 相马氏体和体心立方结构 α 相马氏体。Nishino 等研究发现，在充氢条件下，奥氏体不锈钢向 ε 相马氏体转变与合金含量有关，锰含量的提高会降低氢化物形成的倾向，并增强 ε 相马氏体的稳定性，同时，研究发现 ε 相马氏体在含氢环境下能够提高合金的塑性[52]。Narita 等发现增强 γ 相的稳定性可以提高抗氢脆能力，而 γ 相向体心立方结构的 α 相的转变是不锈钢发生氢脆的前兆[53]。Zhang 等研究发现 α 相马氏体比重越大，钢的氢脆敏感性越高，这是由于氢在 BCC 晶格中的扩散速度比 FCC 晶格高几个数量级，氢在马氏体中快速扩散，α 相马氏体为氢的快速输运提供了通道，促进了氢在裂纹尖端或附近的脆化区聚集，从而造成材料的脆化。此外，氢在 α-马氏体中的有害作用也与氢在 α-马氏体中的溶解度降低有关[54-56]。

（5）氢增强应变诱导空位形成（hydrogen-enhanced strain-induced vacancy，HESIV）。HESIV 理论是指氢可以提高空位的密度并促进空位的聚集，空穴可以结合成微孔洞,微孔洞又可以结合形成更大的孔洞,最终导致裂纹扩展阻力降低(图7-4)。HESIV机制最初由Nagumo提出,其对充氢的镍基625合金和铁的研究结果表明,充氢后的试样具有更高密度的空穴[57]。Sakaki等利用正电子寿命测量技术,研究了变形过程中α铁平均正电子寿命的变化,结果发现变形过程中氢促进了空位的增加[58]。Takai等的研究结果表明,氢促进应变诱导的空位和位错的产生,从而提高了铁素体中氢的吸附能力[59]。但是经过200 ℃退火,这些缺陷几乎完全消失了,表明这些缺陷主要是空位。Nagumo发现了氢对应变诱导空位密度的提高会造成材料的塑性失稳,降低裂纹的扩展阻力,从而导致严重的剪切局部化和材料的过早失效[60]。

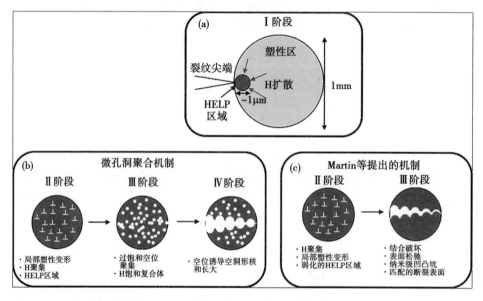

图7-4 氢增强应变诱导空位形成机理图

(6)吸附诱导位错发射(adsorption-induced dislocation-emission,AIDE)。在图7-5的AIDE模型中,在持续或单调增加的应力下,裂纹扩展包括裂纹尖端的位错发射及裂纹尖端微孔洞(或纳米孔洞)的形核和长大。孔洞的形核和生长发生在第二相粒子、滑移带交叉处等位置。除此以外,由于位错发射所需的应力足够高,在裂纹前端的塑性区等处的位错更容易发生运动,进而促进孔洞的形核和长大。孔洞的形成有助于裂纹的扩展,也有助于裂纹尖端的重新锐化,从而导致小的裂纹尖端张开角度产生。然而,裂纹扩展主要是由裂纹尖端的位错发射引起的。AIDE机制最早由Lynch提出,并在随后的研究中得到进一步发展[61]。AIDE 机制在某些材料中通过原子模拟、金相和断口观察等得到验证。并且,在表面、次表面吸附的高浓度氢和与氢扩散率相比的裂纹"高速"扩展等条件下都可以支持 AIDE 机制。

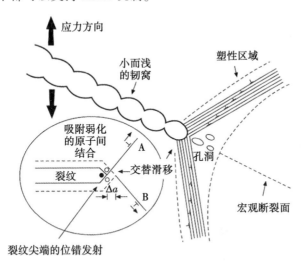

图 7-5　吸附诱导位错发射机理图

注:其中包括裂纹尖端的交替滑移(穿晶路径)扩展,促进裂纹前端塑性区孔洞的合并

(7)混合机制。在许多情况下,在含氢环境下,AIDE,HELP 和 HEDE 三种机制可能互相组合发生,其相对重要性取决于断裂的模式[62]。例如,从裂纹尖端成核的位错(由于 AIDE)可能由于 HELP 机制而更容易从裂纹尖端移动,从而降低后续位错发射的背应力。对于 AIDE 机制主导的裂纹扩展行为,在滑移带交叉点(HELP 机制的作用)或硬质粒子与基体的界面(HEDE 机制的作用)处,氢促进裂纹前端的微孔洞形核[图 7-6(a)所示]。AIDE 和 HEDE 机制也可能依次发生,首先 AIDE 发生,直到发射位错的背应力有所增加,从而 HEDE 发生,然后当裂纹尖端扩展远离之前发射的位错应力场时,再次发生 AIDE[图 7-6(b)],这种混合机制可以产生小的裂纹尖端张开角,而不会在裂纹前形成微孔洞。

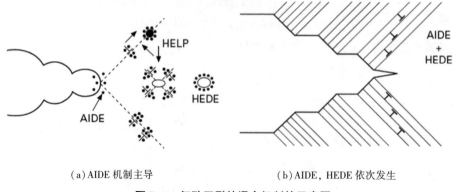

(a) AIDE 机制主导　　　　　　(b) AIDE，HEDE 依次发生

图 7-6　氢致开裂的混合机制的示意图

◆◇ 第二节　环焊缝抗氢脆性能的影响因素

一、化学成分

不同元素和组织对氢致裂纹的产生有不同的影响，管线钢有显著的淬硬性，碳化物的析出会使再结晶过程在更高的温度发生，使组织性能更稳定，但碳化物含量过高又会导致韧性降低、焊接性能变差[63]。管线钢的 C 含量通常低于 0.1%，X80 管线钢的 C 含量更低，在 0.07% 以下。因此，为提高 X80 及以上级别管线钢的韧性和焊接性能，通常加入固溶强化元素 Mn，使其显微组织也转变为复杂的针状铁素体、马氏体、M-A 岛和贝氏体等[64]。Mn 能使晶格产生畸变，对位错运动有阻碍作用。有实验结果表明，Mn 含量的提高可以降低钢韧脆转变温度，但是过高的 Mn 含量又会导致材料抗氢致裂纹能力下降。在合金中控制 Mn 和 Ni 的含量，可以避免先共析铁素体产生，促进针状铁素体形成，从而提高焊缝的强韧性。Mn 的添加量一般为 1.1%~2.0%[65]。

管线钢中的微合金元素如 Nb，V，Ti 等含量一般在 0.1% 左右。Nb，V，Ti 等为缩小相区的元素，在钢中形成碳氮化物，弥散分布在铁素体中，阻碍奥氏体晶粒长大，起到细化晶粒的作用。Nb 还可以起到沉淀强化的作用，沉淀析出的碳化物和氮化物能够钉扎晶界，有效阻止奥氏体长大，抑制新相形成，从而促进组织中形成针状铁素体，所以 N 含量高时材料具有较高的冲击韧性，同时韧脆转变温度也较低钢中的 Ti 对抗氢致裂纹有积极的作用[66]。Ti 在焊接热源作用下生成的氮化物有抑制晶粒生长的作用。但过量的 Ti 会造成钢中 Ti/N 比例过高，使 Ti 的固溶量增加，容易生成粗大的贝氏体组织；反之，则固溶 N 的含量增加，会使韧性降低。有研究认为钢中 $\omega(\mathrm{Ti})/\omega(\mathrm{N})$ 的值应稍低于 2.39。富 Al 氧化物、富 Si 氧化物及 Ti 的氧化物与基体之间容易存在孔洞，导致氢致裂纹产生。细晶粒组织可以有效地降低氢的聚集，提高抵抗氢致裂纹的能力[67]。

段贺等[68]采用热模拟方法研究了微观元素 Mo，Nb 的含量对管线钢相变的影响，发现提高二者含量可以促进针状铁素体的形成，细化晶粒提高强度和低温冲击韧性等力学性能。在相同的 TMCP 工艺下，Mo，Nb 含量较低的管线钢晶粒尺寸比 Mo，Nb 含量较高者大得多，获得的动态 CCT 曲线也显示出同种组织转变时，前者临界冷却速度高于后者，而后者可以形成大角度晶界，阻止裂纹扩展。X80 管线钢的 Mo 含量宜在 0.15%~0.25%。史显波等则研究了管线钢开裂因素中 Cu 的作用，发现添加 1.0%~2.0% Cu 的管线钢表现出良好的抗氢致开裂能力，纳米尺寸的富 Cu 相在组织中分布均匀，促进了 H 的均匀分布。此外，管线钢中的 MnS 夹杂极易形成氢致裂纹，因此要求 S 的质量分数低于 0.002%[69-70]。

二、显微组织

管线钢环焊缝组织的主要类型有针状铁素体、晶界铁素体、贝氏体铁素体、贝氏体等，氢在这些组织中的扩散速度不同，这些组织的氢脆敏感性也不一样。其中，针状铁素体具有最好的抗氢脆性能[71]，针状铁素体是具有复相结构特征的混合型组织形态，由一种或多种铁素体的显微结构组成，其本质是粒状贝氏体、贝氏体铁素体或贝氏体与贝氏体铁素体组成的复合相组织。在光学显微镜下，其组织特征为：原奥氏体晶界基本消除粒度大小不一、形状不规则的非等轴状，在非等轴铁素体之间还可观察到 M-A 组元，且其内部中含有大量的位错及亚结构等特征[72-74]。

材料的微观组织结构则主要影响微裂纹萌生后的扩展过程。因此，通过引入大量不利于裂纹扩展的微观结构，如裂纹扩展不利组织、织构、晶界等，可有效阻碍裂纹扩展长大进程，进而提高材料的抗 HIC 性能[75]。就不同组织而言，Kim 等[76]研究发现，贝氏体组织由于其内部存在大量位错结构，具有较好的裂纹止裂作用，因此可提高材料 HIC 抗性。Li 等[77]研究一种低合金管线钢发现，冷却组织为粒状贝氏体和针状铁素体的钢除具有优异的强度和低温韧性外，还具有较低的 HIC 敏感性。张雁等[78]对不同组织的管线钢进行 HIC 敏感性测试，发现相比于带状珠光体组织和贝氏体组织而言，均匀分布的珠光体有更加良好的抗 HIC 性能。Park 等[71]研究发现，影响氢捕获和氢扩散的显微组织为退化珠光体、针状铁素体、BF 和 M-A 组元。氢捕获效率依次为退化珠光体、贝氏体铁素体和针状铁素体，其中针状铁素体的捕获效率最高。当钢具有铁素体/针状铁素体或铁素体/贝氏体等组织时，HIC 在局部 M-A 组元集中区萌生，虽然贝氏体的捕获效率低于针状铁素体，但贝氏体对 HIC 的敏感性高于针状铁素体。Koh 等[79]的研究结果表明，含有铁素体和针状铁素体组织的管线钢，即使内部含有较高的可逆氢含量也不会诱发 HIC 裂纹。Venegas 等[80]研究了管线钢中织构对 HIC 敏感性的作用，并得出结论，管线钢中织构和 HIC 缓解之间存在很强的相关性。结果表明，以{111}为主导的织构降低了裂纹合并的倾向，<111>//ND 取向晶粒的局部塑性变形能力降低了裂纹扩展的概率，并阻碍了裂纹向管道径向的扩展。Mohtadi-Bonab[75]等研究发现，{111}，{110}和{112}优势织构可提高管线钢抗 HIC 性能，而{100}织构则通过提供裂纹优先扩展路径从而提高了材料 HIC 敏感性，粒状贝氏体和 M-A 组元等组织更易发生 HIC[81]。

　　除了组织类型，夹杂物对管线钢环焊缝的氢脆敏感性的影响也很大。夹杂物对材料的氢脆性能有重要影响主要体现在：一方面，作为一种重要的晶格缺陷，夹杂物可以通过影响界面的结合强度和裂纹扩展路径来不同程度地影响材料机械性能，从而影响材料本身的塑性和韧性；另一方面，作为一种重要的氢陷阱，其含量和分布可以显著影响氢原子在材料内部的分布和扩散速率，进而通过影响材料内部的氢含量、氢渗透性能及微裂纹的形核和扩展来影响材料的氢脆敏感性能[82]。氢进入钢中后诱发氢致裂纹的本质在于氢原子在钢中分布不均匀，因此，如何改善和减轻氢原子的局部聚集，是提升材料抗氢致开裂敏感性的主要途径和思路。Pressouyre 等[83]提出，材料中应含有大量均匀分布的不可逆氢陷阱，以避免可逆氢陷阱成为内部氢压源。可见，通过改变钢中不可逆氢陷阱数量，增大钢中不可逆氢陷阱内氢含量占比，避免氢在材料内部的聚集而产生裂纹，为改善管线钢环焊缝抗 HIC 性能提供一种可行的解决思路。

三、残余应力

残余应力又称为内应力，是指在没有任何外力或外力矩作用的情况下，物体内部依然存在并且自身能够保持平衡的应力。焊接残余应力产生的实质是：在焊接过程中，随着焊接热源的移动，焊件内部局部温度过高，从而产生了不均匀且不可恢复的塑性变形。工程中的材料和构件在焊接过程中都会不可避免地产生焊接残余应力。

氢在材料中的扩散和聚集，不仅与组织不均匀性有关，也与材料中的应力集中有关。由于焊接残余应力的存在，材料中的内氢因化学势梯度的存在而重新分布，该过程称为应力诱导扩散[84]。应力诱导扩散会使氢向应力大的部分集中。当氢的浓度过高时，材料会产生氢脆和氢致腐蚀等现象，进而导致材料破坏[85]。因此，对氢在存在残余应力的焊接接头部位的扩散的研究十分重要。氢原子体积小、活性强，其扩散能力也十分强，由此导致焊接接头中的瞬态氢含量是难以测定的。尽管国内外学者对焊接接头微区氢测定技术进行过多种尝试，但是迄今为止尚无成熟测试技术可以用于焊接接头微区中的瞬态氢含量测定，由于缺乏焊接接头微区中瞬态氢含量的数据，目前尚不能提出氢致开裂的准确判据，也难以深入地认识氢致裂纹产生的机制。因此，采用数值计算是对氢含量的扩散和聚集行为进行有效模拟的方法[86-87]。

近年来，有很多学者运用数值模拟的方法来研究氢扩散的影响因素。Legrand 等[88]对微观结构尤其是晶界对氢扩散的影响进行了有限元模拟，发现晶界会影响氢在材料中的扩散系数。Ilin 等[89]建立了晶体塑性与瞬态氢扩散的有限元分析程序，对 316L 多晶不锈钢中组织导致的应力应变不均匀性对氢扩散的影响进行了研究，得出了静水应力为影响氢扩散的主要因素的结论。Yazdipour 等[90]对 X70 管线钢中晶粒大小对氢扩散的影响进行了二维模拟分析，发现晶界对扩散的影响是双重的，在晶粒很细和晶粒很粗时，扩散速率都比正常晶粒大小时的扩散速率要小。

也有些学者对氢致开裂时尖端氢浓度及氢影响下的临界强度进行了模拟。Takayama 等[91]对输气管道内表面裂纹尖端的氢浓度进行了模拟，同时考虑了浓度和内压应力的影响，建立了扩散与应力耦合的模型。Olden 等[92]结合试验结果应用有限元和内聚力模型对 X70 钢焊接接头不同区域的氢扩散及临界应力强度进行了模拟。Díaz 等[93]利用 ABAQUS 软件传热分析的模式，用子程序实现扩散方程对裂纹尖端处的氢扩散进行模拟后发现，裂纹尖端处的静水应力促进了氢的扩散。在管线钢焊接接头处，焊接残余应力对氢扩散的影响更是不可忽视的。有学者[94]利用 ABAQUS 有限元软件开发的氢扩散耦合计算程序，考虑了焊接残余应力对氢扩散进行模拟，发现残余应力梯度越大的区域氢富集程度越高。由此看来，应力对临氢管线中的氢扩散行为将有重要的影响作用。严春妍考虑了焊接接头的不均匀性以及焊接残余应力，对 X80 管线钢焊接后的接头中氢扩散进行了模拟，发现焊后的氢浓度分布不均匀，热影响区的氢浓度值最高，因为热影响区处的残余应力值最高，是整个接头中应力最集中的部位，所以也是焊接接头处氢富集最严重的部位(图 7-7)[95]。

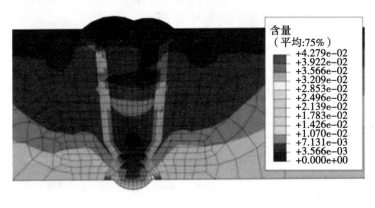

（a）

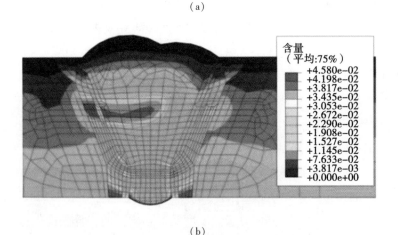

（b）

图 7-7　两种坡口形式下焊接接头氢分布的有限元模拟结果[96]

◆ 第三节 管线钢环焊缝氢脆防止措施

一、可扩散氢控制

焊缝区可扩散氢是导致氢损伤的关键影响因素，减少焊缝中的氢原子浓度比其他方法可以更显著地降低氢致失效敏感性。焊接气氛中的水蒸气以及焊头材料均可以提供原子氢的来源，熔融态的焊池具有高的氢溶解性。因此，对焊头的循环干燥以及化学成分改进可以有效避免焊接过程中引入氢原子。然而，焊头一般都具有吸湿性，在工业环境中通常难以控制焊接过程引入的原子氢。通过增加输入热量可以使焊缝冷却速度降低，从而给被吸收的原子氢预留更长的释放时间，从而降低氢浓度。然而，过高的输入热量往往伴随机械性能的降低，所以工业中通常使用预热来降低焊接的温度梯度。而且较高的预热温度也会产生较大的残余应力，焊后热处理既可以降低残余应力，也会释放氢原子而降低焊缝区氢浓度。研究结果表明，相比单纯预热，预热/焊后热处理相结合的方式可以降低50%氢浓度。由于高强钢焊缝通常具有较高的氢渗透率，因而减缓环境中氢的吸收过程是另一种有效控制氢含量的方法。施覆保护性涂层也可以抑制氢吸收，而显著减缓环境中氢的进入[97]。

除上述措施外，还可以从焊接材料入手，一方面可以设计低氢焊材以降低焊缝中的扩散氢含量，另一方面可以通过焊材的成分设计，使焊缝中氢的分布更加均匀，避免出现氢的集中，产生氢脆失效。稀土元素具有细化晶粒、改性夹杂物、促进针状铁素体形核的作用，可以添加到焊材中实现稀土元素的过渡实现冶金作用。Lensing 等[98]在焊材中加入钇铁，发现可以显著降低焊缝中的扩散氢含量，通过 TDS 试验发现含钇的焊缝中不可逆氢陷阱增多，可以捕获更多的氢以降低扩散氢含量，通过 XRD 和 EDS 试验发现含钇的焊缝中夹杂物类型主要为钇的氧化物和钇的氧硫化物，在不同加热温度下进行 TDS 试验，利用相关计算公式计算得到钇的氧化物和氧硫化物的结合能，发现钇的氧硫化物的结合能更大，约为 96 kJ/mol，钇的氧化物的结合能约为 78 kJ/mol。Kim 等[99]在钢中添加不同含量的稀土元素铈和钇，通过自熔焊研究焊接接头中铈、钇含量对焊接接头组织、性能的影响，发现添加一定含量的铈有利于得到更细的针状铁素体组织，而添加钇则会使粗大的贝氏体组织增多，另外还发现不同铈、钇含量的焊缝中夹杂物的数目、尺寸都发生了变化。随着铈、钇含量的增加，焊缝中的夹杂物密度增加，这也使焊缝中的捕获氢的位点增多，有利于降低焊缝扩散氢含量，提高焊缝抗氢脆性能。研究还发现添加铈、钇焊缝中含钇、铈夹杂物的类型有铈、钛的氧化物，钇、镍的碳化物和铈、钇、钛的氧化物，通过TDS测试发现添加铈的焊缝中不可逆氢陷阱的结合能更大，说明添加铈比添加钇能达到更好的控制焊缝中氢分布的作用。Cheng 等[100]在管线钢中添加铈元素，发现随着钢中铈含量的增加，钢材抗氢脆性能先增加后降低，当铈含量为0.016%时，抗氢脆能力最强。抗氢脆能力的提高主要与稀土元素铈对夹杂物的改性和促进针状铁素体形成有关，含铈的管线钢中夹杂物从氧化铝、硫化锰等转变为铈的氧化物、铈、铝的氧化物和铈的氧硫化物等，尺寸变小，形状变为更规则的圆球形，并且通过有限元分析发现含铈的夹杂物周围的残余应力较小，因此更不容易产生氢致裂纹。

天津大学利成宁课题组也进行了相关研究，在金属粉芯焊丝中加入了不同含量的二氧化铈粉末，研究了熔敷金属中不同铈含量对其抗氢脆能力的影响。通过电化学充氢试验研究熔敷金属的抗氢脆性能，试验结果证明，随着药粉中二氧化铈含量的增加，熔敷金属中的夹杂物尺寸先变小后变大，当药粉中二氧化铈重量比为3%时，夹杂物尺寸最小，密度最高。试验还发现，铈进入焊缝后，主要以夹杂物的形式存在，夹杂物的类型比较复杂，是多种氧化物的混合物，主要有铝、钛、硅、铈、氧等元素(图7-8)。利用电化学氢渗透试验测量熔敷金属的氢扩散系数等，当二氧化铈含量小于3%时，随着铈的增加，氢在熔敷金属中的扩散速度减小，氢陷阱数量增加，而当加入4%二氧化铈粉末到金属粉中时，氢扩散系数反而有所升高，氢陷阱数目也有所减少，氢陷阱数目的变化规律与夹杂物的密度变化相同，说明氢陷阱数目的变化主要与夹杂物的变化有关(图7-9)。

电化学充氢试验发现，3%二氧化铈含量的金属粉的熔敷金属出现的氢致裂纹数量最小，裂纹附近的夹杂物主要为铝、硅的氧化物，氢致裂纹的减少主要与夹杂物增多，氢分布得到控制有关。

二、残余应力控制

应力对管线钢中氢渗透的影响已经得到广泛研究。一般认为，弹性应力可以导致晶格膨胀，使原子间空间增大，并降低氢扩散能垒，从而增加氢的渗透

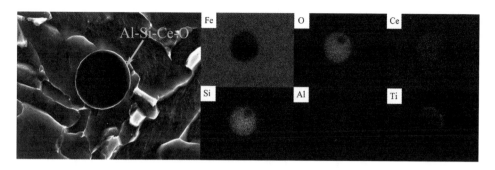

图7-8 含铈夹杂物的元素分布图

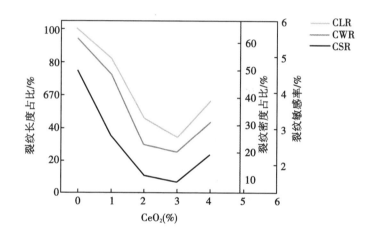

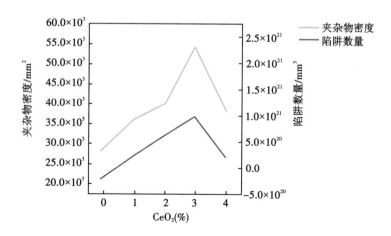

图7-9 不同二氧化铈含量的熔敷金属氢致裂纹敏感率、氢陷阱、夹杂物数目

速率。塑性应力对氢渗透的影响可分为促进和抑制两种：处于早期塑性阶段时，位错网络对氢渗透的促进作用占主导；随着应力进一步增大，更多位错产生并且捕获原子氢，从而减缓其渗透过程。在熔融金属降温、凝固后受到几何因素约束而产生的残余应力能够显著影响焊缝区氢致失效。残余应力的存在使在裂纹尖端、组织不均匀处和相界面等出现局部应力集中，伴随着原子氢造成的金属原子间结合力降低或局部塑性变形，焊缝区的氢致失效敏感性增加。研究结果表明，在存在焊接残余应力时，即便是高强钢焊缝金属含有抗氢致裂纹的针状铁素体组织，焊缝金属仍具有较高的氢致开裂倾向。焊缝区诱发氢致开裂的临界氢浓度 H_{er} 和残余应力 σ_{res} 之间存在如下关系[101]。

$$H_{er}=A\times10^{-B\times G_{res}}$$

式中 A，B 为常数。Nevasmaa 综述了残余应力与临界氢浓度之间的关系，当残余应力超过 550 MPa 后，氢致裂纹发生所需的临界氢浓度迅速下降。此外，他还总结了焊缝区其他常见因素（例如碳当量和硬度）对于临界氢浓度的影响，随着碳当量以及最大硬度的增加，诱发开裂所需的氢浓度明显下降。

残余应力的控制方法分为两类：焊接过程中的控制以及焊后热处理。对于焊缝区残余应力的控制可分为 2 步：① 减小焊缝区表面的残余应力；② 减小焊缝靠近表面区域的全厚度残余应力。其中①可预防裂纹萌生，②可以减缓裂纹扩展。多重焊接工序优化可显著降低残余应力，例如四重焊接工艺的焊缝区表面与全厚度残余应力均显著降低。此外，焊道间温度和焊缝填料的合理搭配也可有效降低残余应力水平，低相变温度填料在较低焊道间温度条件下比高焊道间温度产生更高的残余应力。焊接过程中或焊后的机械矫直可降低残余应力，然而该方法对施加应力水平要求较高。也可以使用静态热张力，即通过在焊接过程中引入温度梯度来降低焊接产生的残余应力。

焊后热处理是控制残余应力最重要的方法之一，例如焊接后管线钢内表面的加速冷却可以有效地将拉伸残余应力转变为危害较低的压缩残余应力。残余应力的局部释放往往会造成其他区域的残余应力水平升高，因此需要谨慎选择焊后热处理程序。如果遵循适当的程序，局部热处理在控制残余应力上可以收到较好的效果。

三、敏感冶金组织控制

研究结果表明，当氢原子浓度较低时（小于 5 mL/100g），焊缝区微观组织显著影响 HIC 敏感性；随着氢浓度的增加（大于 10 mL/100g），机械性能的影响则占据主导地位。焊接过程化学环境可以直接影响焊缝区微观组织，例如，适当的 Mo/Ni 元素可以促进 AF 形成并且抑制 GBF 产生，使用碱性焊剂更容易获得较大占比的 AF。经过高温干燥的焊头可以有效降低 HIC 敏感性，较低的焊头移动速度和较高的输入热量可以降低冷却速度，从而有效抑制敏感组织生成。焊前/焊后热处理也可以通过降低焊接过程中的温度梯度而降低敏感组织的含量。此外，焊缝中的 M-A 组元以及不规则的含铝夹杂物也会导致焊缝抗氢脆能力下降，一方面是 M-A 组元和不规则夹杂物与基体界面间产生的应力集中将加速 H 的聚集，尺寸越大的 M-A 组元和夹杂物产生的应力集中越大，越容易诱导裂纹萌生，另一方面，氢致裂纹的扩展路径主要沿着 M-A 组元和基体界面，对氢致裂纹的扩展阻碍能力较弱（图 7-10）。因此，需要控制焊缝中的夹杂物类型和大尺寸 M-A 组元比例[102]。

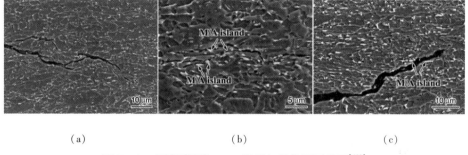

(a)　　　　　　　　　　(b)　　　　　　　　　　(c)

图 7-10　氢致裂纹沿 M/A 组元与基体界面扩展[102]

◆ 参考文献

[1]　DUTTA S.A review on production, storage of hydrogen and its utilization as an energy resource[J].Journal of industrial and engineering chemistry, 2014,20 (4):1148-1156.

[2]　UYAR T S, BESIKCI D.Integration of hydrogen energy systems into renewable energy systems for better design of 100% renewable energy communities[J]. International journal of hydrogen energy,2016,42(4):2453-2456.

[3]　MAROUFMASHAT A, FOWLER M, SATTARI KHAVAS S, et al.Mixed integer linear programing based approach for optimal planning and operation of a smart

urban energy network to support the hydrogen economy[J].International journal of hydrogen energy,2016,41(19):7700-7716.

[4] RINGEN S,LANUM J,MIKNIS F P.Calculating heating values from elemental compositions of fossil fuels[J].FUEL,1979,58(1):69-71.

[5] ABE J O,POPOOLA A P I,AJENIFUJA E,et al.Hydrogen energy,economy and storage:review and recommendation[J].International journal of hydrogen energy,2019,44(29):15072-15086.

[6] OGDEN J,JAFFE A M,SCHEITRUM D,et al.Natural gas as a bridge to hydrogen transportation fuel:Insights from the literature[J].Energy policy,2018,115(1):317-329.

[7] DEMIR M E,DINCER I.Cost assessment and evaluation of various hydrogen delivery scenarios[J].International journal of hydrogen energy,2018,43(22):10420-10430.

[8] HASSAN I A,RAMADAN H S,SALEH M A,et al.Hydrogen storage technologies for stationary and mobile applications:review,analysis and perspectives[J].Renewable and sustainable energy reviews,2021,149:111311.

[9] PINCHBECK D,HUIZING R.Preparing for the hydrogen economy by using the existing natural gas system as a catalyst[EB/OL].[2024-04-30].https://cordis.europa.eu/project/id/502661.

[10] ALTFELD K,PINCHBECK D.Admissible hydrogen concentrations in natural gas systems.[J]Gas for energy,2013(3):1-16.

[11] MELAINA M W,ANTONIA O,PENEV M.Blending hydrogen into natural gas pipeline networks:a review of key issues[R].2013.

[12] VECCHI L,SIMILLION H,MONTOYA R,et al.Modelling of hydrogen permeation experiments in iron alloys:characterization of the accessible parameters-part I-the entry side[J].Electrochimica acta,2018,262:57-65.

[13] SHARMA SK,MAHESHWARI S.A review on welding of high strength oil and gas pipeline steels[J].Journal of natural gas science and engineering,2017,38:203-217.

[14] BIEZMA M V.The role of hydrogen in microbiologically influenced corrosion and stress corrosion cracking[J].International journal of hydrogen energy,

2001,26(5):515-520.

[15]　DJUKIC M B,BAKIC G M,SIJACKI Z V,et al.The synergistic action and interplay of hydrogen embrittlement mechanisms in steels and iron:localized plasticity and decohesion [J]. Engineering fracture mechanics, 2019, 216: 106528.

[16]　CONDON J B,SCHOBER T.Hydrogen bubbles in metals[J].Journal of nuclear materials,1993,207:1-24.

[17]　JOHNSON W H.On some remarkable changes produced in iron and steel by the action of hydrogen and acids[J].Nature,1875,11(281):393.

[18]　CAMPARI A,USTOLIN F,ALVARO A,et al.A review on hydrogen embrittlement and risk-based inspection of hydrogen technologies [J]. International journal of hydrogen energy,2023,48(90):35316-35346.

[19]　DU Y,GAO X H,LAN L Y,et al.Hydrogen embrittlement behavior of high strength low carbon medium manganese steel under different heat treatments [J].International journal of hydrogen energy,2019,44(60):32292-32306.

[20]　NANNINGA N E,LEVY Y S,DREXLER E S,et al.Comparison of hydrogen embrittlement in three pipeline steels in high pressure gaseous hydrogen environments[J].Corrosion science,2012,59:1-9.

[21]　张颖瑞,董超芳,李晓刚,等.电化学充氢条件下 X70 管线钢及其焊缝的氢致开裂行为[J].金属学报,2006(5):521-527.

[22]　WASIM M,DJUKIC M B.Hydrogen embrittlement of low carbon structural steel at macro-micro-and nano-levels[J].International journal of hydrogen energy,2020,45(3):2145-2156.

[23]　AL-ANEZI M A,FRANKEL G S,AGRAWAL A K.Susceptibility of conventional pressure vessel steel to hydrogen-induced cracking and stress-oriented hydrogen-induced cracking in hydrogen sulfide-containing diglycolamine solutions[J].Corrosion,1999,55(11):1101-1109.

[24]　POPOV B N,LEE J W,DJUKIC M B.Chapter 7-hydrogen permeation and hydrogen-induced cracking [M]//KUTZ M.Handbook of environmental degradation of materials (third edition). Norwich:William Andrew Publishing, 2018.

［25］ OHAERI E,EDUOK U,SZPUNAR J.Hydrogen related degradation in pipe-line steel:a review[J].International journal of hydrogen energy,2018(31):14584-14617.

［26］ CHENG Y F.Fundamentals of hydrogen evolution reaction and its implications on near-neutral pH stress corrosion cracking of pipelines[J].Electrochimica acta,2007,52(7):2661-2667.

［27］ 程玉峰,孙颖昊,张引弟.氢气管道发展与管线钢氢脆挑战[J].长江大学学报:自然科学版,2022,19(1):54-69.

［28］ 赵天亮.E690 钢在模拟海水中的腐蚀疲劳裂纹萌生行为及机理研究[D].北京:北京科技大学,2018.

［29］ ZHENG S Q,QI Y M,CHEN C F,et al.Effect of hydrogen and inclusions on the tensile properties and fracture behaviour of A350LF2 steels after exposure to wet H_2S environments[J].Corrosion science,2012,60:59-68.

［30］ 翟建明,李晓阳,吴明耀,等.45 号钢在硫化氢水溶液中的腐蚀行为[J].腐蚀与防护,2013,34(11):1013-1018.

［31］ MAGNIN T.Recent advances for corrosion fatigue mechanisms[J].ISIJ international,1995,35(3):223-233.

［32］ BIRNBAUM H K,SOFRONIS P.Hydrogen-enhanced localized plasticity:a mechanism for hydrogen-related fracture[J].Materialsscience and engineering,1994,176(1/2):191-202.

［33］ LIANG Y,SOFRONIS P,ARAVAS N.On the effect of hydrogen on plastic instabilities in metals[J].Acta materialia,2003,51(9):2717-2730.

［34］ SOFRONIS P,LIANG Y,ARAVAS N.Hydrogen induced shear localization of the plastic flow in metals and alloys[J].European journal of mechanics-a/solids,2001,20(6):857-872.

［35］ BEACHEM C D.A new model for hydrogen-assisted cracking(hydrogen "embrittlement")[J].Metallurgical transactions,1972,3(2):441-455.

［36］ ROBERTSON I M,BIRNBAUM H K.An HVEM study of hydrogen effects on the deformation and fracture of nickel[J].Acta metallurgica,1986,34(3):353-366.

［37］ FERREIRA P J,ROBERTSON I M,BIRNBAUM H K.Hydrogen effects on the character of dislocations in high-purity aluminum[J].Acta materialia, 1999,47(10):2991-2998.

[38] MARTIN M L,DADFARNIA M,NAGAO A,et al.Enumeration of the hydrogen-enhanced localized plasticity mechanism for hydrogen embrittlement in structural materials[J].Acta materialia,2019,165(1):734-750.

[39] ROBERTSON I M.The effect of hydrogen on dislocation dynamics[J].Engineering fracture mechanics,2000,68(6):671-692.

[40] MORIYA S,MATSUI H,KIMURA H.The effect of hydrogen on the mechanical properties of high purity iron II.Effect of quenched-in hydrogen below room temperature[J].Materials science and engineering,1979,40(2):217-225.

[41] KIRCHHEIM R.Reducing grain boundary,dislocation line and vacancy formation energies by solute segregation.I.Theoretical background[J].Acta materialia,2007,55(15):5129-5138.

[42] CHEN Y Z,BARTH H P,DEUTGES M,et al.Increase in dislocation density in cold-deformed Pd using H as a temporary alloying addition[J].Scripta materialia,2013,68(9):743-746.

[43] WEN M,FUKUYAMA S,YOKOGAWA K.Atomistic simulations of effect of hydrogen on kink-pair energetics of screw dislocations in bcc iron[J].Acta materialia,2003,51(6):1767-1773.

[44] LYNCH S P.9-Metallographic and fractographic techniques for characterising and understanding hydrogen-assisted cracking of metals[J].Gaseous hydrogen embrittlement of materials in energy technologies,2012:274-346.

[45] DJUKIC M B,SIJACKI Z V,BAKIC G M,et al.Hydrogen damage of steels:a case study and hydrogen embrittlement model[J].Engineering failure analysis,2015,58(2):485-498.

[46] BARRERA O,BOMBAC D,CHEN Y,et al.Understanding and mitigating hydrogen embrittlement of steels:a review of experimental,modelling and design progress from atomistic to continuum[J].Journal of materials science,2018, 53(9):6251-6290.

[47] PFEIL L B.The effect of occluded hydrogen on the tensile strength of iron[J].

Proceedings of theroyal society of London,1926,112(760):182-195.

[48] GERBERICH W W,ORIANI R A,LII M J,et al.The necessity of both plasticity and brittleness in the fracture thresholds of iron[J].Philosophical magazine A,1991,63(2):363-376.

[49] WANG S,MARTIN M L,ROBERTSON I M,et al.Effect of hydrogen environment on the separation of Fe grain boundaries[J].Acta materialia,2016,107(16):279-288.

[50] LYNCH S.Hydrogen embrittlement phenomena and mechanisms[J].Corrosion reviews,2012,30(3/4):105-123.

[51] SHIH DS,ROBERTSON IM,BIRNBAUM HK.Hydrogen embrittlement of α titanium:In situ tem studies[J].Acta metallurgica,1988,36(1):111-124.

[52] NISHINO Y,OBATA M,ASANO S.Hydrogen-induced phase transformations in $Fe_{50}Ni_{50-x}Mn_x$ alloys[J].Scripta metallurgica et materialia,1990,24(4):703-708.

[53] NARITA N,BIRNBAUM H K.On the role of phase transitions in the hydrogen embrittlement of stainless steels[J].Scripta metallurgica,1980,14(12):1355-1358.

[54] ZHANG L,WEN M,IMADE M,et al.Effect of nickel equivalent on hydrogen gas embrittlement of austenitic stainless steels based on type 316 at low temperatures[J].Acta materialia,2008,56(14):3414-3421.

[55] MINE Y,HORITA Z,MURAKAMI Y.Effect of hydrogen on martensite formation in austenitic stainless steels in high-pressure torsion[J].Acta materialia,2009,57(10):2993-3002.

[56] SRINIVASAN R,NEERAJ T.Hydrogen embrittlement of ferritic steels:deformation and failure mechanisms and challenges in the oil and gas industry[J].JOM,2014,66(8):1377-1382.

[57] NAGUMO M,SHIMURA H,CHAYA T,et al.Fatigue damage and its interaction with hydrogen in martensitic steels[J].Materials science and engineering A.2003,348(1/2):192.

[58] SAKAKI K,KAWASE T,HIRATO M,et al.The effect of hydrogen on vacancy generation in iron by plastic deformation[J].Scripta materialia,2006,55

（11）:1031-1034.

[59] TAKAI K,SHODA H,SUZUKI H,et al.Lattice defects dominating hydrogen-related failure of metals[J].Acta materialia,2008,56(18):5158-5167.

[60] NAGUMO M.Conformity between mechanics and microscopic functions of hydrogen in failure[J].ISIJ international,2012,52(2):168-173.

[61] LYNCH S P.Metallographic contributions to understanding mechanisms of environmentally assisted cracking[J].Metallography,1989,23(2):147-171.

[62] LYNCH S P.Environmentally assisted cracking:overview of evidence for an adsorption-induced localised-slip process[J].Acta metallurgica,1988,36(10):2639-2661.

[63] 李龙飞.钒对X80级管线钢抗氢腐蚀及力学性能影响研究[D].北京:北京科技大学,2020.

[64] 毕宗岳.管线钢管焊接技术[M].北京:石油工业出版社,2013.

[65] 王仪康,潘家华,杨柯,等.高性能输送管线钢[J].焊管,2007(1):11-16.

[66] BEIDOKHTI B,KOUKABI AH,DOLATI A.Influences of titanium and manganese on high strength low alloy SAW weld metal properties[J].Materials characterization,2009,60(3):225-233.

[67] HEJAZI D,HAQ A J,YAZDIPOUR N,et al.Effect of manganese content and microstructure on the susceptibility of X70 pipeline steel to hydrogen cracking[J].Materials science and engineering A,2012,551:40-49.

[68] 段贺,单以银,杨柯,等.Nb和Mo含量对高钢级管线钢相变行为及组织和性能的影响[J].焊管,2021,44(9):7-13.

[69] 王伦,宋仁伯,吴新朗,等.首钢迁钢抗HIC管线钢X65MS的生产实践[J].中国冶金,2012,22(6):40-44.

[70] 周桂娟,童志,陈晓华,等.X80管线钢焊接与焊缝开裂影响因素研究进展[J].材料导报,2022,36(2):168-176.

[71] PARK G T,KOH S U,JUNG H G,et al.Effect of microstructure on the hydrogen trapping efficiency and hydrogen induced cracking of linepipe steel[J].Corrosion science,2008,50(7):1865-1871.

[72] 吴海林,刘川俊,庞锐.X65MS管线钢连续冷却相变行为的研究[J].柳钢科技,2019(2):45-47.

［73］ 唐丽,尹立孟,王金钊,等.X80 管线钢二次热循环的连续冷却转变行为及贝氏体相变动力学[J].材料导报,2019,33(18):3119-3124.

［74］ 刘妍,王栋,王建钢,等.轧后冷却速率对 22 mm 厚 X80M 热轧带钢组织和力学性能的影响[J].机械工程材料,2020,44(2)49-54.

［75］ MOHTADI-BONAB M A,ESKANDARI M,KARIMDADASHI R,et al.Effect of different microstructural parameters on hydrogen induced cracking in an API X70 pipeline steel[J].Metals and materials international,2017,23(4):726-735.

［76］ KIM K H,MOON I J,KIM K W,et al.Influence of carbon equivalent value on the weld bead bending properties of high-strength low-alloy steel plates[J].Journal of materials science & technology,2017,33(4):321-329.

［77］ LI J,GAO X H,DU L X,et al.Relationship between microstructure and hydrogen induced cracking behavior in a low alloy pipeline steel[J].Journal of materials science & technology,2017,33(12):1504-1512.

［78］ 张雁,蔡庆伍,谢广宇.显微组织对 X65~X70 管线钢抗 H2S 性能的影响[J].腐蚀科学与防护技术,2007(6):406-409.

［79］ KOH S U,JUNG H G,KANG K B,et al.Effect of microstructure on hydrogen-induced cracking of linepipe steels[J].Corrosion.2008,64(7):574-585.

［80］ VENEGAS V,CALEYO F,BAUDIN T,et al.On the role of crystallographic texture in mitigating hydrogen-induced cracking in pipeline steels[J].Corrosionscience,2011,53(12):4204-4212.

［81］ 彭志贤.管线钢中夹杂物与氢作用机理及其对 HIC 敏感性的影响[D].武汉:武汉科技大学,2021.

［82］ 彭黄涛.X80 管线钢焊接接头组织的氢损伤行为研究[D].北京:中国石油大学(北京),2018.

［83］ PRESSOUYRE G M,BERNSTEIN I M.An example of the effect of hydrogen trapping on hydrogen embrittlement[J].Metallurgical transactions A,1981,12(5):835-844.

［84］ 褚武杨.氢损伤和滞后断裂[M].北京:冶金工业出版社,1988.

［85］ 孙志华,汤智慧,张晓云,等.TA15 钛合金氢脆和应力腐蚀性能研究:第四届全国腐蚀大会论文集[C].2003.

［86］ 张显辉,谭长瑛,陈佩寅.焊接接头氢扩散数值模拟:第三届计算机在焊接中的应用技术交流会论文集[C].2000.

［87］ 吕梁信步,郑百林,席强.焊接接头处残余应力作用下氢扩散的数值分析:2017第四届海洋材料与腐蚀防护大会论文集[C].2017.

［88］ LEGRAND E,BOUHATTATE J,FEAUGAS X,et al.Numerical analysis of the influence of scale effects and microstructure on hydrogen diffusion in polycrystalline aggregates[J].Computational materials science.2013,71:1-9.

［89］ ILIN N D,SAINTIER N,OLIVE J,et al.Simulation of hydrogen diffusion affected by stress-strain heterogeneity in polycrystalline stainless steel[J].International journal of hydrogen energy,2014,39(5):2418-2422.

［90］ YAZDIPOUR N,HAQ A J,MUZAKA K,et al.2D modelling of the effect of grain size on hydrogen diffusion in X70 steel[J].Computational materials science,2012,56:49-57.

［91］ TAKAYAMA K,MATSUMOTO R,TAKETOMI S,et al.Hydrogen diffusion analyses of a cracked steel pipe under internal pressure[J].International journal of hydrogen energy,2011,36(1):1037-1045.

［92］ OLDEN V,ALVARO A,AKSELSEN O M.Hydrogen diffusion and hydrogen influenced critical stress intensity in an API X70 pipeline steel weldedjoint-experiments and FE simulations[J].International journal of hydrogen energy,2012,37(15):11474-11486.

［93］ DÍAZ A,ALEGRE J M,CUESTA I I.Coupled hydrogen diffusion simulation using a heat transfer analogy[J].International journal of mechanical sciences,2016,115:360-369.

［94］ 蒋文春,巩建鸣,唐建群,等.焊接残余应力对氢扩散影响的有限元模拟[J].金属学报,2006(11):1221-1226.

［95］ 严春妍,张根元,刘翠英.X80管线钢焊接接头氢分布的数值模拟[J].焊接学报,2015(9):103-107.

［96］ 白晨旭.X80管道焊接残余应力及氢扩散数值模拟[D].大庆:东北石油大学,2023.

［97］ 孙颖昊,程玉峰.高强管线钢焊缝区氢损伤研究与展望[J].石油管材与仪器,2021,7(6):1-13.

［98］ LENSING C A, PARK Y D, MAROEF I S, et al. Yttrium hydrogen trapping to manage hydrogen in HSLA steel welds［J］. Welding journal, 2004, 83（9）: 254.

［99］ KIM S J, RYU K M, OH M S. Addition of cerium and yttrium to ferritic steel weld metal to improve hydrogen trapping efficiency［J］. International journal of minerals, metallurgy and materials, 2017, 24（4）: 415-422.

［100］ CHENG W, SONG B, MAO J. Effect of Ce content on the hydrogen induced cracking of X80 pipeline steel［J］. International journal of hydrogen energy, 2023, 48（40）: 15303-15316.

［101］ NEVASMAA P. Prevention of weld metal hydrogen cracking in high-strength multipass welds［J］. Welding in the world, 2004, 48（5/6）: 2-18.

［102］ 史显波, 王威, 严伟, 等. M/A 组元对高强度管线钢抗 H_2S 性能的影响［J］. 中国腐蚀与防护学报, 2015, 35（2）: 129-136.